普通高等院校电气信息基础系列规划教材

电子技术基础

主　编　史金芬　张静静
副主编　张　旭　戴　西　黄寒华

北京理工大学出版社
BEIJING INSTITUTE OF TECHNOLOGY PRESS

内 容 简 介

本书较系统地讲述了电工电子技术的相关基础知识及电子电路的组成、工作原理与应用。全书共 9 章，主要内容包括：电路分析基础知识，半导体二极管、三极管，放大电路基础，集成运算放大电路及应用，逻辑代数基础，组合逻辑电路，时序逻辑电路，脉冲波形的产生与变换，综合应用实例。

本书内容全面、结构合理、条理分明、概念清楚、例题丰富，可作为高等院校计算机科学与技术、软件工程、网络工程、物联网工程和信息技术等专业的电路电子专业基础课的教材，也可供从事相关工作的科技人员及各类自学人员学习参考。

图书在版编目（CIP）数据

电子技术基础 / 史金芬，张静静主编. —北京：北京理工大学出版社，2016.8（2019.12重印）
ISBN 978-7-5682-3001-8

Ⅰ. ①电…　Ⅱ. ①史…　②张…　Ⅲ. ①电子技术　Ⅳ. ①TN

中国版本图书馆 CIP 数据核字（2016）第 205274 号

出版发行 / 北京理工大学出版社有限责任公司
社　　址 / 北京市海淀区中关村南大街 5 号
邮　　编 / 100081
电　　话 /（010）68914775（总编室）
（010）82562903（教材售后服务热线）
（010）68948351（其他图书服务热线）
网　　址 / http://www.bitpress.com.cn
经　　销 / 全国各地新华书店
印　　刷 / 三河市天利华印刷装订有限公司
开　　本 / 787 毫米×1092 毫米　1/16
印　　张 / 18
字　　数 / 423 千字
版　　次 / 2016 年 8 月第 1 版　2019 年12月第 3 次印刷
定　　价 / 45.00 元

责任编辑 / 陈莉华
文案编辑 / 陈莉华
责任校对 / 王素新
责任印制 / 李志强

图书出现印装质量问题，请拨打售后服务热线，本社负责调换

前　　言

随着"新型应用型本科院校"的快速发展和教学改革的不断深入，人才培养定位上已经呈现出职业适应性和规格多样性特征，以社会需要、职业需要为核心的课程体系要紧紧围绕专业能力为核心来构建、取舍、优化、整合。计算机科学与技术、软件工程、网络工程、物联网工程等计算机类专业为配合专业改造与升级的需要，开始了新一轮的专业建设与教学改革。课程体系、教学内容改革又是专业建设的重点内容。

本课程是为了配合上述各专业教学改革和课程改革而设置的第一门硬件基础课程，是对原有的"电路分析""模拟电子电路"和"数字逻辑"三门课程进行删减、整合、更新和重组而成的一门课程。课程建设以"必需、够用"为度，强调学生逻辑设计能力的培养，兼顾计算机专业硬件发展方向的需求，并加强与后续课程的教学衔接，对教学内容和课程体系进行改革。电路分析仅保留电路的基本分析定理和交流电的相量表示，模拟部分的重点放在放大电路分析和集成运放的应用电路上。整个课程的重点在数字逻辑部分，包括基础理论知识、基本器件知识以及组合逻辑电路和时序逻辑电路的分析和设计方法、可编程逻辑器件（PLD）的原理与应用、波形产生与整形。

本教材具有以下特点：

（1）借鉴国内外著名大学的先进经验，本教材保持基本内容的完整性和理论的系统性，突出电子电路的一般原理，强调系统性，重视功能部件的性能分析和应用。精心设计教学内容，使读者能够运用基本原理和基本方法，对理论问题与实际问题进行分析、处理和设计。

（2）重视各章主要知识点及重点、难点内容的指导。本教材为保证读者在各章节完整的学习之后，对本章的主要知识点、重点和难点有更清晰的理解，在每章的小结中，采用了表格的形式进行归纳说明，有利于抓住知识的核心部分，由面到点地梳理所学知识，形成系统的知识架构。

（3）丰富的例题和设计实例。作者在编写本教材时充分总结多年来的教学经验，在全面介绍系统原理知识的同时，对难学、难理解的部分进行充分的解释和举例说明，将原本复杂抽象的问题通过一些特定的实例进行阐述和分析。

（4）引入 Multisim（虚拟电子实验室）和 HDL、EDA（电子设计自动化）技术等计算机辅助设计的新知识，介绍基于这些新技术的电路的分析方法和设计方法，利用 Multisim 工具的仿真功能，随时可以对设计进行仿真验证，并可以通过仿真波形观察到电路内部的工作时序，加深学生对电路工作原理的理解，增加学习兴趣。

（5）本教材除增加一些常规的例题，使之更适应应用型本科学生的需求外，还增加了一些实用性强、应用广泛、有一定难度的实例，既能增强学生系统设计能力，也有利于培养学生的逻辑思维能力。精选习题，让习题起到既利于学生对课程知识的巩固，又利于学生创新和开拓精神培养的作用。

（6）带*的部分为选讲内容。略去这些内容不影响理论体系的完整性。

本书第 1、9 章由戴西编写，第 2、3、4 章由张静静编写，第 5、6 章由张旭编写，第 7、8 章由史金芬编写。全书由史金芬统稿。张静静、黄寒华对部分文稿进行了认真的审阅。

在编写过程中得到了许多兄弟院校同行们的大力支持和帮助，提了许多宝贵的意见和建议，在此表示感谢。同时参考了大量的相关文献，在此向这些文献的作者表示感谢。同时感谢北京理工大学出版社的大力支持。

由于时间紧迫及水平有限，错误和不足之处在所难免，敬请广大读者和专家批评指正。

编　者
2016 年 5 月

目　录

第1章

电路分析基础知识

电路分析，是分析在电路中流经各电子器件的电流和其两端电压的一套计算技术与相关理论，是电路学、电子学、电磁学等相关学科的基础组成部分。本章主要介绍直流电路中一些基本的物理量、电路的组成、电路分析定理，以及交流电的基本概念。重点介绍电路分析中的基尔霍夫定律、叠加原理、戴维南定理以及基本的电路分析方法。

电路分析中，为了定量描述电路的状态和电路中各器件的电性能而普遍使用的基本物理量有电流、电压、电荷、功率等。电路分析的基本任务就是计算电路中的这些物理量。

1.1 电路的基本知识

1.1.1 电路

将电气设备或电路组成器件与电源通过电导体按一定的方式连接起来，所形成的电流的通路，称为电路。

电路在日常生活、生产和科学研究工作中都得到了广泛的应用。最简单的电路组成器件就是电源、负载、导线和开关。由简单的电路组成器件组成的电路，比如手电筒就是一个简单电路，如图1-1-1（a）所示。对于一些复杂电路，除上述组成器件外，还加进了一些中间环节，如收音机，就有用于进行信号接收、处理的中间环节，比如放大电路等。

1. 电路模型

为了便于对实际电路进行分析，通常将实际的电路器件理想化、模型化（即忽略其次要因素，仅突出其主要特性），将其近似地看作理想电路器件，用各自规定的专用符号来表示电路的组成，就构成了电路模型，即电路图，如图1-1-1（b）所示，它是图1-1-1（a）电路的电路模型。

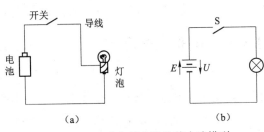

图1-1-1 手电筒电路及其电路模型

2. 电路的三种状态

电路的状态主要分为三种：工作状态、开路状态和短路状态。

（1）工作状态：即电路的开关接通、电源供电、负载消耗电能，电路中形成电流回路的状态，是电路的一种正常状态。

（2）开路状态：又称断路，即电路的开关断开，电源不提供电能，负载处于停机不工作状态，电路中没有电流，也是电路的一种正常状态。

（3）短路状态：这是一种不正常状态，也是最严重、最危险的状态。短路状态下电源两端直接通过电导体相连，电源提供的电流将不经过负载而直接从电源的正极流向电源的负极，使得电路中电流过大，如果电路中没有过流保护装置，将会使电源或导线过热而烧毁。如电线老化形成的火灾就是由于电线绝缘层破损而造成电路短路过热而引起。

因此，实际电路中一定要接入过载和短路保护的熔断器，熔断器中电导体的熔点低于电路中的导线，从而在电路严重过载或短路时，能迅速自动熔解，切断故障电路而起到一定的保护作用。

1.1.2 电流

电荷有规则地定向移动形成电流。电流的大小用电流强度（也简称电流）来表示。电流的单位是安培，简称安（A）。常用的电流单位还有毫安（mA）、微安（μA）和千安（kA），它们的换算关系是：

$$1\,A=10^3\,mA=10^6\,\mu A,\ 1\,kA=10^3\,A \tag{1-1-1}$$

习惯上，把正电荷定向移动的方向规定为电流的实际方向或正方向，负电荷（包括自由电子）定向移动的方向为电流的负方向。

如果电流的大小和方向不随时间的改变而变化，这种电流称为直流电流，通常用大写字母 I 来表示；如果电流的大小和方向都随时间的改变而变化，这种电流就称为交流电流，通常用小写字母 i 来表示。

在电路分析中，不仅要考虑电流的大小，也要考虑电流的方向。在无法确定某条支路上电流的实际方向时，通常的做法是先假设一个参考的正方向，并以此为基准进行计算。当电流的计算结果是正值时，说明电流的实际流向与参考方向一致；当计算结果是负值时，说明电流的实际方向与参考方向相反。根据计算结果的正负可以确定电流的实际方向。本书中电流方向以箭头表示，电流参考方向与实际方向和电流值的关系如图 1-1-2 所示。

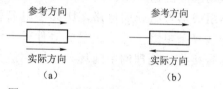

图 1-1-2　电流的参考方向与实际方向
(a) $i>0$；(b) $i<0$

1.1.3 电压、电位

1. 电压

数值上，电场力将单位正电荷从电场中的 a 点移动到 b 点所做的功，等于 a、b 两点之间的电压，记作 U_{ab}。如果电压的大小和方向不随时间的改变而变化，这种电压称为直流电压；如果电压的大小和方向都随时间的改变而变化，这种电压就称为交流电压。直流电压常用符号 U_{ab} 表示，交流电压用 u_{ab} 表示。电压的单位为伏特，简称伏（V）。常用的电压单位还有毫伏（mV）、微伏（μV）、千伏（kV）等。它们之间的换算关系是：

$$1\,V=10^3\,mV=10^6\,\mu V,\ 1\,kV=10^3\,V \tag{1-1-2}$$

通常情况下，若 $U_{ab}>0$，则电压的实际方向由 a 指向 b；反之，若 $U_{ab}<0$，则电压的实际方向由 b 指向 a。

与假定电流的参考方向相同，在电压实际方向无法确定时，也可以先假定电压的参考正方向，当计算的电压值为正时，参考方向与实际方向一致，否则参考方向与实际方向相反。本书中电压方向以正负号表示，电压参考方向与实际方向和电压值的关系如图 1-1-3 所示。

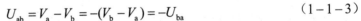

图 1-1-3　电压的参考方向与实际方向

(a) $u>0$；(b) $u<0$

2. 电位

电位是电路分析中另一个重要的概念。

在电路中任选一点作参考点，那么，电路中任意一点到参考点之间的电压，就称作该点的电位。电位的单位和电压相同，也是伏特（V）。

在电路中，参考点可以任意选定，在一个电路中，只能有一个参考点。电子电路中，一般选择若干导线的交点或者机器外壳作电位的参考点，用符号"⊥"表示。参考点的电位规定为零，因此参考点也称零电位点。应该注意的是，电路中的电位值根据选择参考点的不同而不同，但两点间的电位差值是绝对的。由电位也可以判断电压的方向，习惯上把电位降低的方向作为电压的实际方向。

3. 电压与电位的关系

电位与电压在表达形式上有区别，但从本质上来说是相同的。电路中两点之间的电压等于这两点的电位差，其数值是绝对的。

$$U_{ab} = V_a - V_b = -(V_b - V_a) = -U_{ba} \tag{1-1-3}$$

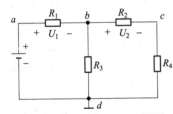

图 1-1-4　例 1-1-1 的图

【**例 1-1-1**】如图 1-1-4 所示电路中，已知 a、b、c 点的电位为 $V_a = 5\,V$，$V_b = 20\,V$，$V_c = 10\,V$，其中 d 为参考点，求电阻 R_1 和 R_2 两端的电压。

解：设 R_1、R_2 两端电压的参考方向如图所示。

R_1 两端的电压为：$U_1 = V_a - V_b = -15\,V$

R_2 两端的电压为：$V_b - V_c = 10\,V$

计算结果表明：R_1 上电压的实际方向与参考方向相反，R_2 上电压的参考方向就是实际方向。

1.1.4　功率

电场力在单位时间内所做的功，称为功率。用大写字母 P 表示。功率的单位是瓦特，简称瓦（W），常用的功率单位还有毫瓦（mW）、千瓦（kW），换算关系为：

$$1\,kW = 10^3\,W = 10^6\,mW \tag{1-1-4}$$

一个元件的功率，等于它两端的电压和流过它的电流之积，其中电压、电流参考方向一致。

$$P = UI \tag{1-1-5}$$

如果功率的计算结果为正值，即 $P>0$，则表明元件吸收功率（消耗功率），此时元件为负载；而如果功率的计算结果为负值，即 $P<0$，则元件发出功率（产生功率），此时元件就是电源。

【例 1-1-2】 求图示各元件的功率及其在电路中起到的作用。

解： 图 1-1-5（a）中元件上电压与电流的参考方向一致，则

$$P=UI=2×5=10（W）$$

$P>0$，元件吸收 10 W 功率，起负载作用。

图 1-1-5（b）中元件上电压与电流的参考方向相反，则

$$P=-UI=-2×(-5)=10（W）$$

$P>0$，元件吸收 10 W 功率，起负载作用。

图 1-1-5（c）中元件上电压与电流的参考方向相反，则

$$P=-UI=-2×5=-10（W）$$

$P<0$，元件产生 10 W 功率，起电源作用。

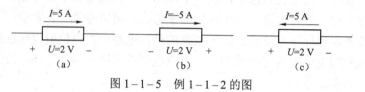

图 1-1-5　例 1-1-2 的图

1.1.5　电路基本元件

1. 电阻

导体对电子运动呈现的阻力称为电阻。电阻的主要物理特征是变电能为热能，如电灯泡、电热器等工作时要消耗电能，并且把电能转化为热能和光能，这些能够消耗电能的器件特性就叫作它们的电阻特性。实际器件的电阻特性在电路中常用电阻元件来表示，电阻元件简称电阻，用大写字母 R 表示。电阻的单位为欧姆（Ω）。常用的电阻单位还有千欧（kΩ）、兆欧（MΩ）等。它们之间的换算关系是：

$$1\,MΩ=10^3\,kΩ=10^6\,Ω \tag{1-1-6}$$

一般情况下，我们认为电阻是线性元件，即电阻两端电压与电阻上流过的电流成正比，符合欧姆定律。欧姆定律的一般描述为：在同一电路中，通过某段导体的电流跟这段导体两端的电压成正比，跟这段导体的电阻成反比。即

$$i=\frac{u}{r} \tag{1-1-7}$$

根据电阻值是否能够变化，可以将电阻分为固定电阻和可变电阻（也叫可变电阻器或电位器）。两种电阻元件的符号如图 1-1-6 所示。

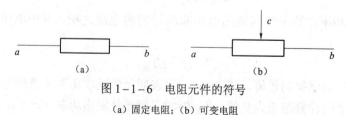

图 1-1-6　电阻元件的符号

（a）固定电阻；（b）可变电阻

可变电阻器中，a、b 两端为固定端，移动 c 端可调节阻值，称为阻值调整端，也称变阻端。

2. 电容

电容指容纳电荷的能力。电容器，简称电容，是一种能够积累电荷、储存电能的元件，通常由两个相互绝缘的极板中间填充介质组成。电容器在工程上应用十分广泛，常用的有空气电容器、云母电容器、电解电容器、贴片电容器等。电容元件的电容量反映了储存电能能力的大小，用大写字母 C 表示，单位为法拉（F），简称法。实际中常用的电容单位有微法（μF）或皮法（pF），它们的换算关系为：

$$1\,\mathrm{F} = 10^6\,\mu\mathrm{F} = 10^{12}\,\mathrm{pF} \tag{1-1-8}$$

电容的符号如图 1-1-7 所示。

对于线性电容，其极板上所储存的电荷量 q 与两极板间的电压 u 成正比例关系，表达式为：

$$q = Cu \tag{1-1-9}$$

电容上电压与电流的关系为：

$$i = \frac{\mathrm{d}q}{\mathrm{d}t} = C\frac{\mathrm{d}u}{\mathrm{d}t} \tag{1-1-10}$$

由式（1-1-10）可以看出，电容上的电流与该时刻电压的变化率成正比，电压变化得越快，则电流越大；反之如果电压保持不变，则电流为 0。所以说，电容元件的导电特性是：通交流，阻直流；通高频，阻低频。

3. 电感

在许多电路中，除了电阻和电容以外，还有各种线圈。当线圈通过电流后，在线圈中形成磁场感应。当通过线圈的电流发生变化时，感应磁场又会产生感应电流来抵制通过线圈中的电流变化。这种电流与线圈的相互作用关系称为电的感抗，简称电感；线圈被称为电感线圈。在电路模型中，电感符号如图 1-1-8 所示。

图 1-1-7 电容　　　　　　　　　　　　　　图 1-1-8 电感

电感线圈是一种能够存储磁场能量的元件，电感的大小反映了线圈通电以后产生磁通量能力的强弱，与线圈的匝数、尺寸、材质和填充介质有关。电感用大写字母 L 表示，单位是亨利（H），简称亨。实际中常用的电感单位有毫亨（mH），它们的换算关系为：

$$1\,\mathrm{H} = 10^3\,\mathrm{mH} \tag{1-1-11}$$

电感上的电压与电流关系为：

$$u = L \frac{\mathrm{d}i}{\mathrm{d}t} \qquad\qquad (1-1-12)$$

电感元件的导电特性是：通直流，阻交流。

1.1.6　电源

电源就是把其他能量转化为电能的装置。电源的种类多种多样，常见的如干电池、蓄电池、光电池、发电机等，它们分别将化学能、光能、机械能转化为电能。在电路分析中，我们主要关注电源为电路提供电能的特性，即电源向电路供电时输出端的输出电压与输出电流的关系，也就是电源的伏安特性。根据提供电能性质的不同，电源可分为两大类：电压源和电流源。

1. 电压源

理想电压源：电路分析理论中，若不考虑电源内部的电阻等因素，可以认为电压源在工作时，无论输出端的电流如何变化，其输出端电压为恒定值或固定的时间函数，而输出端电流则取决于外接负载，这就是理想电压源。理想电压源一般符号如图1-1-9（a）所示。

实际电压源：理想电压源实际上是不存在的，任何一个电源都存在有一定的内阻，实际的电压源相当于一个理想电压源 U_S 与一个电阻 R_S 串联而成，接通负载后，其输出端电压会随输出端电流变化而变化。当外电路开路时，由于此时电源内部无电流流过，内阻不消耗电能，所以实际电压源在不接负载时不消耗电能。实际电压源符号如图1-1-9（b）所示。

2. 电流源

理想电流源：与理想电压源相同，如果不考虑电源内部的电阻等因素，可以认为电流源在工作时，无论输出端的电压如何变化，其输出的电流为恒定值或固定的时间函数，而它的输出端电压则与外接负载有关，这就是理想电流源。理想电流源的一般符号如图1-1-10（a）所示。

实际电流源：实际上，任何一个电源都存在有一定的内阻，其输出端电流会随输出端电压的变化而改变。实际的电流源可看作一个理想电流源与一个电阻并联而成。

实际电流源在外电路开路时，电源内部始终有电流流过，内阻会消耗电能。所以实际电流源在不接负载时，也会消耗电能。实际电流源符号如图1-1-10（b）所示。

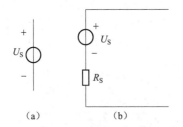

图1-1-9　理想电压源和实际电压源
（a）理想电压源；（b）实际电压源

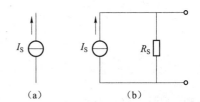

图1-1-10　理想电流源和实际电流源
（a）理想电流源；（b）实际电流源

3. 电压源与电流源的等效变换

在电路分析中，常用等效变换的方法来变换或简化电路的结构，使电路便于分析。

所谓等效变换是对外电路而言的，当用新的电路结构替代原电路中某一部分结构时，该部分变换前后的伏安特性应该完全相同。换言之，伏安特性相同的部分电路可以互相等效变换。

图 1-1-11 中，电网络 I 和电网络 II 之间进行等效变换后，需保证：

$$I_1=I_2,\ U_1=U_2 \tag{1-1-13}$$

电源就是向外电路提供电能的器件，无论电压源还是电流源，在不接负载时都没有功率输出，对外电路来说，两种情况是一样的。因此，实际的电压源和电流源之间也可以进行等效变换。

对于图 1-1-12（a）中的实际电压源来说，其输出端电压与电流关系为：

$$U=U_s-IR_s \tag{1-1-14}$$

对于图 1-1-12（b）中的实际电流源来说，其输出端电压与电流关系为

$$I=I_s-\frac{U}{R_s} \tag{1-1-15}$$

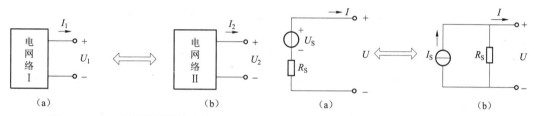

图 1-1-11　电网络的等效变换　　　　图 1-1-12　实际电压源与电流源的等效变换

（a）理想电压源；（b）实际电流源

即为：

$$U=I_sR_s-IR_s \tag{1-1-16}$$

对比式（1-1-14）和式（1-1-16）可以看出，此时只要有

$$U_s=I_sR_s\ 或\ I_s=\frac{U_s}{R_s} \tag{1-1-17}$$

实际电压源就可与实际的电流源等效变换。

同理，一个理想电压源与电阻串联的组合电路也可以和一个理想电流源与电阻并联的组合电路进行等效互换，并不要求这个电阻一定是电源内阻。

4. 受控源

前文中的电压源和电流源都属于独立电源，因其电源的电压或电流由电源本身的因素决定，不受电路中其他因素影响。在电路分析中，除独立电源之外另有一种电源，其电源电压或电流受电路其他部分的电压或电流量控制，并随着控制量的变化而变化，因此被称为受控电源或非独立源，简称受控源。

受控源有受控电压源和受控电流源之分，根据控制量和受控变量的不同又可分为电压控制电压源（VCVS）、电压控制电流源（VCCS）、电流控制电压源（CCVS）、电流控制电流源（CCCS）四种。受控源一般有两对端口，一对输出端（受控端）和一对输入端（控制端）。为了与独立电源区别，受控源符号一般用菱形表示，四种受控源的符号如图 1-1-13 所示。

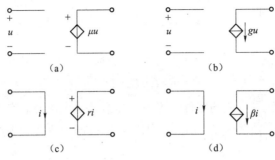

图 1-1-13　四种受控源

(a) VCVS；(b) VCCS；(c) CCVS；(d) CCCS

1.2　简单的电阻电路

简单电阻电路是只由电阻的串联、并联和混联组成的电阻电路。简单电阻电路可以简化成一个等效电阻。

1.2.1　电阻的串联

若干个电阻依次首尾相接、中间没有分支的连接方式，称为电阻的串联，如图 1-2-1（a）所示。

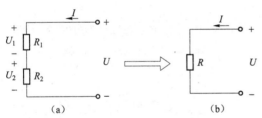

图 1-2-1　串联电阻的等效简化

（a）串联电阻；（b）等效电阻

1. 串联电路的化简

在串联电阻电路中，我们可以用等效变换的方法将串联的电阻等效为一个电阻。

对于串联电阻电路，其重要特点是等效电阻等于串联电路中各个串联电阻阻值之和，总电压等于各电阻上电压之和，各电阻上流过的电流相等。即

$$U = U_1 + U_2 \qquad (1-2-1)$$

$$R = R_1 + R_2 \qquad (1-2-2)$$

$$I = \frac{U}{R} = \frac{U_1}{R_1} = \frac{U_2}{R_2} \qquad (1-2-3)$$

2. 串联电阻的分压作用

将两个电阻串联在一起时，流过每个电阻上的电流都是一样的。由欧姆定律知：

$$I = \frac{U}{R} \qquad (1-2-4)$$

电阻 R_1 和 R_2 上的电压分别是：

$$U_1 = IR_1 = \frac{U}{R}R_1 = \frac{R_1}{R_1 + R_2}U \qquad (1-2-5)$$

$$U_2 = IR_2 = \frac{U}{R}R_2 = \frac{R_2}{R_1 + R_2}U \qquad (1-2-6)$$

这就是两个电阻串联时的电压分配关系，串联电路中电阻上分得的电压与其电阻阻值成正比。式（1-2-5）和式（1-2-6）也称为分压公式。

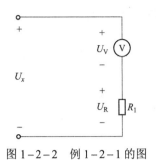

【**例 1-2-1**】图 1-2-2 所示电路中，$R_1 = 300\,\Omega$，串联一个内阻值 $R_2 = 100\,\Omega$、测量范围为 0～5 V 的电压表，试计算电压表正常工作时，此电路两端可以加载的电压范围。

图 1-2-2　例 1-2-1 的图

解：电压表两端电压值变化范围为 0～5 V，当电压表显示为 0 时，则：

$$U_V = 0 \text{ V}$$

此时电路中没有电流流过，

$$U_V = \frac{R_2}{R_1 + R_2} U_x$$

$$U_x = \frac{R_1 + R_2}{R_2} U_V = 0 \text{ V}$$

当电压表显示 5 V 时，$U_V = 5\text{ V}$，U_V 即为 R_2 上的分压，由分压公式得：

$$U_x = \frac{R_1 + R_2}{R_2} U_V = \frac{300 + 100}{100} \times 5 = 20 \text{ (V)}$$

可见，电路两端电压 U_x 可在 0～20 V 的范围内变化。

1.2.2　电阻的并联

将若干个电阻并排平行连接起来，称为电阻的并联，如图 1-2-3（a）所示。

1. 并联电路的化简

在并联电路中，我们同样可以用等效变换的方法将并联的电阻等效为一个电阻。如图 1-2-3（b）所示。

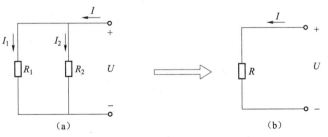

图 1-2-3　并联电阻的等效简化

（a）并联电阻；（b）等效电阻

在并联电阻电路中，各个电阻上的电压相等，并联电路中的总电流等于各电阻中流过的电流之和，可推得并联电路等效电阻的倒数等于各电阻阻值倒数之和。即

$$U = U_1 = U_2 \tag{1-2-7}$$

$$I = I_1 + I_2 \tag{1-2-8}$$

$$\frac{1}{R} = \frac{1}{R_1} + \frac{1}{R_2} \qquad (1-2-9)$$

2. 并联电阻的分流作用

将两个电阻并联在一起时，每个电阻上的电压都是相同的。由欧姆定律知：

$$U = I\frac{R_1 R_2}{R_1 + R_2} \qquad (1-2-10)$$

即：

$$I = I_1 + I_2 = \frac{U}{R_1} + \frac{U}{R_2} = \frac{R_1 + R_2}{R_1 R_2}U \qquad (1-2-11)$$

电阻 R_1 和 R_2 上的电流分别是

$$I_1 = \frac{U}{R_1} = \frac{R_2}{R_1 + R_2}I \qquad (1-2-12)$$

$$I_2 = \frac{U}{R_2} = \frac{R_1}{R_1 + R_2}I \qquad (1-2-13)$$

这就是两个电阻并联时的电流分配关系，并联电路中电阻上分得的电流与其阻值大小成反比，式（1-2-12）和式（1-2-13）也称为分流公式。

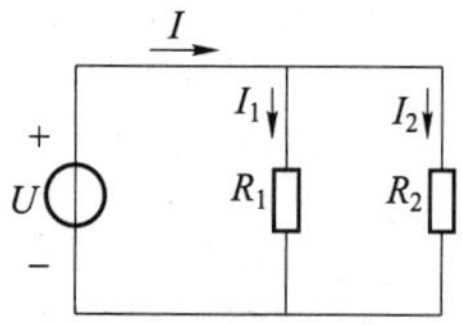

【例1-2-2】 图1-2-4所示电路中，电压源电压 $U = 15$ V，$R_1 = 200\ \Omega$，$R_2 = 300\ \Omega$，问：

（1）此时 R_1 流过的电流 $I_1 = ?$

（2）电路的等效电阻 $R = ?$

（3）若想使电路的总电流 $I = 0.2$ A，U 和 R_1 不变，则 $R_2 = ?$

图1-2-4　例1-2-2的图

解：（1）电阻并联时，各电阻两端的电压相等，即：

$$U = U_1 = U_2$$

根据欧姆定律 $U = IR$，则有：

$$I_1 = \frac{U}{R_1} = \frac{15}{200} = 0.075\ (A)$$

（2）根据并联等效电阻公式，有：

$$R = \frac{1}{\frac{1}{R_1} + \frac{1}{R_2}} = \frac{R_1 R_2}{R_1 + R_2} = \frac{200 \times 300}{200 + 300} = 120\ (\Omega)$$

（3）由于并联电路总电流等于并联电阻上的电流之和，即 $I = I_1 + I_2$，则：

$$\frac{U}{R_1} + \frac{U}{R_2} = \frac{U(R_1 + R_2)}{R_1 R_2} = 0.2\ (A)$$

$$R_2 = 120\ (\Omega)$$

由上例可以看出，并联电路中，阻值大的电阻上流过的电流小，阻值小的电阻上流过的电流大，并且电路的等效电阻小于两个并联电阻的阻值。

1.2.3 简单的电阻电路

简单电阻电路可以通过电阻的串联、并联简化运算，最后将整个电阻电路简化成一个等效电阻。

简单电阻电路的计算可以分为以下三个步骤：

（1）分块合并电路的串联和并联部分，逐级推进求出电路的等效电阻；

（2）根据等效电阻算出电路中的总电压或总电流；

（3）利用串联和并联时的分压和分流关系，逐步求出电路各部分的电压及电流。

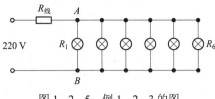

【例1-2-3】 如图1-2-5所示，某输电线的导线电阻为 $R_线 = 20\ \Omega$，电路中接有 40 W 灯泡 6 盏，每盏灯泡的电阻为 1 200 Ω，电源电压为 220 V。问这时灯泡两端的电压为多大？

图 1-2-5　例 1-2-3 的图

解： 灯泡相互并联，每个电阻都是 1 200 Ω，故它们的并联电阻为：

$$R' = \frac{1\,200}{6} = 200\ (\Omega)$$

传输线的电阻 $R_线$ 与 R' 是串联的，它们的总电阻为：

$$R = R_线 + R' = 20 + 200 = 220\ (\Omega)$$

电路的总电流为：

$$I = \frac{U}{R} = 1\,(\text{A})$$

灯泡两端的电压为：

$$U_{AB} = U - IR_线 = 220 - 20 = 200\,(\text{V})$$

即灯泡两端的电压是 200 V。

1.3　基尔霍夫定律

在实际的电路中，电阻和其他电气元件往往不是以简单的串并联方式连接在一起，而且一个电路中可能含有数个不同性质的电源，对于这样的电路，我们无法使用单纯的串并联分析进行计算。例如图 1-3-1 所示在很多精密测量仪器中常有的电桥电路，以及图 1-3-2 的双电源电路。

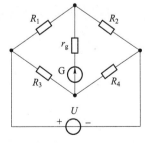

图 1-3-1　电桥电路

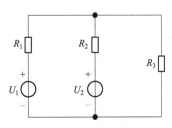

图 1-3-2　双电源电路

两图中各个电阻之间没有直接的串并联关系，用前面学过的知识无法解决。像这样的电路称为复杂电路。

计算复杂电路的方法很多，在这里我们介绍一个最基本、最常用的分析计算复杂电路的定律——基尔霍夫定律。在介绍基尔霍夫定律之前有几个相关术语需要掌握。

（1）支路：在电路中，由元件串联组成的无分支电路称为支路。在图 1-3-1 的电路中，就有 6 条支路，而图 1-3-2 电路中则有 3 条支路。

（2）节点：3 条及以上支路的交汇点被称为节点。图 1-3-1 电路中有 4 个节点，图 1-3-2 电路中有 2 个节点。

（3）回路：电路中由支路构成的任何闭合路径叫作回路。图 1-3-1 的电路中共含有 7 个回路，图 1-3-2 电路中共有 3 个回路。

基尔霍夫定律包括基尔霍夫电流定律和基尔霍夫电压定律。

1.3.1 基尔霍夫电流定律

基尔霍夫电流定律（KCL），又称基尔霍夫第一定律。基尔霍夫电流定律的一般表述是：任意时刻，流入某一节点的电流总和等于流出这一节点的电流总和。

$$\sum I_{\text{入}} = \sum I_{\text{出}} \qquad (1-3-1)$$

式（1-3-1）也叫作节点电流方程。

在图 1-3-3 电路中，对于节点 a、b、c，可列出它们的节点电流方程

$$a\text{节点：} \quad I_1 = I_2 + I_3$$
$$b\text{节点：} \quad I_2 = I_4 + I_5$$
$$c\text{节点：} \quad I_3 + I_4 + I_5 = I_1$$

从三个电流方程可以看出，任意两个节点的电流方程左右两边相加，消去中间项后，可得第三个节点的电流方程。也就是说，图 1-3-3 电路有 3 个节点，可以列出两个独立的节点电流方程。

这个特点可以推广到一般的电路中，即对于具有 n 个节点的电路来说，可以列出 $n-1$ 个独立的节点电流方程。

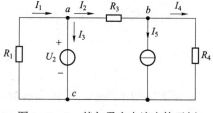

图 1-3-3　基尔霍夫电流定律示例

【例 1-3-1】根据基尔霍夫电流定律，试计算图 1-3-4 中的电流 $I_4 = ?$

解： 对于节点 a 来说，流入节点的电流为 I_2、I_3，流出节点的电流为 I_1、I_4，则根据基尔霍夫电流定律，流入节点的电流之和等于流出节点的电流之和，可列出电流方程为：

$$I_1 + I_4 = I_2 + I_3$$
$$I_4 = I_2 + I_3 - I_1$$
$$= 0.25 - 0.15 - 0.3$$
$$= -0.2\,(\text{A})$$

I_3、I_4 为负值，表明图中标出的参考方向和它实际的流向是相反的。

基尔霍夫电流定律中的节点概念也可以推广到空间中任意一个闭合曲面。如图 1-3-5 所示，图中的三极管就可以看成是一个大节点，流入它的电流之和等于流出它的电流之和。

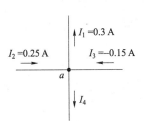

图 1-3-4 例 1-3-1 的图

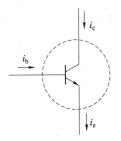

图 1-3-5 广义节点

$$i_e = i_b + i_c \qquad (1-3-2)$$

1.3.2 基尔霍夫电压定律

基尔霍夫电压定律（KVL），又称基尔霍夫第二定律。基尔霍夫电压定律的一般表述是：任一时刻，沿任一闭合回路绕行一周，该闭合回路中所有元件两端电压的代数和等于零。

$$\sum U = 0 \qquad (1-3-3)$$

式（1-3-3）也叫作回路电压方程。

在应用基尔霍夫电压定律列写某一回路的电压方程时，首先要确定回路的绕行方向，当回路上元件的电压方向与绕行方向一致时取正值，相反时取负值。

【例 1-3-2】 根据基尔霍夫电压定律，列出图 1-3-6 的回路 I、回路 II 的回路电压方程。

解： 在图 1-3-6 中，对于回路 I 来说，R_1、R_2 上流过的电流方向与回路方向相反，即它们的电压方向与回路方向相反，所以电压值为负，U_2 的方向也与回路方向相反，也为负值，U_1 方向与回路方向相同，取正值，所以回路 I 的电压方程为：

$$U_1 - (I_1R_1 + I_2R_2 + U_2) = 0$$

对于回路 II 来说，R_1、R_3 上电流方向与回路方向一致，取正值，电压源 U_1 上电压方向与回路方向相反，取负值，所以回路 II 的电压方程为：

$$I_1R_1 + I_3R_3 - U_1 = 0$$

【例 1-3-3】 根据基尔霍夫电压定律，求图 1-3-7 中所示电路的 U_{ab} 和 U_{ac}。

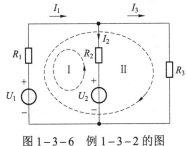

图 1-3-6 例 1-3-2 的图

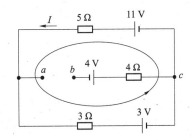

图 1-3-7 例 1-3-3 的图

解： 由于 ab 断开，电路只有一个回路。设回路方向如箭头所示，列出对应电压方程有

$$5I + 3I + 3 - 11 = 0$$

所以：$I = 1 (A)$

将 U_{ab} 看作一个电压源，可将电路下半部分看作一个回路，回路方向为逆时针方向，列出对应电压方程有：

$$3I + 3 - U_{ac} = 0$$

所以：
$$U_{ac} = 6 (V)$$

$$U_{ac} = U_{ab} - 4$$

所以：
$$U_{ab} = 10 (V)$$

值得注意的是，在选择回路时，应尽量不选择含有电流源的支路，因为一般来说，电流源两端的电压不直接给出时，不易列写电压方程。另外回路的绕行方向可以自行任意确定，不影响计算结果。

1.3.3　支路电流分析法

以支路电流为求解变量的电路分析方法称为支路电流分析法，也是基尔霍夫定律的应用。支路电流分析法的一般步骤如下：

（1）假设电路具有 n 个节点，m 条支路；

（2）标出每个支路电流及其参考方向；

（3）根据 KCL 列出 $n-1$ 个独立节点电流方程；

（4）选定所有独立回路并指定每个回路的绕行方向，根据 KVL 列出 $m-n+1$ 个回路电压方程；

（5）求解（3）、（4）所列的联立方程组，得各支路电流；

（6）根据题意求解其他物理量。

【例 1-3-4】在图 1-3-8（a）电路中，已知 U_1=21 V，U_2=2 V，U_3=2 V，R_1=5 Ω，R_2=2 Ω，R_3=4 Ω，试计算三个电阻上的电流分别是多少？

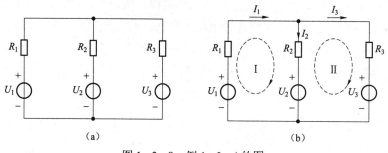

图 1-3-8　例 1-3-4 的图

解： 此电路共有两个节点和三条支路。首先在电路上标出三个电阻上电流的参考方向，并选取两个回路Ⅰ和Ⅱ，标出它们的回路方向，如图 1-3-8（b）所示。可以看出，电路中有两个节点，可以列出一个独立的节点电流方程：

$$I_1 = I_2 + I_3$$

根据基尔霍夫电压定律，列出图 1-3-8（b）的回路Ⅰ、回路Ⅱ的回路电压方程。在图 1-3-8（b）中，对于回路Ⅰ来说，R_1、R_2 上流过的电流方向与回路方向一致，即它们的电压方向与回路方向一致，所以电压值为正，U_2 的方向也与回路方向一致，也为正值，U_1 方向与回路方向相反，取负值，所以回路 I 的电压方程为：

$$I_1 R_1 + I_2 R_2 + U_2 - U_1 = 0$$

对于回路 II 来说，R_2 上的电流方向与回路方向相反，电压取负值，R_3 上的电流方向与回路方向一致，电压取正值，电压源 U_2 的电压方向与回路方向相反，取负值，所以回路 II 的电压方程为：

$$-I_2 R_2 + I_3 R_3 - U_2 + U_3 = 0$$

将电源和电阻的参数值代入上面三个式中，得方程组：

$$\begin{cases} I_1 = I_2 + I_3 \\ 5I_1 + 2I_2 + 2 - 21 = 0 \\ -2I_2 + 4I_3 - 2 + 2 = 0 \end{cases}$$

解方程组，得：

$$\begin{cases} I_1 = 3 \text{ A} \\ I_2 = 2 \text{ A} \\ I_3 = 1 \text{ A} \end{cases}$$

【例 1-3-5】如图 1-3-9 所示电路，用支路电流法求 u、i。

解：该电路含有一个电压为 $4i_1$ 的受控源，在求解含有受控源的电路时，可将受控源当作独立电源处理。

对节点 a 列 KCL 方程：

$$i_2 = 5 + i_1$$

对图示回路列 KVL 方程：

$$5i_1 + i_2 + 4i_1 - 10 = 0$$

由以上两式解得：

$$i_1 = 0.5 \text{ A}$$

$$i_2 = 5.5 \text{ A}$$

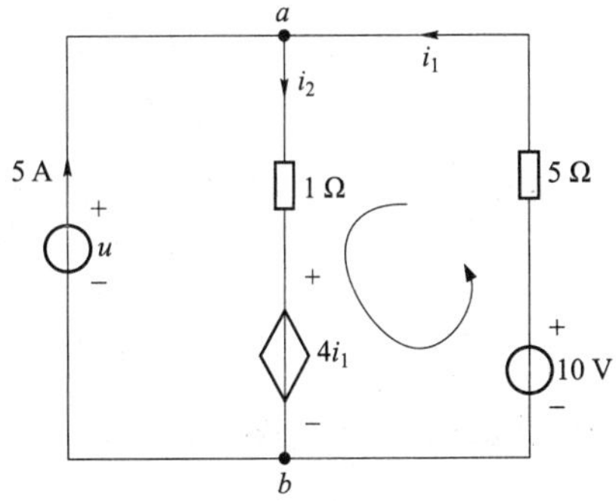

图 1-3-9　例 1-3-5 的图

电压：$u = i_2 + 4i_1 = 5.5 + 4 \times 0.5 = 7.5$ (V)

支路电流法是以 KCL、KVL 为依据的最基本的分析电路方法，但当支路数目较大时，求解方程数多，计算量也较大。

1.3.4　网孔电流法

平面电路由若干回路组成，这些回路中内部不另含支路的回路被称为网孔。在每个网孔中，都假设存在一个电流按给定的参考方向沿网孔边界环流，这样在网孔内环行的假想电流，被称为网孔电流。网孔电流的大小和参考方向均是任意设定的。

例如图 1-3-10 所示的电路中，就有 3 个网孔 A、B、C。它们的网孔电流分别是 I_A、I_B、I_C。

网孔电流法是以网孔电流作为独立变量，利用 KVL、欧姆定律列写出各个网孔回路的 KVL 方程，进行网孔电流的求解。然后再根据电路的要求，以网孔电流为已知量再进一步求得欲求的电流、电压或功率。

网孔电流法的一般步骤如下：

（1）确定网孔，设定网孔电流为变量，并标出其绕行方向。

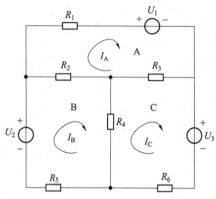

图 1−3−10　网孔电流法示例

如图 1−3−10 所示设定 3 个网孔，规定网孔电流顺时针绕行。

（2）根据基尔霍夫电压定律，每个网孔为一回路，$\sum U = 0$，列出含网孔电流的 3 个网孔回路电压方程。列方程时应注意：

① 当某一电阻上同时有两个网孔电流流过时，该电阻上的电压必须写成两个网孔电流的代数和与电阻的乘积。电流的正负取值按如下方式规定：自身网孔电流值取正，相邻网孔电流的方向与自身网孔电流方向一致时取正，相反时取负。

② 若网孔中含有电压源，电压源电压的方向与网孔电流的绕行方向一致时电压取正值，反之取负值。

在图 1−3−10 的网孔 A 中，电阻 R_1 上仅有网孔电流 I_A 流过，R_1 的电压为 $I_A R_1$；电阻 R_2 上同时有网孔电流 I_A、I_B 流过，且在电阻 R_2 上，I_B 方向与 I_A 相反，所以 R_2 的电压为 $(I_A - I_B)R_2$；电阻 R_3 上有网孔电流 I_A、I_C 流过，且在电阻 R_3 上，I_C 方向与 I_A 相反，所以 R_3 的电压为 $(I_A - I_C)R_3$；电压源 U_1 的电压方向与网孔电流 I_A 的方向一致，取正。所以网孔 A 的电压方程可列写为：

$$I_A R_1 + U_1 + (I_A - I_C)R_3 + (I_A - I_B)R_2 = 0$$

在网孔 B 中，电阻 R_5 上仅有网孔电流 I_B 流过，R_5 的电压为 $I_B R_5$；电阻 R_2 上有网孔电流 I_A、I_B 流过，且在电阻 R_2 上，I_B 方向与 I_A 相反，R_2 的电压为 $(I_B - I_A)R_2$；电阻 R_4 上有网孔电流 I_B、I_C 流过，且在电阻 R_4 上，I_C 方向与 I_B 相反，R_4 的电压为 $(I_B - I_C)R_4$；电压源 U_2 的电压方向与网孔电流 I_B 的方向相反，取负值。所以网孔 B 的电压方程可列写为

$$I_B R_5 + (I_B - I_A)R_2 + (I_B - I_C)R_4 - U_2 = 0$$

在网孔 C 中，电阻 R_6 上仅有网孔电流 I_C 流过，所以它的电压为 $I_C R_6$；电阻 R_3 上有网孔电流 I_A、I_C 流过，且在电阻 R_3 上，I_C 方向与 I_A 相反，所以 R_3 的电压为 $(I_C - I_A)R_3$；电阻 R_4 上有网孔电流 I_B、I_C 流过，且在电阻 R_4 上，I_C 方向与 I_B 相反，所以它的电压为 $(I_C - I_B)R_4$；电压源 U_3 的电压方向与网孔电流 I_C 的方向一致，取正。所以网孔 C 的电压方程可列写为：

$$I_C R_6 + U_3 + (I_C - I_B)R_4 + (I_C - I_A)R_3 = 0$$

（3）求解上步列写的 3 个网孔电压方程组成的方程组，得各网孔电流。

（4）按题目要求，求待求量。

对于含电流源的电路，由于理想电流源的输出电流是恒定值，它两端的电压是不确定的，完全取决于外电路，在用网孔法求解时可根据电流源在电路中所处的位置不同采取不

同的方法。

【例 1-3-6】 用网孔法求图 1-3-11 中各电阻两端的电压。设 I_S 为 1 A。

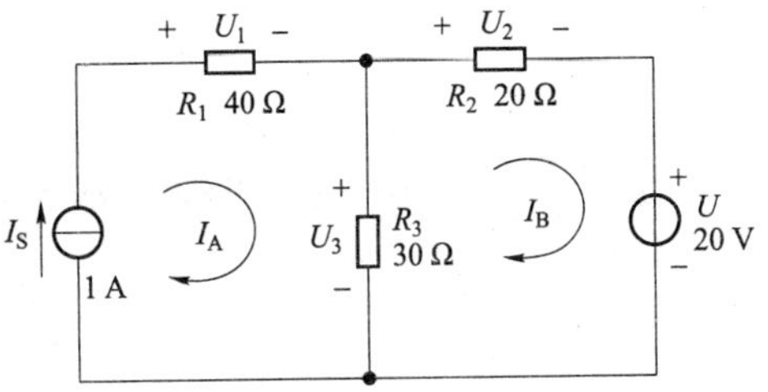

解： 在图 1-3-11 中含有理想电流源 I_S，图中电流源仅处在一个网孔中，此时网孔电流 I_A 就等于已知的电流源电流 I_S，其他网孔电流方程仍按常规方法列出。设网孔电流方向如图所示，则网孔 B 的网孔电流方程为：

$$I_B R_2 + U + (I_B - I_A)R_3 = 0$$

将 $I_A = I_S = 1$ A 及电阻与 U 的值代入方程得：

$$(I_B - 1) \times 30 + I_B \times 20 + 20 = 0$$

所以：$I_B = 0.2$ A

根据图 1-3-11 求得：

$$U_1 = I_A R_1 = 40 \text{ V}$$
$$U_2 = I_B R_2 = 4 \text{ V}$$
$$U_3 = (I_A - I_B)R_3 = 24 \text{ V}$$

图 1-3-11 例 1-3-6 的图

1.3.5 节点电位法

以电路的节点电位为未知量来分析电路的方法称为节点电位法。

节点电位法的一般步骤如下：

（1）对于有 n 个节点的电路，任选一个节点为参考点，把其余 $n-1$ 个节点的电位作为未知量。

（2）列写出各支路电流表达式，根据 KCL，列出 $n-1$ 个独立节点的电流方程。

（3）求联立方程组，求出各节点电位。

（4）根据电路的要求，以节点电位为已知量再进一步求得欲求的电流、电压或功率。

节点电位法特别适用于节点较少而支路较多的电路的分析和计算。

下面以图 1-3-12 为例来具体说明节点电位法的应用。

设节点 O 为参考点，节点 a 的电位为 V_a，选定各支路电流的参考方向如图 1-3-12 所示。用节点电位表示出各支路电流：

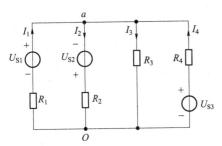

图 1-3-12 节点电位法示例

$$I_1 = -\frac{V_a - U_{S1}}{R_1}$$

$$I_2 = \frac{V_a + U_{S2}}{R_2}$$

$$I_3 = \frac{V_a}{R_3}$$

$$I_4 = -\frac{V_a - U_{S3}}{R_4}$$

对节点 a 由 KCL 列出节点电流方程：

$$I_1 - I_2 - I_3 + I_4 = 0$$

联立方程，可求得

$$-\frac{V_a - U_{S1}}{R_1} - \frac{V_a + U_{S2}}{R_2} - \frac{V_a}{R_3} - \frac{V_a - U_{S3}}{R_4} = 0$$

$$V_a = \frac{\dfrac{U_{S1}}{R_1} - \dfrac{U_{S2}}{R_2} + \dfrac{U_{S3}}{R_4}}{\dfrac{1}{R_1} + \dfrac{1}{R_2} + \dfrac{1}{R_3} + \dfrac{1}{R_4}}$$

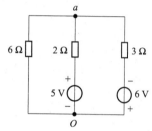

图 1-3-13　例 1-3-7 的图

【例 1-3-7】试用节点电位法求图 1-3-13 所示电路中的节点 a 的电位。

解：取节点 O 为参考节点，节点 a 的节点电位为 V_a：

$$\frac{V_a}{6} + \frac{V_a - 5}{2} + \frac{V_a + 6}{3} = 0$$

则：$V_a = 0.5\ \text{V}$

1.4　叠 加 原 理

　　叠加原理是反映线性电路中各个电源作用的独立性原理。应用叠加原理可以把一个复杂的电路分解成几个比较简单的电路来进行分析和计算，方便进行线性电路的分析。

　　叠加原理的内容是：一个含多个独立电源的线性电路中，任一支路的电流（或电压），等于每个独立电源单独作用时在该支路所产生的电流（或电压）的代数和。

　　例如在图 1-4-1 中，图 1-4-1（a）是一个由两个电源 U、I_S 共同作用于三个电阻的电路。图 1-4-1（b）是电源 U 单独作用时的分电路，图（c）是电源 I_S 单独作用时的分电路。所谓单独作用，是指电路中只有一个电源发生作用，其余电源处于不工作状态。电压源不工作相当于短路状态，而电流源提供的电流为零时，相当于电流源处于开路状态。

（a）　　　　　（b）　　　　　（c）

图 1-4-1　叠加原理示例

　　在图 1-4-1 中，图（a）电路中的电流 I，就等于图（b）、图（c）分别在 U、I_S 单独作

用时电路中所产生电流的 I'、I''时的叠加。即

$$I = I' + I''$$

而在图（b）、图（c）中电流 I'、I''的计算，可以直接利用串联电路的电流计算方法即可。

【**例 1-4-1**】在图 1-4-2(a)电路中，已知 $U = 14$ V，$I = 2$ A，$R_1 = 5\ \Omega$，$R_2 = 2\ \Omega$，$R_3 = 4\ \Omega$，试计算 3 个电阻上的电流分别是多少？

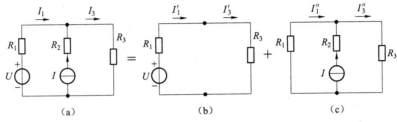

图 1-4-2 例 1-4-1 的图

解：为分析方便，将图 1-4-2（a）中两电源 U、I 单独作用时的电路图 1-4-2（b）和电路图 1-4-2（c）画出。

由于 R_2 直接接电流源，通过 R_2 的电流为：

$$I_2 = I = 2\text{ A}$$

在图 1-4-2（b）中：

$$I_1' = I_3' = \frac{U}{R_1 + R_3} = \frac{14}{5 + 4} = \frac{14}{9}\text{(A)}$$

在图 1-4-2（c）中：

$$I_1'' = -\frac{R_3}{R_1 + R_3}I = -\frac{4}{5 + 4} \times 2 = -\frac{8}{9}\text{(A)}$$

$$I_3'' = \frac{R_1}{R_1 + R_3}I = \frac{5}{5 + 4} \times 2 = \frac{10}{9}\text{(A)}$$

叠加时要注意电流的正方向，分电路的电流与总电路对应的电流方向一致时为正，相反时则为负。叠加后的支路电流为：

$$I_1 = I_1' + I_1'' = \frac{14}{9} - \frac{8}{9} = \frac{2}{3}\text{(A)}$$

$$I_3 = I_3' + I_3'' = \frac{14}{9} + \frac{10}{9} = \frac{8}{3}\text{(A)}$$

概括起来，应用叠加原理进行计算时，应注意以下几个问题：

（1）叠加原理只适用于线性电路，不适用于含有非线性元件的电路。

（2）当一独立源作用时，其他独立源都对应等于 0，电压源可看作短路，电流源可看作开路。

（3）利用叠加原理求电路中电压、电流代数和时，要特别注意各分量的方向。如果分量的方向与原支路分量的方向一致时，则取正；相反时则取负。

（4）在线性电路中，叠加原理只适用于计算电流和电压而不适于功率的计算。功率是与

电流（或电压）的平方成正比的，因而不适用叠加原理。

（5）含有受控源的线性电路用叠加原理计算时，受控源不能作为独立电源对待，所以含受控源的电路一般不用叠加原理分析。

1.5　等效电源定理

凡是具有两个接线端的电路，都可称为二端网络；如果线性二端网络内部包含电源，又称为线性有源二端网络。

利用等效电源定理可以将一个线性二端有源网络等效为一个实际电源的形式，是分析电路的重要定理。等效电源定理中又包括戴维南定理和诺顿定理。

1.5.1　戴维南定理

戴维南定理的一般表述是：任何一个有源线性二端网络，对外电路而言，都可以用一个电压源与一个电阻相串联来等效代替。这个电压源的电压等于有源线性网络的开路电压，串联电阻等于该网络内部独立电源为零时的等效电阻，如图 1-5-1 所示。

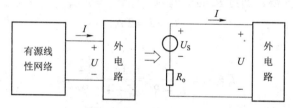

图 1-5-1　戴维南定理

下面举例说明。

【例 1-5-1】在图 1-5-2(a)电路中，已知 $U=14$ V，$I_S=2$ A，$R_1=5$ Ω，$R_2=2$ Ω，$R_3=4$ Ω，试计算电阻 R_3 上的电流是多少？

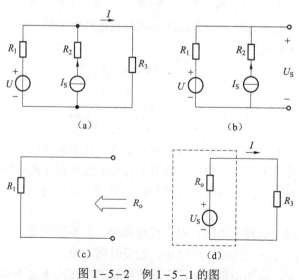

图 1-5-2　例 1-5-1 的图

(a) 原电路；(b) 线性有源网络；(c) 线性有源网络内阻；(d) 等效电路

解： 根据戴维南定理，求解可分为以下 3 个步骤。

（1）将 R_3 作为外电路电阻，画出二端网络如图 1-5-2（b）所示，求图 1-5-2（b）的开路电压 U_S。在图 1-5-2（b）中，流过闭合回路中的电流是：

$$I = I_S = 2\ A$$

$$U_S = IR_1 + U = 24\ V$$

（2）计算有源二端网络的内阻 R_o。此时二端网络内部的独立电源置零，即电源 U 以短路线来代替，I_S 以开路代替，如图 1-5-2（c）所示，等效电阻为：

$$R_o = R_1 = 5\ \Omega$$

（3）此时二端有源网络等效为一个电压为 U_S 的电压源和一个阻值为 R_o 的电阻相串联的形式，加上作为外电路的电阻 R_3，构成的等效电路如图 1-5-2（d）所示。

$$I = \frac{U_S}{R_o + R_3} = \frac{24}{9} = \frac{8}{3}(A)$$

【例 1-5-2】 在图 1-5-3（a）电路中，已知 $U_1 = 10\ V$，$U_2 = 4\ V$，$R_1 = 4\ \Omega$，$R_2 = 2\ \Omega$，$R_3 = 2/3\ \Omega$，试计算电阻 R_3 上的电流是多少？

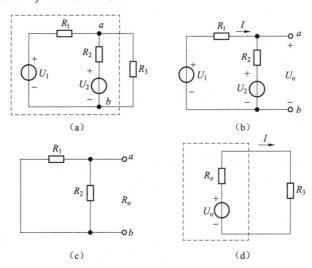

（a）　　　　　　　　（b）

（c）　　　　　　　　（d）

图 1-5-3　例 1-5-2 的图

解： 根据戴维南定理进行求解。

（1）将图 1-5-3（a）虚线框内部分作为二端有源网络、R_3 作为外电路电阻，画出二端网络如图 1-5-3（b）所示，求开路电压 U_o。在图 1-5-3（b）中，流过闭合回路中的电流是 I，则 U_o 为：

$$U_1 - U_2 - I(R_1 + R_2) = 0$$

则：

$$I = 1\ A$$

$$U_o = IR_2 + U_2 = 6\ V$$

（2）计算有源二端网络的内阻 R_o。此时二端网络内部的独立电源置零，即电源 U_1、U_2 以短路线来代替，如图 1-5-3（c）所示，则两电阻并联后等效电阻为：

$$R_o = R_1 // R_2 = \frac{4}{3}\Omega$$

（3）此时二端有源网络等效为一个电压为 U_o 的电压源和一个阻值为 R_o 的电阻相串联的形式，加上作为外电路的电阻 R_3，构成的等效电路如图 1-5-3（d）所示。

$$I = \frac{U_o}{R_o + R_3} = \frac{6}{\frac{4}{3} + \frac{2}{3}} = 3\,(\text{A})$$

1.5.2　诺顿定理

在 1.1.6 中我们提到，一个电压源与一个电阻串联的电路可以与一个电流源与一个电阻并联的电路相互等效变换。同理，戴维南定理中和线性有源二端网络等效的电压源与电阻串联电路同样可以用电流源和电阻的并联电路来等效，这就是诺顿定理。

诺顿定理的一般表述为：任何一个有源线性二端网络，对外电路而言，都可以用一个理想电流源与一个电阻相并联的形式来等效。等效电流源的电流等于对应的有源二端网络的短路电流，并联电阻等于该网络内部独立电源置零时的等效电阻，如图 1-5-4 所示。

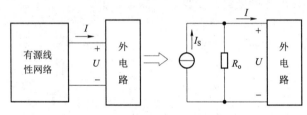

图 1-5-4　诺顿定理

下面举例说明。

【例 1-5-3】在图 1-5-5（a）电路中，已知 $U_S = 10\,\text{V}$，$I_S = 1\,\text{A}$，$R_1 = 4\,\Omega$，$R_2 = 2\,\Omega$，$R_3 = 10\,\Omega$，求诺顿等效电路。

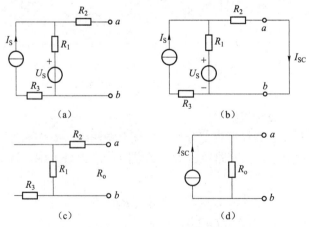

图 1-5-5　诺顿定理示例

解： 根据诺顿定理进行求解。

（1）将图 1-5-5（a）的二端有源网络输出端短路，求短路电流 I_{SC}，如图 1-5-5（b）所示。此时电流 I_{SC} 的计算可通过叠加原理进行，得到：

$$I_{SC} = \frac{R_1}{R_1 + R_2}I_S + \frac{U_S}{R_1 + R_2} = \frac{7}{3}(\text{A})$$

（2）计算有源二端网络的内阻 R_o。与戴维南定理相同，将二端网络内部的独立电源置零，即电压源以短路表示，电流源以开路表示，如图 1-5-5（c）所示，则两电阻串联后等效电阻为：

$$R_o = R_1 + R_2 = 6\,\Omega$$

（3）此时题中二端有源网络可等效为一个电流为 I_{SC} 的电流源和一个阻值为 R_o 的电阻相并联的形式，如图 1-5-5（d）所示。

1.6　交流电的基本概念

与直流电大小和方向不随时间变化的特点相对应，我们将大小和方向随时间而变化的电压、电流称为交流电。按交流电的变化规律又可分两类：电压、电流随时间按正弦规律变化的称为正弦交流电；电压、电流不随时间按正弦规律变化的称为非正弦交流电。正弦交流电在工业生产、电能输送、通信及电子电路研究方面有着广泛的应用，本节主要介绍正弦交流电的概念和正弦交流电路的分析方法。

1.6.1　正弦交流电

随时间按正弦规律变化的电压、电流称为正弦交流电，简称交流电。

正弦交流电瞬时值的表达式为：

$$u = U_m \sin(\omega t + \psi_u)$$
$$i = I_m \sin(\omega t + \psi_i)$$

（1-6-1）

从以上表达式可见，正弦量包含三个基本要素：最大值（又称幅值）U_m 或 I_m、角频率（ω）、初相位（ψ_u 或 ψ_i），只要知道正弦量的 3 个基本要素，就可以确定它的表达式并画出对应波形图，如图 1-6-1 所示。

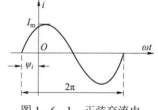

图 1-6-1　正弦交流电

1. 最大值

正弦量的瞬时值 u 和 i 随时间变化而改变，其瞬时值的最大值称为正弦交流电的最大值或幅值。常用 U_m、I_m 来表示。

而在正弦电路的日常使用和分析计算中更常用到正弦量的有效值，如家用电器使用的 220 V 电压就是指有效值电压。交流电的有效值是根据电流的热效应来确定的。假设一个交流电流 i 和一个直流电流 I 分别通过两个相同的电阻 R，如果在交流电的一个周期内，交流电和直流电在电阻上产生的热量相等，则这个直流电的电流值，就等同于该交流电流的有效值。正弦交流电流、电压的有效值常用大写字母 I、U 来表示。

交流电有效值和最大值的关系为：

$$I_m = \sqrt{2}I$$　（1-6-2）
$$U_m = \sqrt{2}U$$　（1-6-3）

2. 角频率

正弦函数是周期函数，交流电变化一个完整波形所需的时间，称为交流电的周期，用

T 表示，单位是秒（s）。正弦交流电每秒内变化的周期数，称为频率，用 f 表示，频率的单位是赫兹（Hz）。而正弦量在单位时间内变化的角度称为角频率，用 ω 表示，角频率的单位是弧度/秒（rad/s）。三者之间的关系为：

$$\omega = 2\pi f = \frac{2\pi}{T} \qquad\qquad (1-6-4)$$

3. 初相位

交流电在变化的过程中，不同时刻对应于不同的电角度，从而得到不同的瞬时值。所以正弦量中的 $(\omega t + \psi)$ 表示正弦量变化的角度，反映了正弦量在交变过程中瞬时值的变化进程，我们把 $(\omega t + \psi)$ 称为正弦量的相位。ψ 称为初相位，表示的是当 $t = 0$ 时，正弦量的相位，其值与计时起点有关。

最大值、角频率、初相位是表示一个正弦量的关键要素。只要这三者已知，就可以确定正弦量在任一时刻的值。

4. 相位差

在交流电路中，经常要遇到两个正弦量之间的关系计算问题，两个同频率正弦量之间相位之差称为相位差，用 φ 表示。它反映的是两个同频率正弦量在时间轴上的相对位置，或者说它们随时间变化的先后。

如正弦量：

$$u = U_{\mathrm{m}} \sin(\omega t + \psi_u)$$
$$i = I_{\mathrm{m}} \sin(\omega t + \psi_i)$$

上式中 u 和 i 为同频率的正弦交流电，它们的相位差是：

$$\varphi = (\omega t + \psi_i) - (\omega t + \psi_u) = \psi_i - \psi_u$$
$$(1-6-5)$$

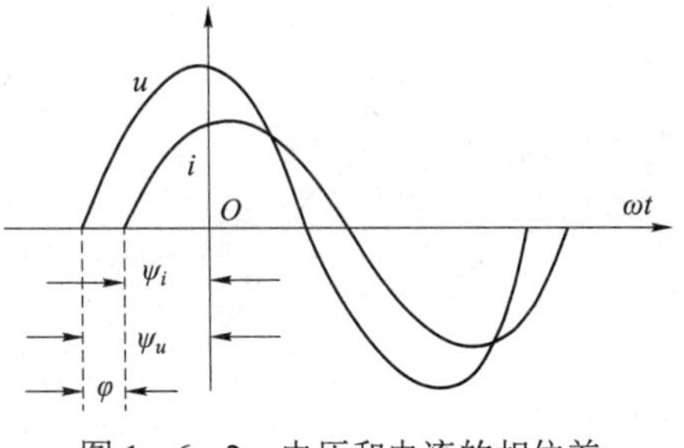

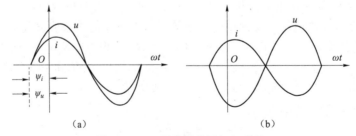

图 1-6-2 电压和电流的相位差

由式（1-6-5）可以看出，相位差就是初相位之间的差。如图 1-6-2 所示，对于相位差 $\varphi = \psi_i - \psi_u$ 来说，若 $\varphi > 0$，说明 i 较 u 先到达最大值，即 i 超前于 u。若 $\varphi < 0$，说明 i 比 u 后到达最大值，即 i 滞后于 u。

若 $\varphi = 0$，说明它们同时到达最大值或零，称这两个正弦量同相，如图 1-6-3（a）所示。

（a）　　　　　　　　　（b）

图 1-6-3　正弦量的同相与反相

（a）同相 $\varphi = 0$；（b）反相 $\varphi = \pm\pi$

若 $\varphi = \pm\pi$，说明它们其中一个到达最大值时，另一个刚好到达负的最大值，即称这两个正弦量反相，如图 1-6-3（b）所示。

【例 1-6-1】已知 $i=I_{\mathrm{m}}\sin(2\pi t+30°)\mathrm{A}$，当 $t=0$ 时其瞬时值为 $16\,\mathrm{A}$，试求电流的最大值、有效值，它的频率是多少？

解：将 $t=0$ 代入 i 中，根据已知条件得

$$I_{\mathrm{m}}\sin 30° = 16\,(\mathrm{A})$$

$$I_{\mathrm{m}} = \frac{16}{\sin 30°} = 32\,(\mathrm{A})$$

$$I = \frac{I_{\mathrm{m}}}{\sqrt{2}} = 22.63\,(\mathrm{A})$$

由于 $\omega = 2\pi\,\mathrm{rad/s}$，则：

$$f = \frac{\omega}{2\pi} = 1\,\mathrm{Hz}$$

1.6.2　交流电的相量表示

一个正弦量可以用最大值、角频率、初相位来确定，并用三角函数形式或曲线波形图表示，但用这两种方法对正弦量进行计算显得烦琐，为此，在分析正弦交流电路时，常采用相量形式来表示一个正弦量。相量表示正弦量的数学基础是复数，以下简要介绍一下复数的知识。

1. 复数

复数 A 的代数形式为：

$$A = a + \mathrm{j}b \qquad (1-6-6)$$

式中，j 称为虚数单位，$\mathrm{j}=\sqrt{-1}$。

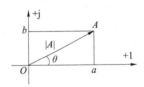

图 1-6-4　复数 A 在复平面上的表示

复数 A 在复平面上的表示形式如图 1-6-4 所示。横轴为实轴，单位是+1，a 是 A 的实部，A 与实轴的夹角 θ 称为 A 的幅角；纵轴为虚轴，单位是 j，b 为 A 的虚部。$|A|$ 称为 A 的模。

这些量之间的关系表示如下：

$$a = |A|\cos\theta$$
$$b = |A|\sin\theta$$
$$|A| = \sqrt{a^2 + b^2} \qquad (1-6-7)$$
$$\theta = \arctan\frac{b}{a}$$

复数 A 还可以表示成指数形式，即：

$$A = |A|\mathrm{e}^{\mathrm{j}\theta} \qquad (1-6-8)$$

或写成极坐标形式，即：

$$A = |A|\angle\theta \qquad (1-6-9)$$

所以复数可以有 3 种表示形式：

$$A = a + \mathrm{j}b, \quad A = |A|\mathrm{e}^{\mathrm{j}\theta}, \quad A = |A|\angle\theta \qquad (1-6-10)$$

2. 复数的四则运算

复数在进行加减运算时，一般采用代数形式，即把复数的实部与实部、虚部与虚部分别进行加减，其和或差仍为复数。例如

$$A = a_1 + jb_1 \qquad B = a_2 + jb_2 \qquad (1-6-11)$$

$$A + B = (a_1 + a_2) + j(b_1 + b_2) \qquad (1-6-12)$$

$$A - B = (a_1 - a_2) + j(b_1 - b_2) \qquad (1-6-13)$$

在复数进行乘除运算时，采用指数形式或极坐标形式更便于计算。

$$A = |A|e^{j\theta_a} \qquad B = |B|e^{j\theta_b} \qquad (1-6-14)$$

$$AB = |A|e^{j\theta_a} \cdot |B|e^{j\theta_b} = |A| \cdot |B|e^{j(\theta_a + \theta_b)} \qquad (1-6-15)$$

$$\frac{A}{B} = \frac{|A|e^{j\theta_a}}{|B|e^{j\theta_b}} = \frac{|A|}{|B|}e^{j(\theta_a - \theta_b)} \qquad (1-6-16)$$

或

$$A = |A| \angle \theta_a \qquad B = |B| \angle \theta_b \qquad (1-6-17)$$

$$AB = |A| \angle \theta_a \cdot |B| \angle \theta_b = |A| \cdot |B| \angle (\theta_a + \theta_b) \qquad (1-6-18)$$

$$\frac{A}{B} = \frac{|A| \angle \theta_a}{|B| \angle \theta_b} = \frac{|A|}{|B|} \angle (\theta_a - \theta_b) \qquad (1-6-19)$$

【例 1-6-2】已知 $A = 4 + j3$，$B = 10\angle30°$。试计算 $A+B$、$A-B$、AB、A/B 各为多少？

解： A、B 的代数形式分别为

$$A = 4 + j3 = 5\angle36.87°$$

$$B = 10\angle30° = 5\sqrt{3} + j5$$

$$A + B = (4 + 5\sqrt{3}) + j(5 + 3) = 12.66 + j8$$

$$A - B = (4 - 5\sqrt{3}) + j(3 - 5) = -4.66 - j2$$

$$A \cdot B = 5\angle36.87° \times 10\angle30° = 50\angle(36.87° + 30°) = 50\angle66.87°$$

$$\frac{A}{B} = \frac{5\angle36.87°}{10\angle30°} = \frac{1}{2}\angle(36.87° - 30°) = 0.5\angle6.87°$$

3. 正弦量的相量表示

正弦稳态电路中大量采用的是复数运算。如果用复数的模表示正弦量的幅值、用复数的幅角表示正弦量的初相位，则正弦交流电就可以用复数的形式表示出来。为了与一般复数进行区别，这种用来表示正弦量的复数称为相量，这就是交流电的相量表示。通常在大写字母 U 和 I 的上方加"."来表示电压和电流的相量形式，如正弦电流的相量形式可以表示为 $\dot{I}_m$ 或 $\dot{I}$。$\dot{I}_m$ 是电流的幅值相量，它的模等于电流的幅值，$\dot{I}$ 是电流的有效值相量，它的模等于电流的有效值（见图 1-6-5）。幅值向量与有效值向量的幅角相同，它们的关系式可写作：

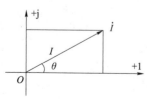

图 1-6-5 电流 i 的有效值相量图

$$\dot{I}_m = I_m(\cos\theta + j\sin\theta) = I_m e^{j\theta} = I_m \angle \theta$$

或

$$\dot{I} = I(\cos\theta + j\sin\theta) = Ie^{j\theta} = I\angle\theta \qquad (1-6-20)$$

且

$$\dot{I}_m = \sqrt{2}\dot{I} \qquad (1-6-21)$$

电压的幅值相量与有效值相量的关系与电流相似。

【例1-6-3】用相量法求两个电流之和。已知：

$$i_1 = 3\sin(314t + 45°)A \ , \ i_2 = 4\sin(314t - 60°)A$$

解：i_1、i_2 的最大值相量形式分别是

$$\dot{I}_{m1} = 3\angle 45° = 3\cos 45° + j3\sin 45° = (2.12 + j2.12)\ A$$

$$\dot{I}_{m2} = 4\angle -60° = 4\cos(-60°) + j4\sin(-60°) = (2 - j3.46)\ A$$

则：

$$\dot{I}_m = \dot{I}_{m1} + \dot{I}_{m2} = (4.12 - j1.34) = 4.33\angle -17.9°\ A$$

电流和的正弦表达式为：

$$i = 4.33\sin(314t - 17.9°)A$$

1.6.3　基尔霍夫定律的相量形式

对任意电流波形的电路来说，在任一瞬间电路中的电压、电流符合基尔霍夫定律，因此可用相量法将 KCL 和 KVL 转换为相量形式。在交流电路中，KCL 和 KVL 的一般形式为：

$$\sum i(t) = 0 \qquad (1-6-22)$$

$$\sum u(t) = 0 \qquad (1-6-23)$$

在正弦交流电路中，由于各电量均为同频率的正弦量，故基尔霍夫定律的相量形式为：

$$\sum \dot{I} = 0 \qquad (1-6-24)$$

$$\sum \dot{U} = 0 \qquad (1-6-25)$$

1.6.4　单一元件参数电路

对正弦交流电路的分析重点是电路中电压与电流之间的大小及相位关系，和电路中的能量转换及功率问题。电阻、电容、电感是交流电路中的 3 个重要元件，本节首先讨论单一元件电路中的电压与电流关系，从而令由这些基本元件组成的较复杂电路便于分析。

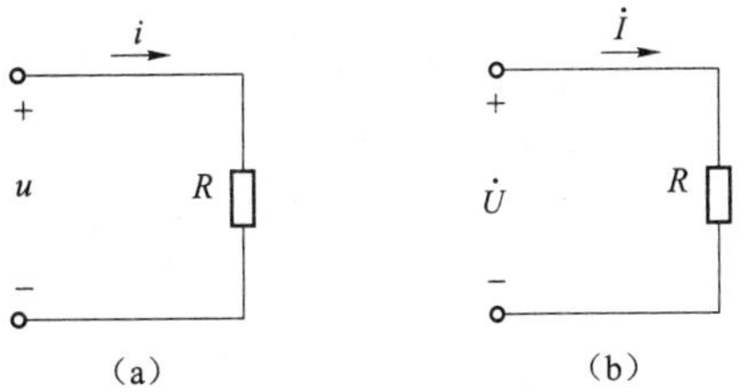

1. 电阻电路（见图1-6-6）

在仅含有电阻的单一元件交流电路中，设

图 1-6-6　电阻电路

（a）瞬时值表示；（b）相量形式

$$u = U_m \sin\omega t = \sqrt{2}U\sin\omega t \qquad (1-6-26)$$

交流电路中电阻上的电压、电流关系符合欧姆定律，得：

$$i = \frac{u}{R} = \frac{U_m}{R} \sin \omega t = I_m \sin \omega t = \sqrt{2} I \sin \omega t \qquad (1-6-27)$$

可见，电阻上的电流与它两端的电压是同频率同相位的正弦量。如果把电压和电流都用相量的形式表示，则可得到欧姆定律的相量形式：

$$\dot{U}_m = R \dot{I}_m \qquad (1-6-28)$$

或

$$\dot{U} = R \dot{I} \qquad (1-6-29)$$

电阻电路中，电阻上电压相量与电流相量的关系如图 1-6-7 所示。

电路任一瞬间所吸收的功率 p 等于该时刻瞬时电压与瞬时电流的乘积。电阻电路所吸收的瞬时功率为：

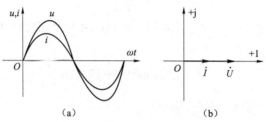

(a) (b)

图 1-6-7 电阻上的电压与电流关系

（a）正弦波形；（b）相量形式

$$
\begin{aligned}
p = ui &= U_m \sin \omega t \cdot I_m \sin \omega t \\
&= \sqrt{2} U \sin \omega t \cdot \sqrt{2} I \sin \omega t \\
&= 2UI \sin^2 \omega t \qquad (1-6-30) \\
&= UI(1 - \cos 2\omega t) \\
&= UI - UI \cos 2\omega t
\end{aligned}
$$

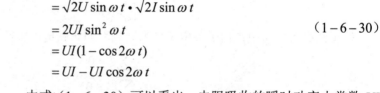

由式（1-6-30）可以看出，电阻吸收的瞬时功率由常数 UI，和幅值是 UI、以 2ω 为角频率随时间变化的交变量共同组成。p 的变化曲线如图 1-6-8 所示。

一般情况下，瞬时功率意义不大，通常所说的功率指交流电在一个周期内的平均功率，又称有功功率。用 P 来表示。

图 1-6-8 电阻电路的功率

$$
\begin{aligned}
P &= \frac{1}{T} \int_0^T p \mathrm{d}t \\
&= \frac{1}{T} \int_0^T UI(1 - \cos \omega t) \mathrm{d}t \qquad (1-6-31) \\
&= UI
\end{aligned}
$$

需注意，这里 U 和 I 是电压与电流的有效值。

2. 电感电路

图 1-6-9（a）所示为电感 L 在时域中的模型。设有正弦电流 $i = I_m \sin \omega t$ 通过电感，则电感上产生的电压为：

$$u = L\frac{\mathrm{d}i}{\mathrm{d}t}$$
$$= LI_\mathrm{m}\cos\omega t \cdot \omega$$
$$= \omega LI_\mathrm{m}\sin(\omega t + 90°)$$
$$= U_\mathrm{m}\sin(\omega t + 90°)$$

（1－6－32）

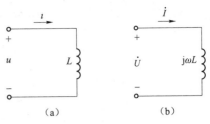

图 1－6－9　电感电路

（a）瞬时值表示；（b）相量形式

由式（1－6－32）可见，电感上的电压与电流是同频率的正弦量，且电压的相位超前于电流 90°，幅值大小关系有：

$$U_\mathrm{m} = \omega LI_\mathrm{m} \quad 或 \quad U = \omega LI \qquad (1-6-33)$$

若令：

$$X_L = \omega L \qquad (1-6-34)$$

代入式（1－6－33），得：

$$U_\mathrm{m} = X_L I_\mathrm{m} \quad 或 \quad U = X_L I \qquad (1-6-35)$$

如用相量表示电感的电压与电流关系，则为：

$$\dot{U} = U\angle 90°, \qquad \dot{I} = I\angle 0° \qquad (1-6-36)$$

$$\dot{U} = X_L I\angle 90° = \mathrm{j}X_L\dot{I} = \mathrm{j}\omega L\dot{I} \qquad (1-6-37)$$

电感电路中，电感上电压与电流的关系如图 1－6－10 所示。

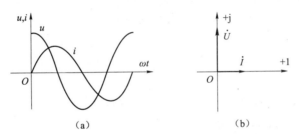

图 1－6－10　电感上的电压与电流的关系

（a）正弦波形；（b）相量形式

可以看出，电感中电压、电流的关系具有欧姆定律的形式。因此，将 $X_L = \omega L = 2\pi fL$ 称为电感的感抗，简称感抗，单位为欧姆（Ω）。由感抗表达式可得出以下结论：

在频率一定时，感抗与电感 L 成正比，L 越大，电感对交变电流的阻碍作用也越大。

电感 L 一定时，感抗与频率成正比，即电流的频率 f 越高，感抗越大。

当 $f \to \infty$ 时，$X_L \to \infty$，电路相当于开路；当 $f = 0$ 时，$X_L = 0$，这时电感相当于短路。由此得出电感元件的导电特性是通直流、阻交流。

值得注意的是，在纯电感电路中，电压与电流的瞬时值之间不存在欧姆定律的关系，只有电压与电流的有效值（或最大值）之间才具有欧姆定律的关系。

由 u 和 i 的表达式可得到电感电路的瞬时功率为：

$$p = ui$$
$$= U_{\mathrm{m}} \sin(\omega t + 90°) \cdot I_{\mathrm{m}} \sin \omega t$$
$$= U_{\mathrm{m}} I_{\mathrm{m}} \cos \omega t \sin \omega t \qquad (1-6-38)$$
$$= \frac{1}{2} U_{\mathrm{m}} I_{\mathrm{m}} \sin 2\omega t$$
$$= UI \sin 2\omega t$$

从式（1-6-38）的形式可以看出，电感的瞬时功率是一个幅值为 UI，并以 2ω 角频率随时间变化的正弦量，其变化曲线如图 1-6-11 所示。从曲线和表达式中可以看出，电感的瞬时功率有正有负，这表明电感有时吸收功率，有时释放功率。它的平均功率为：

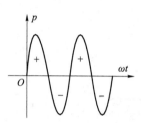

图 1-6-11 电感电路的功率

$$P = \frac{1}{T} \int_0^T p \, \mathrm{d}t$$
$$= \frac{1}{T} \int_0^T UI \cos \omega t \, \mathrm{d}t \qquad (1-6-39)$$
$$= 0$$

可得出结论：电感在电路中不消耗功率，仅与电源之间有功率交换，所交换功率的最大值为 UI。电感的这种只用来进行交换的功率称为无功功率，用字母 Q 来表示，单位是乏（var）。

$$Q = UI = I^2 X_L = \frac{U^2}{X_L} \qquad (1-6-40)$$

3. 电容电路

图 1-6-12（a）所示为电容 C 在时域中的模型。在电容元件两端加上电压 $u = U_{\mathrm{m}} \sin \omega t$ 时，它产生的电流与电压之间的关系为：

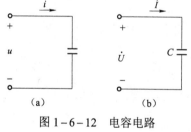

图 1-6-12 电容电路

（a）瞬时值表示；（b）相量形式

$$i = C \frac{\mathrm{d}u}{\mathrm{d}t}$$
$$= CU_{\mathrm{m}} \cos \omega t \cdot \omega \qquad (1-6-41)$$
$$= \omega C U_{\mathrm{m}} \sin(\omega t + 90°)$$
$$= I_{\mathrm{m}} \sin(\omega t + 90°)$$

由式（1-6-41）可以看出，电容上的电压与电流是同频率的正弦量，且电流的相位超前于电压 90°，大小关系是：

$$U_{\mathrm{m}} = \frac{1}{\omega C} I_{\mathrm{m}} \quad 或 \quad U = \frac{1}{\omega C} I \qquad (1-6-42)$$

若令：

$$X_C = \frac{1}{\omega C} \qquad (1-6-43)$$

代入式（1-6-42），得：

$$U_{\mathrm{m}} = X_C I_{\mathrm{m}} \quad 或 \quad U = X_C I \qquad (1-6-44)$$

如用相量表示电容的电压与电流的关系，则为：

$$\dot{U} = U \angle 0°, \quad \dot{I} = I \angle 90° \qquad (1-6-45)$$

$$\dot{U} = X_C I \angle -90° = -\mathrm{j} X_C \dot{I} = -\mathrm{j}\frac{1}{\omega C}\dot{I} \qquad (1-6-46)$$

电容电路中，电容上电压相量与电流相量的关系如图 1-6-13（b）所示。

与电感电路类似，式（1-6-46）也具有欧姆定律的形式。因此，式中 $X_C = \dfrac{1}{\omega C} = \dfrac{1}{2\pi f C}$

称为电容的容抗，简称容抗，单位为欧姆（Ω）。由容抗的表达式可得出以下结论：

在频率一定时，容抗与电容 C 成反比，即 C 越大，电容对电流的阻碍作用也越小。

电容 C 一定时，容抗与频率成反比，即电流的频率 f 越高，容抗越小。

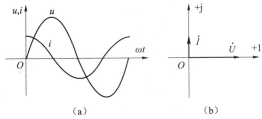

图 1-6-13　电容上的电压与电流的关系

（a）正弦波形；（b）相量形式

当 $f \to \infty$ 时，$X_C \to 0$，电路相当于短路；当 $f=0$ 时，$X_C \to 0$，电容相当于开路。电容元件的导电特性是通交流、阻直流。

需注意，在纯电容电路中，电压与电流的瞬时值之间不存在欧姆定律的关系，只有电压与电流的有效值（或最大值）之间才具有欧姆定律的关系。

由 u 和 i 的表达式可得出电容电路的瞬时功率为：

$$
\begin{aligned}
p &= ui \\
&= U_\mathrm{m} \sin \omega t \cdot I_\mathrm{m} \sin(\omega t + 90°) \\
&= U_\mathrm{m} I_\mathrm{m} \sin \omega t \cos \omega t \\
&= \frac{1}{2} U_\mathrm{m} I_\mathrm{m} \sin 2\omega t \\
&= UI \sin 2\omega t
\end{aligned}
\qquad (1-6-47)
$$

从式（1-6-47）可以看出，电容的瞬时功率是一个幅值为 UI，并以 2ω 角频率随时间变化的正弦量，其变化曲线如图 1-6-14 所示。从表达式和曲线图中可以看出，电容的瞬时功率有正有负，这表明电容有时吸收功率，有时释放功率。它的平均功率为：

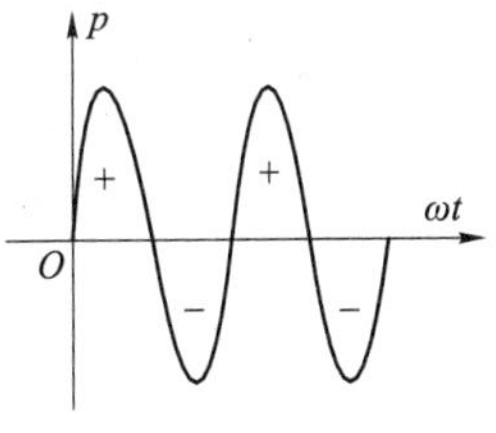

图 1-6-14　电容电路的功率

$$
\begin{aligned}
P &= \frac{1}{T}\int_0^T p\,\mathrm{d}t \\
&= \frac{1}{T}\int_0^T UI \cos \omega t\,\mathrm{d}t \\
&= 0
\end{aligned}
\qquad (1-6-48)
$$

与电感类似，电容在电路中也不消耗功率，仅与电源之间有功率交换，所交换功率的最

大值为 UI。电容的这种与电源功率交换的过程实际上也是电容的充电和放电过程。

与电感相同，电容的这种只用来进行交换的功率也称为无功功率，用字母 Q 来表示，单位是乏（var）。

$$Q = UI = I^2 X_C = \frac{U^2}{X_C} \qquad (1-6-49)$$

1.7　用 Multisim 对直流电路进行分析

Multisim 是美国国家仪器（NI）有限公司推出的以 Windows 为基础的仿真工具，适用于板级的模拟/数字电路板的设计工作。它包含了电路原理图的图形输入、电路硬件描述语言输入方式，具有丰富的仿真分析能力。使用 Multisim 可交互式地搭建电路原理图，并对电路进行仿真。Multisim 在学术界以及产业界被广泛地应用于电路教学、电路图设计以及 SPICE 模拟。通过 Multisim 和虚拟仪器技术，PCB 设计工程师和电子学教育工作者可以完成从理论到原理图捕获与仿真再到原型设计和测试这样一个完整的综合设计流程。

利用 Multisim 可以方便、准确地对由基本元件构造的简单电路和部分复杂电路进行求解。如图 1-7-1 所示，在多电源电路中接入电压表，得到各个电阻两端的电压，可以对基尔霍夫电压定律进行验证。

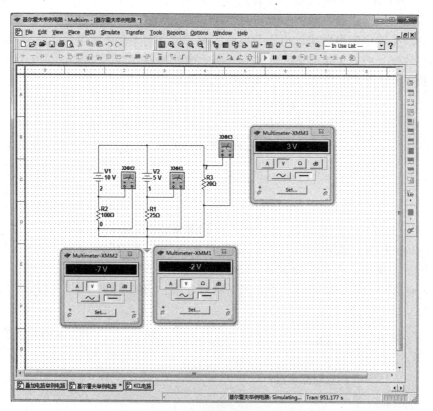

图 1-7-1　利用 Multisim 验证 KVL

如图 1-7-2 所示，我们也可以在电路中串接电流表，得到各支路电流，来验证基尔霍夫电流定律。

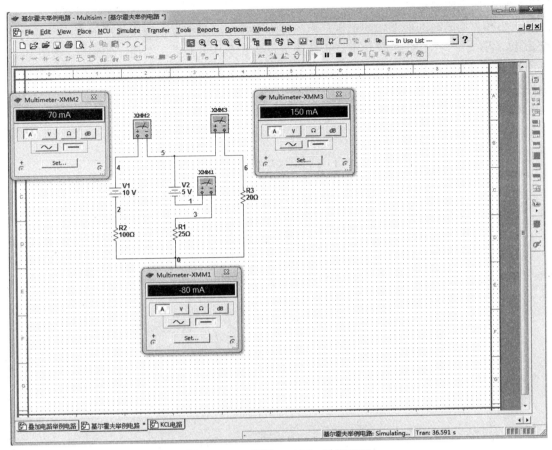

图 1-7-2 利用 Multisim 验证 KCL

1.8 本 章 小 结

电路是指将电气设备或电路组成器件与电源通过电导体按一定的方式连接起来，所形成的电流的通路。一个简单的电路组成应包括电源、开关、导线和负载。最典型的基本电路元件有电阻、电容、电感，它们在直流、交流条件下分别会表现出不同的性质。电源根据其输出可分为电流源和电压源两类，实际电流源和实际电压源之间可以进行等效变换。

电路分析，是分析在电路中流经各电子器件的电流和其两端电压的一套计算技术与相关理论，在理论研究和日常生活中都得到了广泛的运用。

电路分析的一种基本方法是利用基尔霍夫定律，该定律建立在能量守恒定律的基础上，可分为基尔霍夫电流定律和基尔霍夫电压定律两种。支路电流法、网孔电流法和节点电位法均可看作是基尔霍夫定律在不同条件下的应用。

叠加原理是反映线性电路中各个电源作用的独立性原理。对于内含多个独立电源的电路，应用叠加原理可以将电路进行简化，方便线性电路的分析。

等效电源定理是指将一个线性二端有源网络等效为一个实际电源的形式，是分析电路的重要定理。利用戴维南定理和诺顿定理可分别将二端有源网络转化为等效的电压源串联电阻或电流源并联电阻的形式。

大小和方向随时间而变化的电压、电流称为交流电，最常见、应用最广的交流电是正弦交流电，可以用一个正弦函数表示。正弦函数包含三个基本要素：幅值、角频率、初相位。如果用复数的模表示正弦量的幅值、用复数的幅角表示正弦量的初相位，则正弦交流电也可以用复数的形式表示出来。

本章主要知识点

本章主要知识点见表 1-8-1。

表 1-8-1　本章主要知识点

电路的基本知识	基本概念	电路的工作状态、电流、电压、电位、功率 $i = \dfrac{u}{R}$ 　 $p = ui$	
	电路基本元件	电阻、电容、电感	
		电压源、电流源、电压源/电流源的等效变换、受控源	
简单的电阻电路	电阻的串并联	电阻串联、分压公式： $$R = R_1 + R_2$$ $$U = U_1 + U_2$$ $$I = \frac{U}{R} = \frac{U_1}{R_1} = \frac{U_2}{R_2}$$ $$U_1 = IR_1 = \frac{U}{R}R_1 = \frac{R_1}{R_1 + R_2}U$$ $$U_2 = IR_2 = \frac{U}{R}R_2 = \frac{R_2}{R_1 + R_2}U$$	
		电阻并联、分流公式： $$I = I_1 + I_2$$ $$U = U_1 = U_2$$ $$\frac{1}{R} = \frac{1}{R_1} + \frac{1}{R_2}$$ $$I_1 = \frac{U}{R_1} = \frac{R_2}{R_1 + R_2}I$$ $$I_2 = \frac{U}{R_2} = \frac{R_1}{R_1 + R_2}I$$	
基尔霍夫定律	概念	支路、节点、回路、网孔	
	基尔霍夫电流定律	所有进入某一节点的电流总和等于所有离开这一节点的电流总和	$\sum I_{出} = \sum I_{入}$

	基尔霍夫电压定律	沿任一闭合回路绕行一周，该闭合回路中所有元件两端电压的代数和等于0	$\sum U = 0$
基尔霍夫定律	支路电流法	（1）假设电路具有 n 个节点，m 条支路； （2）标出每个支路电流及其参考方向； （3）根据 KCL 列出 $n-1$ 个独立节点电流方程； （4）选定所有独立回路并指定每个回路的绕行方向，根据 KVL 列出 $m-n+1$ 个回路电压方程； （5）求解（4）、（5）所列的联立方程组，得各支路电流	
	网孔电流法	（1）确定网孔，设定网孔电流为变量，并标出其绕行方向； （2）根据基尔霍夫电压定律，每个网孔为一回路，$\sum U=0$，列出含网孔电流的三个网孔回路电压方程； （3）求解上步列写的网孔电压方程组成的方程组，得各网孔电流； （4）按题目要求，求待求量	
	节点电位法	（1）对于有 n 个节点的电路，任选一个节点为参考点，把其余 $n-1$ 个节点的电位作为未知量； （2）列写出各支路电流表达式，根据 KCL，列出 $n-1$ 个独立节点的电流方程； （3）求联立方程组，求出各节点电位； （4）根据电路的要求，以节点电位为已知量再进一步求得欲求的电流、电压或功率	
叠加定理	概念	一个含多个独立电源的线性电路中，任一支路的电流（或电压），等于每个独立电源单独作用时在该支路所产生的电流（或电压）的代数和	
等效电源定理	戴维南定理	任何一个线性有源二端网络，对外电路而言，都可以用一个电压源与一个电阻相串联来等效代替。这个电压源的电压等于有源线性网络的开路电压，串联电阻等于该网络内部独立电源为0时的等效电阻	
	诺顿定理	任何一个线性有源二端网络，对外电路而言，都可以用一个理想电流源与一个电阻相并联的形式来等效。等效电流源的电流等于对应的有源二端网络的短路电流，并联电阻等于该网络内部独立电源置零时的等效电阻	
交流电的基本概念	正弦交流电	瞬时值表示	$u = U_m \sin(\omega t + \psi_u)$ $i = I_m \sin(\omega t + \psi_i)$
		相量表示	$\dot{I}_m = I_m(\cos\theta + j\sin\theta) = I_m e^{j\theta} = I_m \angle \theta$ $\dot{U}_m = U_m(\cos\theta + j\sin\theta) = U_m e^{j\theta} = U_m \angle \theta$
	单一元件参数电路	电阻电路、电感电路、电容电路	

本章重点

电路的基本概念；基尔霍夫定律、叠加定理的应用。

本章难点

基尔霍夫定律、叠加定理的应用，交流电的相量表示方法。

思考与练习

1-1 完整的电路由哪几部分组成？电路有哪几种基本的工作状态？

1-2 直流稳态电路中，同一点的电位值是否会变化？任意两点之间的电压是否会变化？

1-3 一个有 m 个支路、n 个节点的电路，共有几个独立节点？可选出几个独立回路？

1-4 什么是正弦交流电的三要素？什么是交流电的周期、频率和角频率？它们之间有什么关系？

1-5 在交流电路中，相位（相位角）、初相位（初相角）和相位差各表示什么？它们之间有什么不同？又有什么联系？初相角的大小与什么有关？

1-6 电路如图题 1-6 所示，求 A 点的电位 U_A。

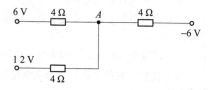

图题 1-6

1-7 一根 5 A 的保险丝，电阻为 0.002 Ω，求其熔断时，两端的电压是多少？将一开路时端电压为 1.5 V，内阻为 0.2 Ω 的干电池与该保险丝相连，能否将保险丝烧断？

1-8 试计算图题 1-8 各电路中的 U 或 I。

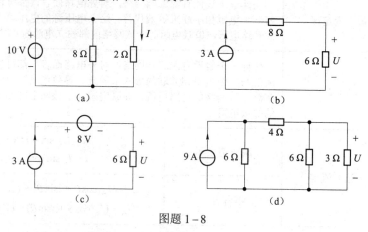

图题 1-8

1-9 在图题 1-9 中，已知 $I_1 = 1$ mA。试确定电路元件 3 中的电流 I_3 和其两端电压 U_3，并说明它是电源还是负载。

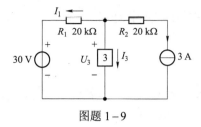

图题 1-9

1-10　试求图题 1-10 所示电路中各支路电流。

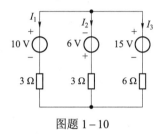

图题 1-10

1-11　计算图题 1-11 电路中电流 I 的值。

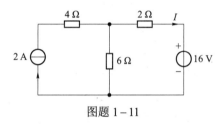

图题 1-11

1-12　计算图题 1-12 电路中电流 I 的值。其中 $R_1 = 10\ \Omega$，$R_2 = 30\ \Omega$，$R_3 = 10\ \Omega$。

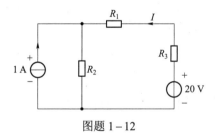

图题 1-12

1-13　求图题 1-13 所示电路中的 I_1、I_2、I_3。已知，$R_1 = 2\ \Omega$，$R_2 = 4\ \Omega$，$R_3 = 8\ \Omega$，$U_1 = 8\ \text{V}$，$U_2 = 12\ \text{V}$。

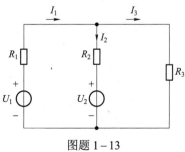

图题 1-13

1-14 用叠加原理求出图题 1-14 中的 U_o。

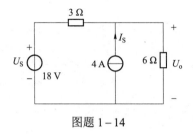

图题 1-14

1-15 用电源等效变换方法求出图题 1-15 所示电路中的 I。

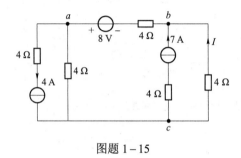

图题 1-15

1-16 试计算图题 1-16 所示电路中的电压 U。

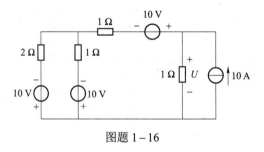

图题 1-16

1-17 用戴维南定理求图题 1-17 所示电路的电流 I。

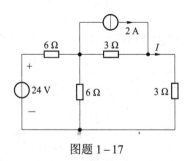

图题 1-17

1-18 图题 1-18 电路中,试求 I。

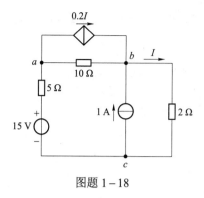

图题 1-18

1-19　试将图题 1-19 所示电路简化成电压源模型电路。

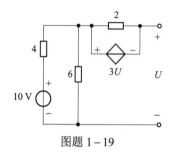

图题 1-19

1-20　电路的输入电阻可用公式 $R_i = \dfrac{U_i}{I_i}$ 求出，其中，U_i 为输入电压，I_i 为输入电流。求图题 1-20 中电路的输入电阻 R_i。

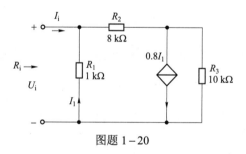

图题 1-20

1-21　正弦电压 $u(t) = 50\sqrt{2}\sin(314t + 60°)$ V，则该正弦电压的周期 T 和频率 f 为多少？

1-22　一个正弦交流电 $u = 14.14\sin(31.4t + 60°)$ V，求此交流电的最大值、有效值、初相位、频率和周期。

1-23　已知正弦电流 $i_1 = 10\sqrt{2}\cos(\omega t + 0°)$ A，$i_2 = -10\sqrt{2}\sin(\omega t - 30°)$ A，则它们的相位关系是什么？

1-24　已知一正弦电流 $i = 5\sin(\omega t + 30°)$ A，$f = 50$ Hz，试求其最大值、有效值、角频率、周期及初相角。且在 $t = 0.1$ s 时，电流瞬时值为多少安培？

1-25　$A = 3 + j3\sqrt{3}$，$B = 4\sqrt{2} - j4\sqrt{2}$，并计算 $A+B$、$A-B$、AB、A/B 各为多少？

1-26　把下列电压的相量形式化为电压的瞬时值表达式。

（1）$\dot{U}_1 = 50\angle 60°$ V；（2）$\dot{U}_2 = 10\angle -30°$ V

1-27 已知一正弦电压的幅值 $U_m = 10\text{ V}$，频率 $f = 50\text{ Hz}$，初相角为 $30°$，写出它的瞬时值函数式、相量表达式，并绘出它的波形图和相量图。

1-28 一电感为 $L = 1\text{ H}$，当它流过 $i = 5\sin\left(2\pi t + \dfrac{\pi}{4}\right)\text{A}$ 的电流时，求此时电感的感抗和电感上的电压。

1-29 电容为 $C = 100\text{ μF}$，当它流过 $i = 0.5\sin\left(100\pi t + \dfrac{\pi}{4}\right)\text{A}$ 的电流时，求此时电容的容抗和电容上的电压。

第 2 章

半导体二极管、三极管

本章主要介绍半导体基础知识，包括本征半导体的原子结构、两种载流子、杂质半导体、PN 结的形成及其单向导电性。在此基础上，讲述半导体二极管、三极管的工作原理、外特性、主要参数以及基本应用。

2.1 PN 结

2.1.1 半导体的基础知识

1. 半导体

自然界的物质，按其导电能力可分为三种：导体、绝缘体和半导体。

导电能力介于导体与绝缘体之间的物质，称为半导体。常用来制造半导体器件的材料主要有硅（Si）、锗（Ge）、砷化镓（GaAs）等。

半导体的导电能力是由它的原子结构决定的。硅和锗都是四价元素，它们的原子模型可以简化为带 4 个正电荷的惯性核和 4 个外层电子的形式，如图 2-1-1 所示。

图 2-1-1 硅原子简化模型

2. 本征半导体

当半导体呈晶体结构时，它们内部的原子都是有规则地排列着，并由价电子组成共价键结构把相邻原子牢固地联系在一起。这种纯净不含杂质，且原子呈规则晶体状排列的半导体称为本征半导体。本征半导体的结构如图 2-1-2 所示。

3. 本征半导体的激发和复合

一块本征半导体，在绝对零度和没有外界影响的情况下，保持完整的共价键结构。但当温度升高或有光照时，某些共价键结构中的电子就会挣脱束缚，离开原来的原子而成为自由电子，而原来的共价键位置就会有一个空位，称为空穴，这就是本征半导体的激发。失去电子的原子就显示正电特性，看上去就像空穴带正电荷。本征半导体中的自由电子和空穴是成对出现的，我们称之为电子-空穴对。

当共价键中留下空穴时，相邻的共价键中的价电子就很容易过来补这个空位，这个过程就是复合。电子与空穴复合的过程，相当于一个原子的空穴复合后，其相

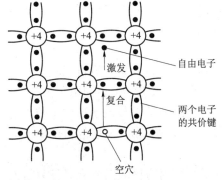

图 2-1-2 本征半导体的结构示意图

邻原子的共价键中出现了另一个空穴，它也可以由其他相邻原子的电子来填补，这样下去，就好像空穴在运动。空穴运动的方向与自由电子运动的方向相反，相当于正电荷在运动。在半导体的导电中，除自由电子外，还有空穴参与导电，所以在半导体中存在两种载流子——自由电子和空穴。这也是半导体导电和一般导体导电的本质区别。

在一定温度或光照下，半导体的激发运动和复合运动都在不停地进行，最终处于一种动态平衡状态，使半导体中载流子的浓度一定。当温度升高时，本征半导体中载流子浓度增大。由于导电能力决定于载流子的数目，因此温度是影响半导体导电性能的重要因素。

4. 杂质半导体

在常温下，本征半导体中载流子浓度很低，因而导电能力很弱。为了改善导电性能并使其具有可控性，需在本征半导体中掺入微量的其他元素（称为杂质）。这种掺入杂质的半导体称为杂质半导体。根据掺入杂质的性质不同，可分为 N 型半导体和 P 型半导体。

在本征半导体中掺入微量的三价元素，如硼，就形成了 P 型半导体。在 P 型半导体中，由于三价元素有三个价电子，当它顶替原晶体中的四价原子的位置时，三价元素的三个价电子与相邻的原子的价电子形成共价键结构，由于缺少一个价电子，就形成了一个空穴，如图 2-1-3（a）所示。显然这个空穴不是激发产生的，不会同时产生自由电子，所以，在 P 型半导体中，空穴数目远多于自由电子数目，是多数载流子（简称多子），自由电子是少数载流子（简称少子）。

在本征半导体中掺入微量五价元素，如磷、锑、砷等，可使本征半导体中的自由电子浓度大大增加，形成 N 型半导体。所以 N 型半导体的多数载流子是自由电子，少数载流子是空穴，如图 2-1-3（b）所示。

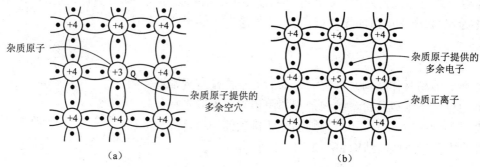

杂质原子

杂质原子提供的多余空穴

杂质原子提供的多余电子

杂质正离子

（a）   （b）

图 2-1-3　P 型与 N 型半导体的结构示意图

（a）P 型半导体；（b）N 型半导体

2.1.2　PN 结的形成

在一块本征半导体的两侧，通过一定的掺杂工艺，分别掺入三价元素和五价元素，一侧形成 P 型半导体，另一侧形成 N 型半导体。由于 P 型半导体的空穴浓度高，自由电子浓度低，而 N 型半导体的自由电子浓度高，空穴浓度低，所以交界面附近两侧的载流子形成了较大的浓度差。浓度差将引起载流子的扩散运动，即 P 区的空穴会向 N 区扩散，N 区的自由电子会向 P 区扩散，如图 2-1-4（a）所示。

由于空穴带正电，自由电子带负电，这两种载流子在扩散到对方区域后就会进行复合而消失，而在交界面两侧留下了不能移动的正负离子电荷，这就形成了一个空间电荷区，也称空间电场、内电场。内电场的形成，将对载流子的运动带来两种影响：一是阻碍两区多子的扩散运动；二是在内电场电场力的作用下使 P 区和 N 区的少子产生与扩散方向相反的漂移运动。随着扩散运动的进行，空间电荷电场逐渐增强，扩散运动逐渐减弱，漂移运动逐渐增强，最终达到动态平衡，如图 2-1-4（b）所示。这个空间电荷区就是 PN 结。

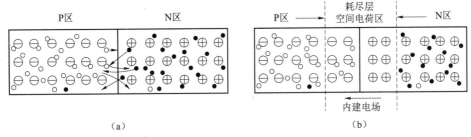

图 2-1-4　PN 结的形成过程

2.1.3　PN 结的导电特性

1. PN 结加正向电压

如果在 PN 结上加正向电压（正向偏置，简称正偏），即 P 区接电源正极，N 区接电源负极，如图 2-1-5（a）所示。此时，外加电场与 PN 结自建电场方向相反，将使得 PN 结变薄，自建电场削弱，原来扩散与漂移的动态平衡被破坏，扩散运动加强，漂移运动削弱。当外加正向电压增大到一定值以后，扩散电流大大增加，形成较大的 PN 结正向电流。此时称为 PN 结正向导通。

由于自建电场的电动势一般只有零点几伏，因此不大的正向电压就可以产生相当大的正向电流。而且外加电压的微小变化便能使扩散电流发生显著的变化。

2. PN 结加反向电压

如果给 PN 结加反向电压（反向偏置，简称反偏），即 N 区接电源正极，P 区接电源负极，如图 2-1-5（b）所示。此时，外加电场与 PN 结自建电场方向相同。使得 PN 结变宽，自建电场加强。从而使扩散运动减弱，漂移运动加强，通过 PN 结的电流将主要由少子的漂移电流决定，称为 PN 结的反向电流。由于 PN 结中的少子浓度很小，所以 PN 结的反向电流几乎

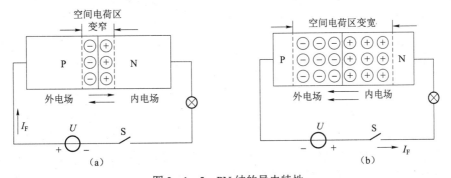

图 2-1-5　PN 结的导电特性

（a）PN 结加正向电压；（b）PN 结加反向电压

与外加反向电压的大小无关，故称为反向饱和电流。反向饱和电流很小，常温下只有μA级，常常可以忽略不计，此时称 PN 结反向截止。

当温度变化时，少子的浓度会相应改变，因而 PN 结的反向电流也要随之变化。所以反向饱和电流受温度影响比较大。

由此可见，PN 结具有单向导电性，正向导通，反向截止。这是 PN 结的重要特性，PN 结是制造各种半导体器件的基础。

2.2 二 极 管

2.2.1 二极管的结构和类型

半导体二极管的结构非常简单，就是由一个 PN 结加上引出线和管壳构成的。PN 结 P 型半导体一侧的引出线称为阳极或正极，N 型半导体一侧的引出线称为阴极或负极。

二极管种类很多，按材料分有硅二极管和锗二极管；按结构分有点接触型和面接触型两种。

点接触型二极管的构成如图 2-2-1（a）所示。它的特点是 PN 结的面积非常小，结电容也小，因此通过的电流也小，适用于高频检波或脉冲电路，也可用作小电流整流。

面接触型二极管的结构如图 2-2-1（b）所示，它的主要特点是 PN 结的结面积较大，结电容也大，因而能通过较大的电流，适用于低频整流或用作数字电路的开关。

二极管的符号如图 2-2-1（c）所示。

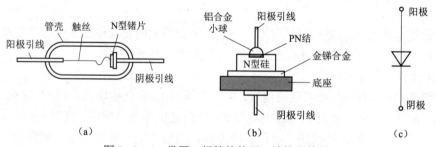

图 2-2-1 常用二极管的外形、结构和符号

（a）点接触型；（b）面接触型；（c）二极管的符号

2.2.2 二极管的伏安特性

二极管的伏安特性是指二极管上流过的电流与加在它两端的电压之间的关系。以硅二极管为例对二极管的伏安特性进行介绍，二极管的伏安特性曲线如图 2-2-2 所示。

1. 正向特性

给二极管加正向电压，当外加电压小于某个电压值时，外电场还不足以克服 PN 结的内电场对载流子扩散运动的阻力，二极管呈现较大的正向电阻，正向电流很小，几乎等于

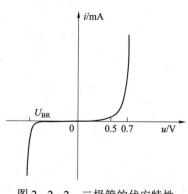

图 2-2-2 二极管的伏安特性

0。这个电压称为死区电压，其大小与管子的材料及环境温度有关。一般硅管的死区电压为 0.5 V，锗管约为 0.2 V。

当正向电压超过死区电压后，内电场大为削弱，电流按指数规律增长，二极管处于导通状态。在正常使用条件下，二极管的正向电流在相当大的范围内变化，而二极管两端电压的变化却不大。小功率硅管的导通压降为 0.6～0.7 V，锗管为 0.2～0.3 V。

2. 反向特性

当二极管两端加反向电压时，形成反向电流，且反向电流基本上不随外加电压而变化，这个电流也称为二极管的反向饱和电流。对二极管来说，反向电流越小，表明二极管的反向特性越好。一般小功率硅管的反向电流要比锗管小得多。

由于反向电流是由少子漂移运动形成的，少子的数量随温度升高而增多，所以温度对反向电流的影响很大，这正是半导体器件温度特性差的原因。

近似分析时，二极管的伏安特性可以用伏安方程来描述，即

$$i = I_\mathrm{S}\left(\mathrm{e}^{\frac{u}{U_\mathrm{T}}} - 1\right) \qquad\qquad (2-2-1)$$

式中，I_S 是反向饱和电流；U_T 称为热电压，常温时，$U_\mathrm{T} = 26$ mV。

3. 反向击穿特性

当反向电压增加到一定数值，即如图 2-2-2 所示的电压 U_BR 时，电流突然剧增，这种现象称为反向击穿。发生击穿时的反向电压称为反向击穿电压。反向击穿分为电击穿和热击穿两种。如果去掉反向电压，二极管仍能恢复工作，这就属于电击穿。如果去掉反向电压，二极管不能恢复工作，说明发生了热击穿，二极管已损坏。热击穿是应该避免的。

一般二极管正常工作时，是不允许反向击穿的。而有一些特殊的二极管，如稳压管则常常工作在反向击穿状态。

2.2.3　二极管的主要参数

二极管的参数规定了二极管的适用范围，是合理选用二极管的依据。各种二极管的参数值由厂家的产品手册给出。二极管的主要参数有最大整流电流、最高反向工作电压、反向电流、工作频率等。我们主要介绍以下几个。

1. 最大整流电流 I_F

I_F 是指长期工作时，二极管能允许通过的最大正向平均电流值。在选用二极管时，工作电流不能超过它的最大整流电流。

2. 最高反向工作电压 U_RM

U_RM 是指二极管工作时所能承受的最大反向电压峰值，也就是通常所说的耐压值。为了防止二极管因反向击穿而损坏，通常标定的最高反向工作电压为反向击穿电压的一半。

3. 反向电流 I_R

I_R 是指二极管承受最高反向工作电压时的反向电流值。此值越小，二极管的单向导电性越好。由于温度增加，反向电流会急剧增加，所以在使用二极管时要注意温度的影响。

2.2.4 二极管的应用

利用二极管的单向导电特性和反向击穿特性，可以构成整流、限幅、开关、稳压等电路。

1. 理想二极管的等效电路

由于二极管的伏安特性是非线性的，为了简化分析计算，在一定的条件下可以近似某些线性电路来等效实际的二极管，这种电路称为二极管的等效电路。

在电路中，如果二极管导通时的正向压降远远小于和它串联的电压，二极管截止时的反向电流远远小于与之并联的电流，那么可以忽略二极管的正向压降和反向电流，把二极管理

图 2-2-3　理想二极管等效模型

想为一个开关，即假设二极管正向导通时，相当于开关闭合，$U_D = 0$；反向截止时，相当于开关断开，$I_R = 0$。如图 2-2-3 所示，在实际电路中，当电源电压远比二极管的管压降大时，利用此模型来分析是可行的。

2. 整流电路

整流电路就是利用二极管的单向导电性把交流电转换成直流电的电路。常见的整流电路有单相半波、全波、桥式和倍压整流电路。

图 2-2-4 所示电路为半波整流电路，由于流过负载的电流和加在负载两端的电压只有半个周期的正弦波，故称半波整流。

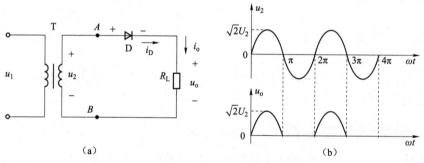

图 2-2-4　半波整流电路及波形图

（a）半波整流电路；（b）波形图

在图 2-2-4（a）中，电压 u_2 的幅值一般会远远大于二极管的正向压降，因而可以认为当 $u_2 > 0$ 时，D 导通，此时变压器提供的电压完全加在负载上，即：$u_o = u_2$；当 $u_2 < 0$ 时，D 截止，$i_D = 0$，电路相当于断开，$u_o = 0$。交流电压 u_2 与负载电压 u_o 的波形如图 2-2-4（b）所示。

由于半波整流电路电源利用率太低，一般采用全波整流电路。图 2-2-5 为常用的桥式全波整流电路。

电路中，四只二极管中两个两个地轮流导通，轮流截止。因此在整个周期，负载电阻 R_L 上均有电流流过，而且始终是一个方向，即都是从负载的上端流向下端。负载 R_L 上的电压波形如图 2-2-5（b）所示。变压器次级绕组在整个周期的正、负两个半周内都有电流通过，提高了电源的利用率。

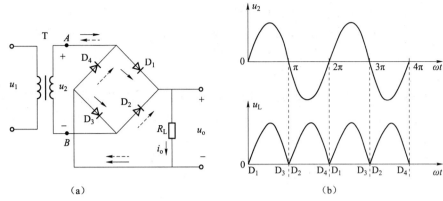

（a）   （b）

图2-2-5　全波桥式整流电路及波形图

（a）桥式整流电路；（b）波形图

3. 限幅电路

限幅电路又称削波器，主要是限制输出电压的幅度。即输入信号电压在一定范围内变化时，输出电压随输入电压相应变化；而当输入电压超出该范围时，输出电压保持不变，这就是限幅电路。如图2-2-6（a）所示即为限幅电路。改变 E 值就可改变限幅电平。

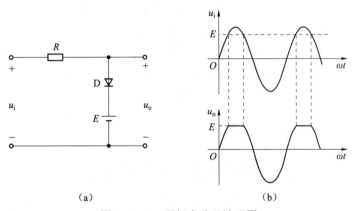

（a）   （b）

图2-2-6　限幅电路及波形图

（a）限幅电路；（b）波形图

当 $u_i < E$ 时，二极管截止，$u_o = u_i$；而当 $u_i > E$ 时，二极管导通，$u_o = E$。波形如图2-2-6（b）所示。

4. 钳位电路

钳位电路是使输出电位钳制在某一数值上保持不变的电路。下面举例说明钳位电路的应用。

【例2-2-1】　图2-2-7所示电路中，假设二极管是理想元件，下面几种情况下，输出端 Y 点的电位各是多少？

（1）$U_A = U_B = 0\,V$，$U_Y = ?$

（2）$U_A = U_B = 3\,V$，$U_Y = ?$

（3）$U_A = 0\,V$，$U_B = 3\,V$，$U_Y = ?$

（4）$U_A = 3\,\text{V}$，$U_B = 0\,\text{V}$，$U_Y = ?$

解： 判断二极管的导通与截止，可假定二极管在电路中是断开的，分别计算出二极管两端的电位，若阳极电位高，则二极管导通，否则二极管截止。二极管导通时，可看作短路；二极管截止时，可作断开对待。

若是两个或多个二极管阳极接在一起时，各二极管中阴极低的二极管优先导通，然后再判断其他二极管；若两个或多个二极管的阴极接在一起时，各二极管中阳极电位高的二极管优先导通。

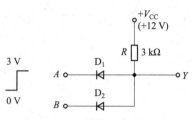

图 2-2-7 钳位电路（与门）

在图 2-2-7 中，先假设两个二极管均为断开，判断 A、B 点与 Y 点电位的高低，因为两个二极管是阳极接在一起，那么 A、B 两电位低的就优先导通，如果两点电位相同，则同时导通或截止。

（1）当 $U_A = U_B = 0\,\text{V}$ 时，假设 D_1、D_2 断开，Y 点电位就是电源 V_{CC} 的电位，所以 D_1、D_2 阳极电位均为 12 V，高于阴极电位，D_1、D_2 导通，则 $U_Y = 0\,\text{V}$。

（2）$U_A = U_B = 3\,\text{V}$ 时，假设 D_1、D_2 断开，Y 点电位就是电源 V_{CC} 的电位，所以 D_1、D_2 阳极电位均为 12 V，高于阴极电位，D_1、D_2 导通，则 $U_Y = 3\,\text{V}$。

（3）当 $U_A = 0\,\text{V}$，$U_B = 3\,\text{V}$ 时，假设 D_1、D_2 断开，Y 点电位就是电源 V_{CC} 的电位，所以 D_1、D_2 阳极电位均为 12 V，A 点电位低于 B 点电位，D_1 优先导通，D_1 导通可看成短路，此时 Y 点电位为 0 V，D_2 两端阴极电位高，截止，则 $U_Y = 0\,\text{V}$。

（4）当 $U_A = 3\,\text{V}$，$U_B = 0\,\text{V}$ 时，情况与（3）完全一样，不同的是，D_2 优先导通，D_1 截止，则 $U_Y = 0\,\text{V}$。

此例中，在四种不同的情况下，输入端 A、B 和输出端 Y 之间的电位关系如表 2-2-1 所示。

表 2-2-1　钳位电路的电位关系

U_A/V	U_B/V	U_Y/V	D_1	D_2
0	0	0	导通	导通
0	3	0	导通	截止
3	0	0	截止	导通
3	3	3	导通	导通

钳位电路在数字电路中应用较广。图 2-2-7 电路就是数字电路中的与门电路。分析表 2-2-1 可以看出，当输入端均是高电平（3 V）时，输出端为高电平；当任意一个输入端为低电平（0 V）时，输出端均是低电平。

2.2.5　其他二极管简介

1. 稳压二极管

稳压二极管也称齐纳二极管，为了突出它的稳压特点，常简称为稳压管，稳压管的伏安特性和符号如图 2-2-8 所示。稳压管是利用 PN 结的反向击穿特性来实现稳定电压作用的，当稳压管反向击穿后，反向电流可以在相当大的范围内变化，即有较大的电流增量 ΔI，而相应的管子两端的反向击穿电压（即稳压管的稳定电压 U_z）只有很小的变化量 ΔU。因此它具有稳压作用。

值得指出的是：稳压管必须工作在反向偏置（利用正向稳压的除外），即阴极接电源正极，阳极接电源负极，如图 2-2-9 所示。如果极性接错，二极管就处于正向偏置状态，稳压效果就差了。另外，稳压管可以串联使用，一般不能并联使用，因为并联有时会因电流分配不匀而引起管子过载损坏。

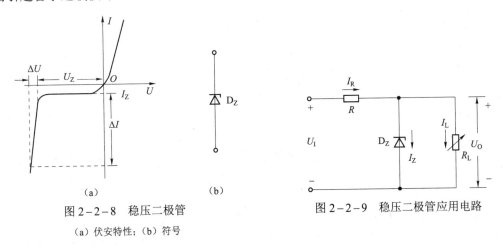

图 2-2-8　稳压二极管　　　　　图 2-2-9　稳压二极管应用电路
（a）伏安特性；（b）符号

稳压二极管的主要参数有：

（1）稳定电压 U_z。

U_z 是指当稳压管中的电流为规定的测试电流时，稳压管两端的电压值。由于制作工艺的原因，即使同型号的稳压二极管，U_z 的分散性也较大，使用时可通过测量确定其准确值。

（2）额定功耗 P_z。

P_z 是由管子允许升温限定的最大功率损耗。P_z 与 PN 结所用的材料、结构及工艺有关，使用时不允许超过此值。

（3）稳定电流 I_z。

I_z 是稳压二极管正常工作时的参考电流。工作电流小于此值时，稳压效果差，大于此值时，稳压效果好。通常把手册上给定的稳定电流值看成是稳压管工作时的电流下限值。

2. 变容二极管

对于 PN 结来讲，当外加反向电压增大时，耗尽层加宽，相当于平板电容两极板之间距离加大，电容减小；反之，当外加反向电压减小时，耗尽层变窄，等效平板电容两极板之间距离变小，电容增加。利用这一特性制作的二极管，称为变容二极管。它的电路符号及特性如图 2-2-10 所示。它的主要参数有：变容指数、结电容的压控范围及允许的最大反向电压等。

由于变容二极管容量较小，所以主要用于高频场合下，例如作为电视机调谐回路的压控可变电容器，以实现用电压来改变频道。

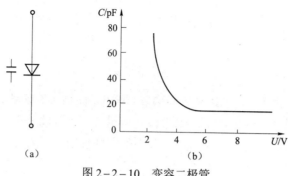

图 2-2-10 变容二极管

(a)符号；(b)压变电容特性

3. 光电二极管

半导体不仅具有热敏性，而且具有光敏性。半导体光电器件就是利用半导体的光敏特性制成了各种半导体光敏器件。正因为半导体有光敏特性，即光激发产生电子-空穴对，所以在一些玻璃壳的晶体二极管和三极管外面涂上黑漆，只是管壳上留有一个能入射光线的窗口，以防止因光照而破坏器件的正常工作。

光电二极管是一种将光能转换为电能的半导体器件，其结构与普通二极管相似，图 2-2-11 所示为光电二极管的电路符号，其中，受光照区的电极为前级，不受光照区的电极为后级。

4. 发光二极管

发光二极管是一种将电能转换为光能的半导体器件。它由一个 PN 结构成，其电路符号如图 2-2-12 所示。当发光二极管正偏时，注入 N 区和 P 区的载流子被复合时，会发出可见光和不可见光。

图 2-2-11 光电二极管符号

图 2-2-12 发光二极管符号

2.3 三 极 管

晶体三极管又称为半导体三极管、双极型晶体管，简称晶体管或三极管。它具有电流放大作用，是构成各种电子电路的基本元件。

2.3.1 三极管的结构和类型

三极管是一种三端器件，内部含有两个离得很近的背靠背排列的 PN 结。根据排列方式不同，晶体三极管可分为 NPN 型和 PNP 型两种类型，如图 2-3-1 所示。

无论是 NPN 型或是 PNP 型的三极管，它们均包含三个区：发射区、基区和集电区，三个区相应地引出三个电极：发射极 e、基极 b 和集电极 c。同时，在三个区的两两交界处，形成两个 PN 结，发射区与基区之间的 PN 结称为发射结，集电区与基区之间的 PN 结称为集电结。图 2-3-1 中还画出了两种不同类型三极管的电路符号，图中发射极的箭头方向表示发射结加正向电压时的电流方向。常用的半导体材料有硅和锗，因此共有四种三极管类型。它们对应的型号分别为：3A（锗 PNP）、3B（锗 NPN）、3C（硅 PNP）、3D（硅 NPN）四种系列。

作为一个具有放大能力的元件，三极管在结构上必须具有下面的特点：

（1）基区很薄（微米数量级），而且掺杂浓度很低。

（2）发射区和集电区是同类型的杂质半导体，但前者比后者掺杂浓度高很多。

（3）集电区的面积比发射区面积大。

三极管在结构上的特点决定了三极管电流放大作用的内部条件。

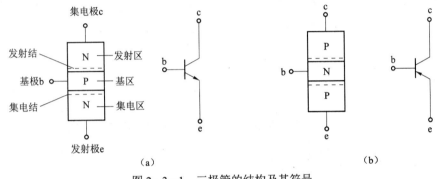

图 2-3-1 三极管的结构及其符号

（a）NPN 型结构及符号；（b）PNP 型结构及符号

2.3.2 三极管的基本工作原理

为了实现三极管的电流放大作用，除了制造时应具备的内部条件外，还必须具备一定的外部条件，无论是 NPN 型还是 PNP 型，都应将它们的发射结加正向偏置电压，集电结加反向偏置电压。下面以 NPN 型三极管为例，来说明三极管的电流放大原理。对 NPN 管来说，可接成如图 2-3-2 所示的电路来分析三极管内部载流子的运动过程以及各极电流的形成。

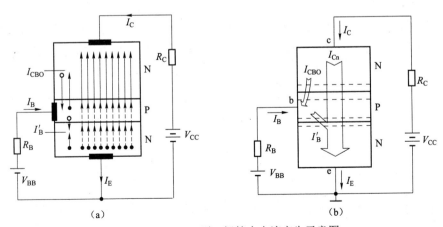

图 2-3-2 NPN 型三极管中电流产生示意图

1. 发射区发射自由电子，形成发射极电流 I_E

当发射结加正向电压，在外电场作用下，发射区的多数载流子自由电子越过发射结扩散到基区（发射区的自由电子由直流电源补充），基区的多子空穴越过发射结扩散到发射区，从而形成发射极电流 I_E，I_E 的方向与电子流的方向相反。

2. 基区复合电子形成 I_B

发射区发射到基区的大量自由电子只有很少一部分与基区的空穴复合，形成基极电流 I_B，复合掉的空穴由基极直流电源补充。

3. 集电区收集自由电子，形成集电极电流 I_C

由于集电结加反向电压且基区很薄，在基区没有被复合掉的大量带负电荷的自由电子，在外电场的作用下被吸引到集电区，形成集电极电流 I_C。另外，基区的少数载流子自由电子和集电区的少数载流子空穴在集电结反向电压作用下会进行漂移运动，成为集电极电流的一部分，这部分电流称为反向饱和电流 I_{CBO}，它们受温度影响比较大。由于 I_{CBO} 较小，一般分析都可忽略。

根据 KCL 定律，三个电流之间的关系为

$$I_E = I_C + I_B \qquad (2-3-1)$$

如果发射结电压 U_{BE} 增大，发射区发射的载流子增多，I_E、I_C、I_B 都相应增大，实验证明：改变 U_{BE}，I_C 与 I_B 几乎是按一定的比例进行变化，其比值用 β 表示，称为三极管电流放大系数。β 是一个远大于 1 的数。

$$\beta = \frac{I_C}{I_B} \qquad (2-3-2)$$

即

$$I_C = \beta I_B$$

$$I_E = I_C + I_B = (1+\beta)I_B \qquad (2-3-3)$$

从式（2-3-2）可以看出，当 I_B 有很小的变化时，会导致 I_C 有较大的变化，这就是所谓三极管的电流放大作用。这种放大作用的实质是一种电流的控制作用，即用基极电流的微小变化来控制使集电极电流作较大变化。β 越大，I_B 对 I_C 的控制作用越强。

2.3.3 三极管的伏安特性

三极管的伏安特性是指三极管各极间电流与电压的关系。它是分析三极管放大性能的主要依据。将三极管的发射极作为公共端，基极与发射极作为输入端、集电极和发射极作为输出端形成共射电路，三极管的共射伏安特性可以由图 2-3-3 中的电路进行实验测出。

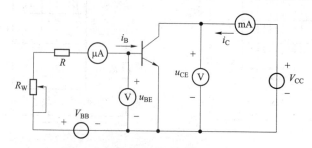

图 2-3-3 三极管伏安特性测试电路

1. 输入特性

当 u_{CE} 不变时，输入回路中的电流 i_B 与电压 u_{BE} 之间的关系曲线称为输入特性，即

$$i_B = f(u_{BE})\big|_{u_{CE}=常数} \tag{2-3-4}$$

图 2-3-4（a）为实测的输入特性曲线。显然，这一曲线与二极管正向特性曲线相似，在此就不作进一步分析了。

2. 输出特性

当 i_B 不变时，输出回路中的电流 i_C 与电压 u_{CE} 之间的关系曲线称为输出特性，即

$$i_C = (u_{CE})\big|_{i_B=常数} \tag{2-3-5}$$

图 2-3-4（b）为实测的输出特性曲线。该曲线的测试过程如下：

调节 R_W 使 $i_B = 40\,\mu A$，维持这一值不变，逐渐调大 V_{CC}，可测得图 2-3-4(b)中 $i_B = 40\,\mu A$ 所示的曲线。当取不同的 i_B 值时，可得到图 2-3-4（b）中所示的曲线簇。

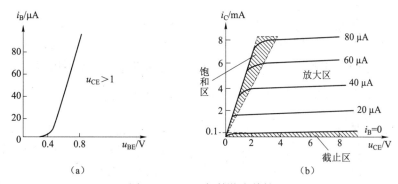

图 2-3-4　三极管伏安特性

（a）输入特性；（b）输出特性

从输出特性曲线可看出：

（1）曲线起始部分较陡。$i_C = 0$，$u_{CE} = 0$，$u_{CE} \uparrow \rightarrow i_C \uparrow$。

（2）当 u_{CE} 增加到大于 1 V 时，曲线变化逐渐趋于平稳。u_{CE} 进一步增大，曲线也不再产生显著变化，而呈现一条基本与横轴平行的直线。

在三极管的输出特性曲线上，可以把三极管的工作状态分为三个区域，即截止区、放大区和饱和区，如图 2-3-4（b）所示。

（1）截止区。

一般将 $i_B \leqslant 0$ 的区域称为截止区。在图中为 $i_B = 0$ 的一条曲线的以下部分，此时 i_C 也近似为零。由于此时各极电流都基本上等于零，因而此时三极管没有放大作用。

此时发射结反向偏置，发射区不再向基区注入电子，三极管处于截止状态。所以，在截止区，三极管的两个结均处于反向偏置状态。对 NPN 三极管，$u_{BE} < 0$，$u_{BC} < 0$。

（2）放大区。

放大区，即曲线上比较平坦的部分，此时发射结正向偏置，集电结反向偏置。表示当 i_B 一定时，i_C 的值基本上不随 u_{CE} 而变化。在这个区域内，当基极电流发生微小的变化量 Δi_B 时，相应的集电极电流将产生较大的变化量 Δi_C，i_C 相当于是受 i_B 控制的受控电流源，有电流放大

作用。此时二者的关系为

$$\beta = \frac{\Delta i_C}{\Delta i_B}\bigg|_{u_{CE}=常数} \qquad (2-3-6)$$

对于 NPN 三极管，工作在放大区时，$u_{BE} \geq 0.7\,V$，而 $u_{BC} < 0$。

（3）饱和区。

在输出特性曲线上，饱和区确切范围不易明显地划出，它大致在曲线簇的左侧，u_{CE} 较小的区域（$u_{CE} < u_{BE}$），如图 2-3-4（b）所示。

当三极管处于饱和状态时，如果保持基极电流 i_B 的值不变，集电极电流 i_C 会随着 u_{CE} 的增大迅速增大。此时三极管失去了电流放大作用。

饱和时三极管 c 与 e 间的电压记作 U_{CES}，称为饱和压降。一般小功率硅管的 $U_{CES} \approx 0.3\,V$，锗管 $U_{CES} \approx 0.1\,V$。

此时发射结、集电结都处于正向偏置，三极管处于饱和状态。当集电极外接电阻 R_C 阻值很大，或者集电极电流 i_C 较大时就会出现这种情况。

2.3.4　三极管的主要参数

三极管的参数用来表示管子的性能，是选择和使用三极管的重要依据。其主要参数有下面几个。

1. 电流放大倍数

电流放大倍数是表示三极管的电流放大能力的参数。由于制造工艺的离散性，即使同一型号的三极管，其 β 值也有很大差别。常用三极管的 β 值一般在 20～200 之间。若三极管的 β 值小，则电流放大效果差。但 β 值太大的三极管，性能不稳定。

2. 穿透电流 I_{CEO}

基极开路时，集电极与发射极之间加反向电压时的集电极电流称作穿透电流。由于这个电流由集电极穿过基区流到发射极，故称穿透电流。性能良好的管子 I_{CEO} 比较小。I_{CEO} 受周围温度影响较大。温度升高时，I_{CEO} 急剧增大，这对三极管的稳定性会产生很不利的影响。

3. 集电极最大允许电流 I_{CM}

由于结面积和引出线的关系，要限制晶体管的集电极最大电流，如果超过这个电流使用，晶体管的 β 值就要显著下降，甚至可能损坏。所以把 β 值下降到规定允许值（额定值的 2/3）时的集电极电流值叫集电极最大允许电流。

4. 集电极最大允许功耗 P_{CM}

三极管工作时，集电结处于反向偏置，电阻很大。I_C 通过集电结时，产生的热量使结温升高。结温过高，管子将烧坏。因此，对集电极耗散功率要有限制。集电结最大允许承受的功率叫集电极最大允许功耗。使用时应保证：$U_{CE} \cdot I_C < P_{CM}$。最大允许耗散功率与环境温度和散热条件有关，手册上一般给出环境温度为 20 ℃时的 P_{CM} 值。

5. 集射极反向击穿电压 $U_{(BR)CEO}$

$U_{(BR)CEO}$ 即基极开路时，允许加在集电极与发射极之间的最高反向电压。电压 u_{CE} 是加在串联的集电结和发射结上的，可是因为基区很薄，发射结与集电结相互作用的结果，使得这时的击穿电压比单独一个集电结时还要低。三极管使用时，若 $u_{CE} > U_{(BR)CEO}$，将导致三极管击穿损坏。

2.4　本章小结

半导体器件是现代电子技术的重要组成部分，PN 结是制造半导体器件的基础，其最主要的特性是单向导电性。因此，正确地理解 PN 结的特性对于了解和使用各种半导体器件有着十分重要的意义。

二极管由一个 PN 结构成。其伏安特性形象地反映了二极管的单向导电性和反向击穿特性。普通二极管工作在正向导通区，而稳压管工作在反向击穿区。

三极管是由两个 PN 结构成的，当发射结正偏、集电结反偏时，三极管的基极电流对集电极电流具有控制作用，即电流放大作用。三极管有截止、放大、饱和三种工作状态。应注意其不同的外部偏置条件。

本章主要知识点

本章主要知识点见表 2-4-1。

表 2-4-1　本章主要知识点

PN 结	半导体材料	本征半导体与杂质半导体，P 型半导体与 N 型半导体
	PN 结的形成与特性	载流子的扩散运动与漂移运动
		PN 结：空间电荷区、耗尽区、内电场、势垒区
		PN 结的单向导电性：正偏导通，反偏截止
二极管	二极管的特点	二极管的伏安特性和主要参数，二极管的单向导电性
	二极管的应用	理想二极管的等效电路，分析及计算
		整流电路、限幅电路、钳位电路
	特殊二极管	稳压二极管、变容二极管、光电二极管、发光二极管
三极管	三极管的结构和类型	发射极、基极、集电极、发射区、基区、集电区、发射结、集电结 NPN 型、PNP 型三极管具有电流放大作用的内部条件
	三极管的基本工作原理	三极管具有电流放大作用的外部条件（发射结正偏，集电结反偏）
		电流之间的关系：$I_E = I_C + I_B$；$\beta = \dfrac{I_C}{I_B}$
	三极管的伏安特性	输入特性
		输出特性（放大区、饱和区、截止区）
	三极管的主要参数	电流放大倍数，穿透电流 I_{CEO}，集电极最大允许电流 I_{CM}，集电极最大允许功耗 P_{CM}，集射极反向击穿电压 $U_{(BR)CEO}$

本章重点

PN 结、二极管的单向导电性、三极管的电流放大原理、伏安特性曲线。

本章难点

二极管、三极管的判别和应用。

思考与练习

2-1 物体根据导电能力的强弱可分为_____、_____和_____三大类。

2-2 本征半导体中的载流子为_____。

2-3 在本征半导体中掺入微量的杂质元素，就会使半导体的导电性能发生显著改变。根据掺入杂质元素的性质不同，杂质半导体可分为_____型半导体和_____型半导体两大类。

2-4 P 型半导体中多数载流子是_____，少数载流子是_____。

2-5 N 型半导体中多数载流子是_____，少数载流子是_____。

2-6 二极管具有_____的导电特性。因此在理想情况下，可以将它看成是开关。

2-7 稳压二极管工作在 PN 结的_____状态。

2-8 三极管工作在放大区的条件是发射结_____，集电结_____。

2-9 三极管的电流分配关系是：_____。

2-10 三极管要有放大作用必须满足的内部条件为_____、_____。

2-11 三极管要有放大作用必须满足的外部条件为_____。

2-12 晶体三极管输出特性曲线上有三个区，分别是_____、_____和_____。

2-13 三极管发射结、集电结都正偏时三极管工作在_____，两个结都反偏时工作在_____。

2-14 某三极管输出特性曲线如图题 2-14 所示，该管的 $\beta =$ _____，$I_{CEO} =$ _____。

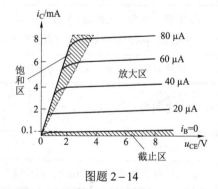

图题 2-14

2-15 求图题 2-15 所示二极管电路的输出电压 u_o 的值。

2-16 二极管限幅电路如图题 2-16 所示，$u_i = 10\sin\omega t$ V，试画出 u_o 的波形图。（二极管为理想二极管）

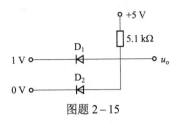

图题 2−15

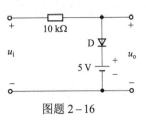

图题 2−16

2−17 二极管限幅电路如图题 2−17 所示，$u_i = 10\sin\omega t$ V，$E = 6$ V。试画出 u_o 的波形图。（二极管为理想二极管）

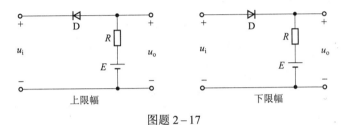

上限幅　　　　　　　　　　下限幅

图题 2−17

2−18 二极管限幅电路如图题 2−18 所示，$u_i = 10\sin\omega t$ V。试画出 u_o 的波形图。（二极管为理想二极管）

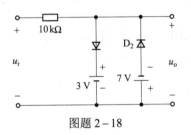

图题 2−18

2−19 二极管低电平选择电路如图题 2−19（a）所示，$E = 5$ V。分析两路输入信号 u_1、u_2 为如图题 2−19（b）时，输出电压 u_o 的波形图。（二极管为理想二极管）

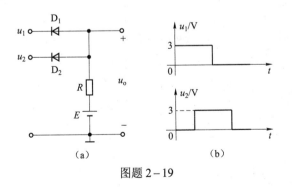

（a）　　　　　　　　　　（b）

图题 2−19

2−20 图题 2−20 中，已知 $u_i = 10\sin\omega t$ V，$R = 1$ kΩ，D_{Z1} 和 D_{Z2} 为特性相同的硅稳压管，且 $U_{Z1} = U_{Z2} = 4$ V，试画出 u_o 的波形。

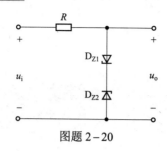

图题 2-20

2-21 在某放大电路中,三极管的三个极的电流如图题 2-21 所示,已知 $I_1 = -2\,\text{mA}$,$I_2 = -40\,\mu\text{A}$,$I_3 = 2.04\,\text{mA}$。试确定该三极管是 PNP 型还是 NPN 型,并区分各极,求出 β 值。

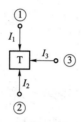

图题 2-21

2-22 一个放大电路中的三极管,因管壳标识模糊而看不出型号和其他标记,用万用表测得三极管三个极的电位分别是 $U_1 = 9\,\text{V}$,$U_2 = 4.2\,\text{V}$,$U_3 = 4\,\text{V}$,试判断三极管的类型和它的三个极。

2-23 根据图题 2-23 所示的各三极管符号及实测对地直流电压,试分析各管的工作状态(放大、截止、饱和或损坏)。

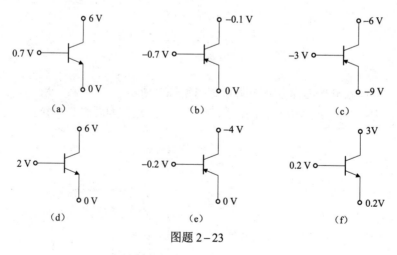

图题 2-23

第 3 章

放大电路基础

本章主要介绍放大电路的基本概念、性能指标、组成原则，然后阐述基本放大电路的工作原理和放大电路的基本分析方法，介绍基本放大电路的三种组态，最后介绍多级放大电路的组成和分析方法。放大电路是对模拟信号最基本的处理，本章所涉及的内容是模拟电子技术的基础知识。

3.1　基本放大电路的工作原理

放大电路，又称放大器，其功能是把微弱的电信号不失真地放大到所需要的数值。所谓放大，从表面上看是增大输入信号的幅值，但实质上是实现能量的控制。

三极管就是一种具有能量控制作用的半导体器件，它是构成放大电路的基本元件。根据输入、输出回路公共端所接的电极不同，由三极管组成的放大电路共有三种形式，也称三种组态，分别是：共射极放大电路、共基极放大电路和共集电极放大电路。下面以最常用的共射极电路为例来说明放大电路的组成及工作原理。

3.1.1　放大电路的基本概念

放大电路的功能是将微弱的电信号不失真地放大到所需要的数值，从而使电子设备的终端执行器件（如继电器、仪表、扬声器）工作。

图 3-1-1 所示为放大电路的结构示意图。放大器是由集成电路组件或晶体管、场效应管等组成的双口网络，即一个信号输入口，一个信号输出口。放大器应能够提供足够大的放大能力，而且应尽可能地减小信号失真。

信号源是待放大的输入信号，这些电信号通常是由传感器将非电量（如温度、声音、压力等）转换成的电量，它们一般很弱，不足以驱动负载，因而需要放大器将其放大。

经过放大后的较强信号输出到终端执行器件，通常被称为负载。以扩音机为例，话筒把声音转换成频率和幅度都随声音而变化的弱小的电压或电流信号，通过扩音机（相当于放大器），把弱小的电信号放大来驱动喇叭发声，如图 3-1-2 所示（为扩音机的功能框图）。

放大电路不可能产生能量，输出信号的能量增加实际上是由直流电源提供的。放大器只是在输入信号的控制下，由晶体管起能量转化作用，将直流电源的能量转化为负载所需要的信号能量。因此，放大作用实质上是一种能量的控制作用。

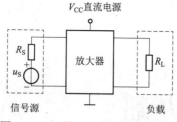

图 3-1-1　放大电路的结构示意图

图 3-1-2　扩音机的功能框图

3.1.2　基本放大电路的主要性能指标

为了评价一个放大电路质量的优劣，通常需要规定若干项性能指标，如放大倍数、输入电阻、输出电阻、最大不失真输出电压、非线性失真系数、通频带、最大输出功率、效率等。不同电路对性能指标的侧重也不相同，我们主要介绍其中的三个交流参数：电压放大倍数、输入电阻和输出电阻。

放大器有一个输入端口，一个输出端口，所以从整体上看，可以把它当作一个有源网络，如图 3-1-3 所示。因为输入输出信号都是正弦量，所以用大写字母表示正弦量的有效值，并按约定标出了电流的方向和电压的极性。这样，放大器的性能指标可以用该网络的端口特性来描述。

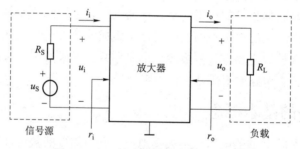

图 3-1-3　放大电路的交流功能框图

1. 电压放大倍数

放大器的输出电压与输入电压的比值定义为放大器的电压放大倍数。

$$A_u = \frac{u_o}{u_i} \qquad\qquad (3-1-1)$$

放大倍数又常用增益来表示，单位是分贝（dB）。

$$A_u(\text{dB}) = 20\lg A_u \qquad\qquad (3-1-2)$$

2. 输入电阻

输入电阻是从放大器输入端看进去的电阻，它定义为：

$$r_i = \frac{u_i}{i_i} \qquad\qquad (3-1-3)$$

在图 3-1-3 中，对信号源来说，放大器相当于它的负载，r_i 则表征放大器能从信号源获取多大信号。

3. 输出电阻

输出电阻是从放大器输出端看进去的电阻。在图 3-1-3 中，对负载来说，放大器相当于它的信号源，而 r_o 正是该信号源的内阻。放大器的输出电阻定义为：

$$r_o = \frac{u_o}{i_o}\bigg|_{\substack{u_S=0 \\ R_L=\infty}} \qquad\qquad (3-1-4)$$

r_o 是一个表征放大器带负载能力的参数。

3.1.3　基本放大电路的组成和工作原理

基本放大电路指单管放大电路，放大元件只有一个晶体管。共发射极放大电路是一种应用非常广泛的电路，下面以 NPN 型晶体管组成的共发射极电路为例来介绍放大电路的组成和工作原理。

1. 电路的组成

概括地说，在组成晶体管放大电路时应遵循以下原则：

第一，要有直流通路，即保证晶体管的发射结处于正向偏置，集电结处于反向偏置，使晶体管工作在放大区，以实现电流放大作用。

第二，要有交流通路，保证输入信号能够加到发射结上，以控制三极管的电流，且放大了的信号能从电路中取出，即不失真地传送给负载。

图 3-1-4 所示的电路就是阻容耦合共发射极放大电路。

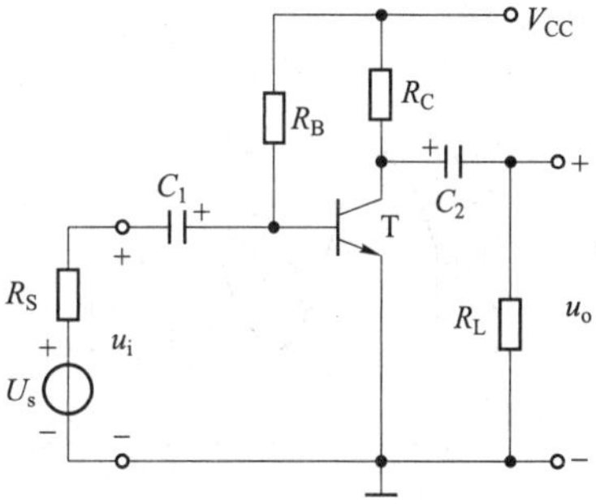

2. 元件的作用

在如图 3-1-4 所示的放大电路中，各组成元件的作用如下：

晶体管 T：由于它具有电流放大能力，因此是放大电路的核心元件，起着控制能量转换的作用。

直流电源 V_{CC}：保证为晶体管提供合适的偏置电压，使晶体管工作在放大区，同时也为信号的放大提供所需的能量。

偏置电阻 R_B：它的作用是使晶体管有一个合适的基极直流电流。

集电极电阻 R_C：保证晶体管有合适的直流工作状态，并能使晶体管的电流放大转换成负载上的电压放大。

电容 C_1、C_2：称为隔直电容或耦合电容，其作用是隔直流、通交流，即在保证信号正常流通的情况下，使直流电源与交流电源相互隔离互不影响。按这种方式连接的放大器，通常称为阻容耦合放大器。

3. 工作原理

信号源提供的输入电压 u_i 加在放大电路的输入端，由于电容 C_1 的隔直流、通交流作用，可以认为 u_i 直接加在三极管的基极和发射极之间，引起基极电流 i_B 做相应的变化，如图 3-1-5 所示。通过三极管 T 的放大作用，i_C 也发生相应变化，即

$$i_C = \beta i_B \qquad\qquad (3-1-5)$$

图 3-1-4　共发射极基本放大电路

i_C 的变化使集电极电阻 R_C 上的电压也发生变化，从而使得三极管的 C、E 极之间电压变化，因为

$$u_{CE} = V_{CC} - i_C R_C \qquad (3-1-6)$$

此时 u_{CE} 中的交流分量经过电容 C_2 后传送给负载 R_L，成为输出电压 u_o。只要电路参数选择合适，就可以在负载上得到经过放大了的电压信号，实现了电压放大作用。上述过程中的各个电压电流量，除输入电压和输出电压是纯交流外，其他的电压电流中既有直流分量，也有交流分量，它们的波形变化如图 3-1-6 所示。

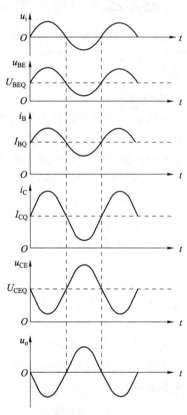

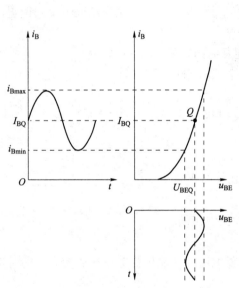

图 3-1-5 输入特性曲线和 u_{BE}、i_B 波形图

图 3-1-6 放大电路电压、电流波形图

3.2 放大电路的分析

放大电路是在输入信号 u_i 和直流电源 V_{CC} 共同作用下的非线性电路，放大电路的工作状态有静态和动态两种，因此对一个放大器进行定量分析时，其分析的内容无外乎两个方面：一是静态（直流）工作分析，即在没有信号输入时，估算晶体管的各极直流电流和极间直流电压；二是动态（交流）性能分析，即在输入信号作用下，确定晶体管在工作点处各极电流和极间电压的变化量，进而计算放大器的各项交流指标。下面以图 3-2-1（a）所示的阻容耦合共射放大电路为例进行介绍。

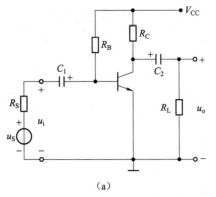
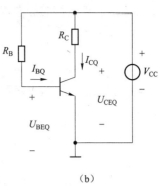

(a) (b)

图 3-2-1 共发射极基本放大电路及其直流通路

(a) 共射放大电路；(b) 直流通路

3.2.1 静态分析

无输入信号（$u_S = 0$）时的电路状态称为静态。此时电路只有直流电源 V_{CC} 加在电路上，三极管各极电流和极间电压均为直流量，它们对应着三极管输入输出特性曲线上的一个固定点，该点就称为放大电路的静态工作点，用 Q 表示，如图 3-2-2 所示。Q 点对应的坐标分别用 I_{BQ}、I_{CQ}、U_{BEQ}、U_{CEQ} 表示。静态工作点可以由放大电路的直流通路来确定。画直流通路的原则是：交流信号源置零；电容作断开处理。电路 3-2-1（a）的直流通路如图 3-2-1（b）所示。求静态工作点的方法有两种：估算法和图解法。

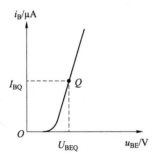
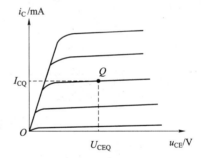

图 3-2-2 Q 点在三极管伏安特性曲线上的表示

1. 估算法

根据图 3-2-1（b）可列出方程如下：

$$V_{CC} = I_{BQ}R_B + U_{BEQ} \qquad (3-2-1)$$

$$I_{CQ} = \beta I_{BQ} \qquad (3-2-2)$$

$$V_{CC} = I_{CQ}R_C + U_{CEQ} \qquad (3-2-3)$$

在室温下，三极管充分进入放大状态，硅管的 U_{BEQ} 的变化很小，在 0.6～0.8 V 之间，通常取 $U_{BEQ} = 0.7$ V（锗管 $U_{BEQ} = 0.2$ V）。

这样通过解方程即可估算静态工作点 I_{BQ}、I_{CQ}、U_{BEQ} 和 U_{CEQ} 值。

【例 3-2-1】在图 3-2-1(a)电路中，已知 $V_{CC} = 12$ V，$R_C = 3$ kΩ，$R_B = 280$ kΩ，$\beta = 50$，

$U_{BEQ} = 0.7$ V。试估算电路的静态工作点。

解：电路的直流通路如图 3-2-1（b）所示。由式（3-2-1）、式（3-2-2）、式（3-2-3）得：

$$I_{BQ} = \frac{V_{CC} - U_{BEQ}}{R_B} = \frac{12 - 0.7}{280} = 0.04 \, (\text{mA})$$

$$I_{CQ} = \beta I_{BQ} = 50 \times 0.04 = 2 \, (\text{mA})$$

$$U_{CEQ} = V_{CC} - I_{CQ}R_C = 12 - 2 \times 3 = 6 \, (\text{V})$$

2. 图解法

利用晶体管的特性曲线，用作图的方法确定出直流工作点，即求出 I_{BQ}、U_{BEQ}、I_{CQ} 和 U_{CEQ}，这就是图解分析法。图解法可以较为直观地看出静态工作点的意义。

由于三极管的输入特性不易精确测得，一般来说，输入回路的电压 U_{BEQ}、电流 I_{BQ} 可由上述的估算方法由式（3-2-1）得到。

对于集电极输出回路，可列出如下一组方程：

$$i_C = f(u_{CE})\big|_{i_B = I_{BQ}} \tag{3-2-4}$$

$$u_{CE} = V_{CC} - i_C R_C \tag{3-2-5}$$

式（3-2-4）表示三极管输出特性曲线方程，式（3-2-5）表示输出回路方程，在输出特性曲线坐标图中作方程（3-2-5）对应的直线，称为直流负载线，如图 3-2-3 所示。该直线与某根输出特性曲线的交点，就是静态工作点 Q。Q 点的坐标值就是静态集射极电压 U_{CEQ} 和集电极电流 I_{CQ}。

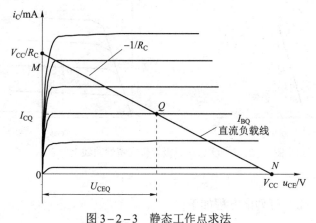

图 3-2-3 静态工作点求法

直流负载线的画法：在输出特性上找两个特殊点：当 $u_{CE} = 0$ 时，$i_C = V_{CC}/R_C$，得 M 点；当 $i_C = 0$ 时，$u_{CE} = V_{CC}$，得 N 点。连接以上两点便得到图 3-2-3 中的直流负载线 MN，它与 I_B 的一条特性曲线的交点 Q，即为直流工作点。

3.2.2 动态分析

在放大电路接入交流输入信号 u_i 后的工作状态称为动态。此时电路在交流电源 u_i 和直流电源 V_{CC} 的共同作用下工作，三极管各极电流和极间电压都是在静态直流值上叠加了一个随

u_i 做相应变化的交流分量，各电量的总瞬时值可以分解为直流分量和交流分量。我们用不同的符号来表示不同性质的电量。以发射结电压为例，u_{BE} 表示电压总瞬时值（符号小写，下标大写），u_{be} 表示电压交流分量（符号、下标均小写），U_{be} 表示交流电压分量的有效值（符号大写，下标小写），U_{BE} 表示直流电压分量（符号、下标均大写），U_{BEQ} 表示静态工作点电压值。

动态分析主要是分析计算电路在交流信号作用下，电路的工作情况和放大性能，即计算放大电路的主要动态性能指标：电压放大倍数、输入电阻和输出电阻等。

放大电路的动态分析也有两种方法：图解法和分析计算法。图解法比较麻烦，且不易精确求解，一般只作定性分析。动态参数的计算通常采用分析计算法。

1. 图解法

交流图解分析是在输入信号作用下，通过作图来确定放大管各级电流和极间电压的变化量。我们仍介绍用三极管输出特性曲线分析放大电路性能的方法。在图 3-2-1（a）所示的放大电路中，我们首先画出电路的交流通路，如图 3-2-4（a）所示，整理后得图 3-2-4（b）。交流通路的画法是：耦合电容看作短路，直流电源接地。

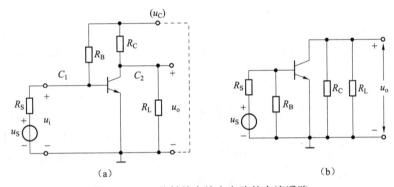

（a）　　　　　　　　　　　　　（b）

图 3-2-4　共射基本放大电路的交流通路

（a）交流通路；（b）整理后的交流通路

从图 3-2-4（b）中可以看出，交流信号电流既流经集电极电阻 R_C，也流过负载电阻 R_L。对交流信号而言，这两个电阻是并联的，所以这两个并联电阻的等效电阻又称为交流等效负载。即：

$$R_L' = R_C /\!/ R_L \qquad (3-2-6)$$

用图解法进行动态分析时首先要在三极管的输出特性曲线上作交流负载线。交流负载线就是通过 Q 点，斜率为 $-1/R_L'$ 的一条直线。在输入的正弦交流信号作用下，三极管的工作点将在静态工作点 Q 的两边沿着交流负载线按信号的周期往复移动。根据输入交流信号的变化规律，画出对应的 i_C 和 u_{CE} 的波形，如图 3-2-5 所示。图中，当输入正弦电压按正弦规律变化时，引起 i_C 和 u_{CE} 分别围绕 I_{CQ} 和 U_{CEQ} 作相应的正弦变化。由图可以看出，两者的变化正好相反，即 i_C 增大，u_{CE} 减小；反之，i_C 减小，则 u_{CE} 增大。

观察这些波形，可以得出以下几点结论：

（1）放大器输入交流电压时，晶体管各极电流的方向和极间电压的极性始终不变，只是围绕各自的静态值，按输入信号规律近似呈线性变化。

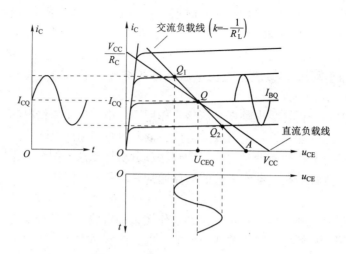

图 3-2-5　图解法求 i_C 和 u_{CE}

（2）晶体管各极电流、电压的瞬时波形中，只有交流分量才能反映输入信号的变化，因此，需要放大器输出的是交流量。

（3）将输出与输入的波形对照，可知两者的变化规律正好相反，通常称这种波形关系为反相。

2. 非线性失真和最大输出电压幅值

如果放大电路的静态工作点位置设置不当，会使放大器输出波形产生明显的非线性失真。如在图 3-2-6（a）中，Q 点设置过低，靠近截止区，在输入电压负半周部分的时间内，动态工作点进入截止区，使 i_B、i_C 不能跟随输入变化而近似为零，从而引起 i_B、i_C 和 u_{CE} 的波形发生失真，这种失真称为截止失真。

若 Q 点设置过高，靠近饱和区，如图 3-2-6（b）所示，则在输入电压正半周部分的时间内，动态工作点进入饱和区。此时，当 i_B 增大时，i_C 则不能随之增大，因而也将引起 i_C 和 u_{CE} 波形的失真，这种失真称为饱和失真。

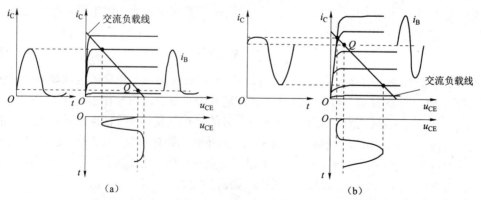

图 3-2-6　放大电路的非线性失真

（a）截止失真；（b）饱和失真

通过以上分析可知，由于受三极管非线性失真的限制，放大器的不失真输出电压有一个范围，其最大值称为放大器的最大不失真输出电压幅值，如图 3-2-7 所示。

图 3-2-7 中，U_{CES} 表示三极管的临界饱和压降，一般取为 0.5~1 V。可以看出，放大器最大不失真输出电压的幅值为 $U_{CEQ} - U_{CES}$ 和 U_F 中较小的一个。

显然，为了充分利用晶体管的放大区，使输出动态范围最大，直流工作点应选在交流负载线的中点附近，还可以通过提高直流电源电压来提高最大输出电压幅值。

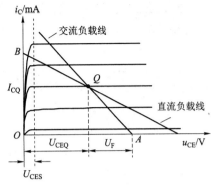

图 3-2-7 最大输出电压幅值

3. 分析计算法

当选择的静态工作点比较合适时，可以看出，静态工作点 Q 附近三极管的特性曲线可以近似看作直线。当电路输入的交流信号幅值比较小时，就可以把三极管等效为线性元件来对待，然后利用电路理论来进行分析计算，这种方法称为小信号等效电路分析法。

（1）三极管的微变等效电路。

从图 3-2-8 三极管输入特性曲线来看，是一条近似指数曲线的曲线，是非线性的，但静态工作点附近，它又可以近似为一段直线。当输入信号较小时，我们可以认为三极管基射极电压和基极电流是沿着输入特性曲线在 Q 点附近变化，所以它们的变化量 Δu_{BE} 与 Δi_B 之比可近似看作常数，我们称之为三极管的动态输入电阻，用 r_{be} 表示。

$$r_{be} = \frac{\Delta u_{BE}}{\Delta i_B}\bigg|_{U_{CE}=常数} \qquad (3-2-7)$$

这样，就可以得出三极管的输入回路的小信号等效变换电路（简称微变等效电路），如图 3-2-9 所示。

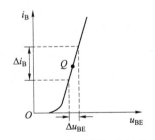

图 3-2-8 三极管输入特性曲线

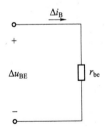

图 3-2-9 三极管输入回路等效电路

r_{be} 常用下式近似估算：

$$r_{be} = 300 + (1+\beta)\frac{26\,(\mathrm{V})}{I_{EQ}\,(\mathrm{mA})}\,(\Omega) \qquad (3-2-8)$$

对于图 3-2-10 所示的三极管输出特性曲线，可以看出，在静态工作点 Q 附近，输出特性曲线也可近似看作是一条平行于横轴的直线，具有恒流源特性，即对于三极管输出回路来说，当集射极电压 u_{CE} 发生变化时，i_C 基本上不发生变化。i_C 只随 i_B 的变化而变化，根据三极管的电流放大关系，有：

$$\Delta i_C = \beta \Delta i_B \qquad (3-2-9)$$

电流的变化量可用交流分量来代替,即

$$i_c = \beta \cdot i_b \qquad (3-2-10)$$

所以三极管的输出回路可以用一个受控电流源电路来等效,如图 3-2-11 所示。

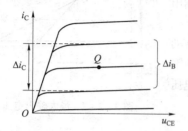

图 3-2-10 三极管输出特性曲线

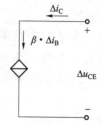

图 3-2-11 三极管输出回路等效电路

这样对于小信号输入的情况下,在不考虑电路电容等参数的相位移动的条件下,电路中的交流量用它们的有效值表示。交流通路中的三极管可以用如图 3-2-12 所示的等效电路来代替,这就是三极管简化的微变等效电路。

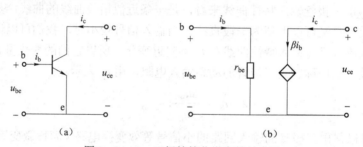

图 3-2-12 三极管简化微变等效电路

(a)三极管;(b)微变等效电路

(2)放大电路的动态性能指标的计算。

在输入为小信号的条件下,以基本放大电路的交流通路为基础,将其中的三极管用微变等效电路来代替,就可以得到基本放大电路的交流微变等效电路。交流通路的微变等效电路如图 3-2-13 所示。

基本放大电路的动态性能指标就可以用图 3-2-13(b)所示的微变等效电路来进行分析计算。

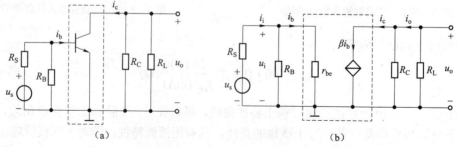

图 3-2-13 基本放大电路的交流通路及微变等效电路

(a)交流通路;(b)微变等效电路

① 电压放大倍数的计算。

由图 3-2-13（b）可知：

$$u_i = i_b \cdot r_{be}$$

$$u_o = -i_c(R_C /\!/ R_L) = -\beta \cdot i_b R_L'$$

$$A_u = \frac{u_o}{u_i} = \frac{-\beta \cdot i_b \cdot R_L'}{i_b \cdot r_{be}} = -\frac{\beta \cdot R_L'}{r_{be}} \qquad (3-2-11)$$

式（3-2-11）中的负号表示输出电压与输入电压的相位相反，即反相。从上式也可以看出，提高 β 值可以使电压放大倍数提高，但提高 β 值又可以使 r_{be} 变大，因此不是绝对的。

当电路不接负载时，即输出端开路，$R_L \to \infty$，电压放大倍数变为：

$$A_u = \frac{u_o}{u_i} = -\frac{\beta \cdot R_C}{r_{be}} \qquad (3-2-12)$$

即不接负载可使放大倍数增大。

如果考虑到信号源内阻时，输出电压对信号源电压的电压放大倍数，称为源电压放大倍数。则：

$$u_S = i_i \cdot R_S + u_i = \frac{u_i}{R_B /\!/ r_{be}} R_S + u_i = \frac{R_B /\!/ r_{be} + R_S}{R_B /\!/ r_{be}} u_i$$

$$A_{uS} = \frac{u_o}{u_S} = \frac{u_o}{u_i} \cdot \frac{u_i}{u_S} = \frac{R_B /\!/ r_{be}}{R_B /\!/ r_{be} + R_S} A_u \qquad (3-2-13)$$

② 输入电阻的计算。

输入电阻的定义为：

$$r_i = \frac{u_i}{i_i}$$

由图 3-2-13（b）的输入端回路可以看出，输入电阻就是基极电阻 R_B 和三极管交流电阻 r_{be} 的并联，即：

$$r_i = \frac{u_i}{i_i} = R_B /\!/ r_{be} \qquad (3-2-14)$$

③ 输出电阻的计算。

输出电阻的定义为：

$$r_o = \frac{u_o}{i_o} \bigg|_{\substack{u_S=0 \\ R_L=\infty}}$$

由图 3-2-13（b）的输出端回路可以看出，当输入电压 $u_i = 0$ 时，$i_b = 0$，所以 $i_c = 0$，即受控电流源开路，此时输出端的电阻为：

$$r_o = \frac{u_o}{i_o} \bigg|_{\substack{u_S=0 \\ R_L=\infty}} = R_C \qquad (3-2-15)$$

一般来说，希望放大电路的输入电阻越大越好，这样放大器可以从信号源获取的电流较小，信号源电压衰减也较少。而对于输出电阻来说，我们希望它越小越好，因为这样它带负载的能力就越强。

用分析计算法分析放大电路，可按以下步骤进行：

第一步，画直流通路（交流输入为零，电容断开），根据直流通路估算静态工作点，确定三极管工作在放大区；

第二步，确定放大器交流通路（电容短路，直流电源置0），用三极管交流微变等效电路替换三极管，得出放大器的交流微变等效电路；

第三步，根据交流微变等效电路计算放大器的各项交流指标。

下面举例说明放大电路的分析方法。

【例3-2-2】在图3-2-14(a)所示的电路中，已知$V_{CC}=12$ V，$R_B=260$ kΩ，$R_C=3$ kΩ，$R_L=3$ kΩ，$\beta=50$，$U_{BEQ}=0.7$ V，试求：

（1）电路的静态工作点；

（2）电路的电压放大倍数、输入电阻、输出电阻。

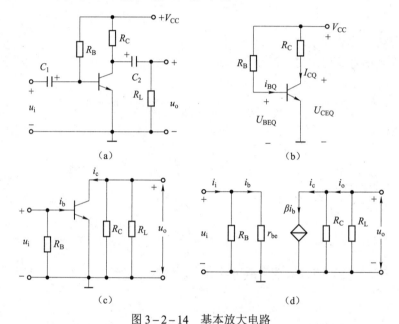

图3-2-14 基本放大电路

（a）共射放大电路；（b）直流通路；（c）交流通路；（d）微变等效电路

解：（1）根据放大电路直流通路的画法，画出电路的直流通路，如图3-2-14（b）所示。根据直流通路，有

$$I_{BQ}=\frac{V_{CC}-U_{BEQ}}{R_B}=\frac{12-0.7}{260}=0.043 \text{ (mA)}$$

$$I_{CQ}=\beta I_{BQ}=50\times0.043=2.2 \text{ (mA)}$$

$$U_{CEQ}=V_{CC}-I_{CQ}R_C=12-2.2\times3=5.4 \text{ (V)}$$

所以，三极管的交流电阻为：

$$r_{be}=300+(1+\beta)\frac{26 \text{ (V)}}{I_{EQ} \text{ (mA)}}$$

$$=300+(1+\beta)\frac{26}{(1+\beta)I_{BQ}}=300+\frac{26}{0.043}=904 \text{ (}\Omega\text{)}=0.9 \text{ (k}\Omega\text{)}$$

（2）画出放大电路的交流通路如图 3 - 2 - 14（c）所示。再将三极管用三极管微变等效电路代替，画出电路的交流微变等效电路如图 3 - 2 - 14（d）所示。

电压放大倍数：

$$R'_L = R_C // R_L = 3//3 = 1.5 \text{ (k}\Omega)$$

$$A_U = \frac{u_o}{u_i} = -\frac{\beta \cdot R'_L}{r_{be}} = -\frac{50 \times 1.5}{0.9} = -83.3$$

输入电阻：

$$r_i = \frac{u_i}{i_i} = R_B // r_{be} = 260//0.9 \approx 0.9 \text{ (k}\Omega)$$

输出电阻：

$$r_o = \frac{u_o}{i_o}\bigg|_{\substack{u_S=0 \\ R_L=\infty}} = R_C = 3 \text{ (k}\Omega)$$

前面已经讲过，图 3 - 2 - 1 所示电路是阻容耦合放大电路，若去掉电路中的电容，则电路就会变成直接耦合放大电路。这种电路的分析方法与阻容耦合电路的分析方法完全一样，下面我们举例说明这种放大电路的计算方法。

【例 3 - 2 - 3】在图 3 - 2 - 15（a）所示的电路中，已知 $V_{CC} = 12$ V，$R_{B1} = 125$ kΩ，$R_{B2} = 10$ kΩ，$R_C = 3$ kΩ，$R_L = 3$ kΩ，$\beta = 50$，$U_{BEQ} = 0.7$ V，试求：

（1）电路的静态工作点；

（2）电路的电压放大倍数、输入电阻、输出电阻。

解：（1）根据放大电路直流通路的画法，画出电路的直流通路，如图 3 - 2 - 15（b）所示。根据直流通路，有：

$$I_{BQ} = I_1 - I_2 = \frac{V_{CC} - U_{BEQ}}{R_{B1}} - \frac{U_{BEQ}}{R_{B2}} = \frac{12 - 0.7}{125} - \frac{0.7}{10} = 0.020\,4 \text{ (mA)}$$

$$I_{CQ} = \beta I_{BQ} = 50 \times 0.020\,4 = 1.02 \text{ (mA)}$$

$$U_{CEQ} = V_{CC} - (I_{CQ} + I_L)R_C = V_{CC} - \left(I_{CQ} + \frac{U_{CEQ}}{R_L}\right)R_C$$

$$U_{CEQ} = (V_{CC} - I_{CQ}R_C)\frac{R_L}{R_C + R_L} = 4.47 \text{ (V)}$$

所以，三极管的交流电阻为：

$$r_{be} = 300 + (1+\beta)\frac{26 \text{ (V)}}{I_{EQ} \text{ (mA)}}$$

$$= 300 + (1+\beta)\frac{26}{(1+\beta)I_{BQ}} = 300 + \frac{26}{0.020\,4} = 1\,574 \text{ (}\Omega) \approx 1.6 \text{ (k}\Omega)$$

（2）画出放大电路的交流通路如图 3 - 2 - 15（c）所示。再将三极管用三极管微变等效电路代替，画出电路的交流微变等效电路如图 3 - 2 - 15（d）所示。

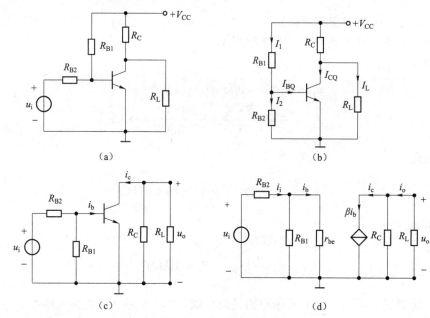

图 3−2−15 基本放大电路

(a) 放大电路；(b) 直流通路；(c) 交流通路；(d) 微变等效电路

电压放大倍数：

$$R_L' = R_C // R_L = 3 // 3 = 1.5 \ (\text{k}\Omega)$$

$$u_i = i_i R_{B2} + i_b r_{be} = \left(\frac{i_b r_{be}}{R_{B1}} + i_b \right) R_{B2} + i_b r_{be}$$

$$A_u = \frac{u_o}{u_i} = -\frac{\beta \cdot R_L'}{\left(\dfrac{r_{be}}{R_{B1}} + 1 \right) R_{B2} + r_{be}} = -6.4$$

输入电阻：

$$r_i = \frac{u_i}{i_i} = R_{B2} + R_{B1} // r_{be} = 11.6 \ (\text{k}\Omega)$$

输出电阻：

$$r_o = \frac{u_o}{i_o} \bigg|_{\substack{u_s = 0 \\ R_L = \infty}} = R_C = 3 \ (\text{k}\Omega)$$

3.2.3　稳定静态工作点的放大电路

　　放大电路的多项重要技术指标均与静态工作点的位置直接相关。如果静态工作点不稳定，则放大电路的某些性能也将发生变化。因此，如何保持静态工作点稳定，是十分重要的问题。在实际工作时，由于环境温度的变化、晶体管的更换、电路元件的老化以及电源的波动等，都会引起放大电路静态工作点的不稳定，进而影响放大电路的正常工作。这些因素中，又以环境温度的影响最大。

环境温度对静态工作点的影响是通过 β、U_{BE}、I_{CBO} 三个对温度敏感的三极管参数变化而产生的。当环境温度 T 升高时,三极管参数 β 升高、I_{CBO} 升高、U_{BE} 下降,这三个参数的变化均导致 I_{CQ} 升高,即导致静态工作点移向饱和区。

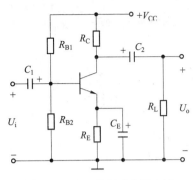

图 3-2-16　分压式偏置电路

1. 分压式电流负反馈偏置电路

常用具有高热稳定性的偏置电路来稳定放大电路的静态工作点,如图 3-2-16 所示的分压式电流负反馈偏置电路即是一种高稳定性的偏置电路,广泛应用于分立元件的放大器中。

在图 3-2-16 电路中,在三极管的发射极和公共地之间接入一个射极电阻 R_E,起到电流负反馈作用,来稳定静态工作点。电阻 R_{B1} 和 R_{B2} 为分压电阻,为三极管的发射结提供较稳定的基极电位。引入的旁路电容 C_E 起到交流短路作用,使射极电阻 R_E 在交流状态下短路,不影响电路的动态性能。

2. 电路的工作原理

在设计电路时,应适当选择 R_{B1} 和 R_{B2} 的值,使之满足以下条件:

$$I_{RB} \gg I_{BQ} \tag{3-2-16}$$

$$U_{BQ} \gg U_{BEQ} \tag{3-2-17}$$

在上面条件下,可以认为基极不从 R_B 上的电流 I_1 分走电流,即电阻 R_{B1} 和 R_{B2} 上流过的电流近似看成相等。这时,三极管基极电位可以由下式确定:

$$U_{BQ} = \frac{R_{B2}}{R_{B1} + R_{B2}} V_{CC} \tag{3-2-18}$$

由式(3-2-18)可知,U_{BQ} 可近似看作是恒定不变的。现在来分析分压式电路稳定静态工作点的过程。

当温度升高时,β、I_{CBO}、U_{BE} 的变化均导致 I_{CQ} 增大,I_{CQ} 增大使得 I_{EQ} 相应增大,R_E 上的电压降 $I_{EQ}R_E$ 随之增大,由于 U_{BQ} 固定不变,则 U_{BEQ} 减小,U_{BEQ} 的减小引起 I_{BQ} 减小,I_{BQ} 减小又使得 I_{CQ} 减小,趋向恢复原来的值,达到稳定静态工作点的目的。这个过程可以表示为:

$$T \uparrow \rightarrow I_{CQ} \uparrow \rightarrow I_{EQ} \uparrow \rightarrow I_{EQ}R_E \uparrow \xrightarrow{U_{BQ}不变} U_{BEQ} \downarrow \rightarrow I_{BQ} \downarrow \rightarrow I_{CQ} \downarrow$$

在实际设计电路时,为了保证该电路的稳定性,要求 U_{BQ} 基本不变,兼顾放大电路各方面的性能,通常选 $I_1 = (5 \sim 10)I_{BQ}$ 或 $U_{BQ} = (5 \sim 10)U_{BEQ}$ 进行工程设计即可。

3. 电路的分析计算

图 3-2-16 电路的直流通路如图 3-2-17(a)所示,静态工作点的估算可以从下列式子得出:

$$U_{BQ} = \frac{R_{B2}}{R_{B1} + R_{B2}} V_{CC}$$

$$U_{EQ} = U_{BQ} - U_{BEQ}$$

$$I_{EQ} = \frac{U_{EQ}}{R_E}, \quad I_{BQ} = \frac{I_{EQ}}{1 + \beta}, \quad I_{CQ} = \beta I_{BQ}$$

$$U_{CEQ} = V_{CC} - I_{CQ}R_C - I_{EQ}R_E \approx V_{CC} - I_{CQ}(R_C + R_E)$$

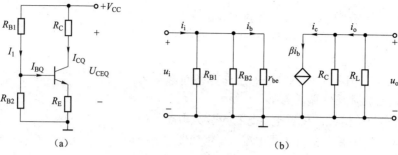

图 3-2-17　直流通路及微变等效电路

（a）直流通路；（b）微变等效电路

图 3-2-16 电路的交流微变等效电路如图 3-2-17（b）所示，动态性能指标的计算为：

$$u_i = i_b \cdot r_{be}$$
$$u_o = -i_c(R_C / / R_L) = -\beta \cdot i_b R'_L$$
$$A_u = \frac{u_o}{u_i} = \frac{-\beta \cdot i_b \cdot R'_L}{i_b \cdot r_{be}} = -\frac{\beta \cdot R'_L}{r_{be}}$$
$$r_i = R_{B1} / / R_{B2} / / r_{be}$$
$$r_o = \frac{u_o}{i_o}\bigg|_{\substack{u_S=0 \\ R_L=\infty}} = R_C$$

【例 3-2-4】图 3-2-16 所示放大器，已知 $V_{CC}=10\,\mathrm{V}$，$R_{B1}=20\,\mathrm{k\Omega}$，$R_{B2}=5.1\,\mathrm{k\Omega}$，$R_E=1\,\mathrm{k\Omega}$，$R_C=R_L=3\,\mathrm{k\Omega}$，$U_{BEQ}=0.7\,\mathrm{V}$，$\beta=50$，试求电路的静态工作点和动态性能指标。

解：根据上面的分析，静态工作点估算如下：

$$U_{BQ} = \frac{R_{B2}}{R_{B1}+R_{B2}}V_{CC} = \frac{5.1}{20+5.1}\times10 = 2\,(\mathrm{V})$$
$$U_{EQ} = U_{BQ}-U_{BEQ} = 2-0.7 = 1.3\,(\mathrm{V})$$
$$I_{EQ} = \frac{U_{EQ}}{R_E} = \frac{1.3}{1} = 1.3\,(\mathrm{mA})$$
$$I_{BQ} = \frac{I_{EQ}}{1+\beta} = \frac{1.3}{51} = 0.025\,5\,(\mathrm{mA}) = 25.5\,(\mathrm{\mu A})$$
$$I_{CQ} = \beta I_{BQ} \approx 1.3\,(\mathrm{mA})$$
$$U_{CEQ} \approx V_{CC}-I_{CQ}(R_C+R_E) = 10-1.3(3+1) = 4.8\,(\mathrm{V})$$

三极管交流输入电阻为：

$$r_{be} = 300+(1+\beta)\frac{26\,(\mathrm{V})}{I_{EQ}\,(\mathrm{mA})}$$
$$= 300+(1+50)\frac{26}{1.3} = 1\,320\,(\Omega) \approx 1.3\,(\mathrm{k\Omega})$$

动态参数的计算为：

$$A_u = -\frac{\beta \cdot R_L'}{r_{be}} = -\frac{50 \times (3//3)}{1.3} = -57.7$$

$$R_i = R_{B1}//R_{B2}//r_{be} \approx 1.3 \ (\Omega)$$

$$R_o = R_C = 3 \ (k\Omega)$$

3.3 放大电路的基本组态

除了上两节所讲的共发射极放大电路之外，如果三极管的集电极或基极作为放大电路的公共端，那么放大电路的组成形式共有三种，即：共发射极放大电路、共集电极放大电路和共基极放大电路。本节我们讨论后两种放大电路的性能和特点。

3.3.1 共集电极放大电路

图 3-3-1（a）所示是一个共集电极放大电路，图 3-3-1（b）是它的交流通路。从交流通路可以看出，输入信号是加在基极与集电极之间，而输出是加在发射极与集电极之间，集电极是作为公共端的。

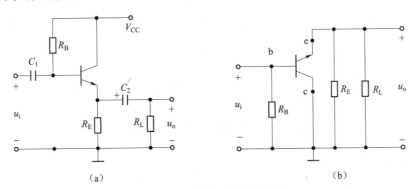

（a）　　　　　　　　　（b）

图 3-3-1 共集电极放大电路

（a）放大电路；（b）交流通路

1. 静态工作点分析

首先画出共集电极放大电路的直流通路如图 3-3-2 所示。根据图示电路可以列出下列方程。

$$V_{CC} = I_{BQ}R_B + U_{BEQ} + I_{EQ}R_E = I_{BQ}R_B + U_{BEQ} + (1+\beta)I_{BQ}R_E$$

$$I_{BQ} = \frac{V_{CC} - U_{BEQ}}{R_B + (1+\beta)R_E}$$

$$I_{CQ} = \beta I_{BQ}, \ I_{EQ} = (1+\beta)I_{BQ}$$

$$U_{CEQ} = V_{CC} - I_{EQ}R_E$$

2. 动态性能指标计算

根据图 3-3-1(b) 的交流通路画出共集电极放大电路的交流微变等效电路，如图 3-3-3 所示。根据图示电路可以列出下列方程，求出电压放大倍数。

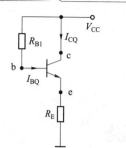

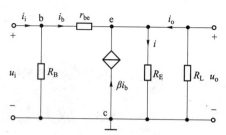

图 3-3-2 共集电极放大电路的直流通路　　图 3-3-3 共集电极放大电路的交流微变等效电路

$$u_o = (i_b + \beta i_b)(R_E // R_L) = (1 + \beta)i_b R'_L$$

$$u_i = i_b r_{be} + u_o = i_b r_{be} + (1 + \beta)i_b R'_L = i_b[r_{be} + (1 + \beta)R'_L]$$

$$A_u = \frac{u_o}{u_i} = \frac{(1 + \beta)i_b R'_L}{i_b(r_{be} + (1 + \beta)R'_L)} = \frac{(1 + \beta)R'_L}{r_{be} + (1 + \beta)R'_L}$$

上述分析表明：共集电极放大电路输出电压是在发射极上引出的，故此放大器又称射极输出器。又因为电压放大倍数是小于并接近 1，且为正值，即放大电路的输出电压与输入电压同相且非常接近，所以共集电极放大电路又叫射极跟随器。

可以利用第 1 章所学的含受控源电路等效电阻计算方法，来计算输入电阻为

$$i_i = \frac{u_i}{R_B} + i_b = \frac{u_i}{R_B} + \frac{u_i}{r_{be} + (1 + \beta)R'_L}$$

$$r_i = \frac{u_i}{i_i} = R_B // [r_{be} + (1 + \beta)R'_L] = \frac{R_B[r_{be} + (1 + \beta)R'_L]}{R_B + r_{be} + (1 + \beta)R'_L}$$

从上式可以看出，射极跟随器的输入电阻值比较大，远远大于共射极放大电路的输入电阻。

同样，根据输出电阻的定义，当 $u_i = 0$ 时，则

$$u_o = (i_b + \beta i_b + i_o)R_E = -i_b r_{be}$$

$$r_o = \frac{u_o}{i_o} = \frac{R_E \cdot r_{be}}{r_{be} + (1 + \beta)R_E}$$

$$r_o = \frac{u_o}{i_o}\bigg|_{\substack{u_S=0 \\ R_L=\infty}} = \frac{u_o}{\dfrac{u_o}{R_E} + \dfrac{u_o}{r_{be}} + \beta\dfrac{u_o}{r_{be}}} = \frac{1}{\dfrac{1}{R_E} + \dfrac{1 + \beta}{r_{be}}}$$

$$r_o = R_E // \frac{r_{be}}{1 + \beta}$$

共集电极放大电路有比较小的输出电阻，一般为几欧姆到几百欧姆。

3.3.2 共基极放大电路

共基极放大电路及其交流通路如图 3-3-4 所示。可以看出，共基极放大电路的信号输入端设在发射极和基极之间，输出端设在集电极和基极之间。

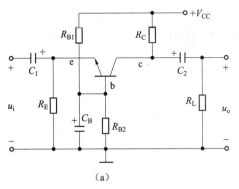 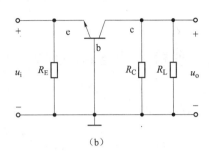

图 3-3-4　共基极放大电路

（a）放大电路；（b）交流通路

图 3-3-4（a）中，电阻 R_{B1} 和 R_{B2} 为三极管的发射结提供必需的正向偏置电压，电容 C_B 起到为基极提供一个正向的直流电压、又不使电阻 R_{B1} 和 R_{B2} 影响放大电路的交流输出的作用。

由于在共基极放大电路的输入回路中有一个很大的发射极电流，所以共基极放大电路的输入电阻很小，而输出电阻比较大。又由于输入端是发射极，输出端是集电极，所以共基极放大电路的电流放大倍数小于 1，但可以有较大的电压放大倍数。

3.3.3　三种基本放大电路的比较

以上讨论了共射极、共集电极和共基极三种接法的放大电路，它们的性能各有不同的特点，比较如表 3-3-1 所示。

表 3-3-1　三种组态电路的比较

电 路 形 式	共发射极电路	共集电极电路	共基极电路
电压放大倍数	较大	小于 1	较大
输入电阻	中等	较大	较小
输出电阻	较大	较小	较大
输出电压与输入电压的相位关系	反相	同相	同相
电流放大倍数	较大	较大	小于 1

从表 3-3-1 可以看出：

（1）共发射极放大电路的电压放大倍数和电流放大倍数较大，而且输出信号电压与输入信号电压反相。它的输入电阻和输出电阻大小适中。常用于对输入电阻输出电阻要求不高的放大电路中，用作一般多级放大电路的输入级、中间级和输出级。

（2）共集电极放大电路，由于它的电压放大倍数小于 1，电流放大倍数较大，输入电阻较大，输出电阻较小，输入电压和输出电压同相，常用作多级放大电路的输入级和输出级。

（3）共基极放大电路的电压放大倍数较大，且输入电压与输出电压同相，输入电阻较小，输出电阻适中，由于它的频率特性较好，常用于宽频带放大器和高频放大器中。

3.4 多级放大电路

3.4.1 多级放大电路的组成

在实际应用中，有时需要放大非常微弱的信号，单级放大电路的电压放大倍数往往不够高，因此常采取多级放大电路。将第一级的输出接到第二级的输入，第二级的输出作为第三级的输入……这样使信号逐级放大，以得到所需要的输出信号。不仅是电压放大倍数，对于放大电路的其他性能指标，如输入电阻、输出电阻等，通过采用多级放大电路，也能达到所需要求。如图 3-4-1 所示，实际电子系统中的放大部分一般都由多级放大电路组成。

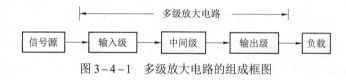

图 3-4-1 多级放大电路的组成框图

3.4.2 多级放大电路的耦合方式

在多级放大电路中，级与级之间的连接方式称为耦合。级间耦合时，一方面要确保各级放大器有合适的静态工作点，另一方面应使前级输出信号尽可能不衰减地加到后级输入。常用的耦合方式有两种，即阻容耦合和直接耦合。

阻容耦合是通过电容器将后级电路与前级相连接，如图 3-4-2 所示。由于电容器的隔直流、通交流特点，各级放大电路的静态工作点相互独立，这样就给设计、调试和分析带来很大方便。而且，只要耦合电容选得足够大，则较低频率的信号也能由前级几乎不衰减地加到后级，实现逐级放大。

直接耦合是将前一级的输出端直接连接到后一级的输入端，如图 3-4-3 所示电路就是采用直接耦合方式。由于第一级的输出信号通过导线直接加到第二级的输入端，信号能够顺

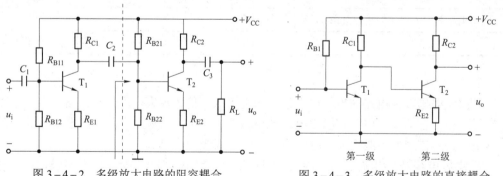

图 3-4-2 多级放大电路的阻容耦合　　　　图 3-4-3 多级放大电路的直接耦合

利传递，所以直接耦合方式的优点是既能放大交流信号，也能放大变化缓慢的信号。更为重要的是，直接耦合方式电路中没有大容量的电容，因此易于集成，在实际使用的集成放大电路中一般都采用直接耦合方式。

但由于直接耦合的放大电路前后级之间是直接连接，因此前后级之间存在着直流通路，这就造成了各级静态点相互影响，若处理不当，会使放大电路无法正常工作。

直接耦合的放大电路存在的另一个突出问题就是零点漂移问题。所谓零点漂移，就是在放大电路的输入端输入信号为零时，输出电压不为零且缓慢变化，这种现象称为零点漂移，简称零漂。在放大电路中，任何参数的变化，如电源电压的波动、元件的老化、器件参数随温度的变化等，都会产生零点漂移。对于电源电压的波动、元件的老化所引起的零漂可采用高质量的稳压电源或经过老化实验的元件来减小，因此温度变化所引起的半导体器件参数的变化是产生零点漂移的主要原因，故也将零点漂移称为温度漂移，简称温漂。

在阻容耦合的放大电路中，这种缓慢变化的漂移电压被耦合电容阻隔，不会传送到下一级放大电路进一步放大。但是，在直接耦合放大电路中，这种缓慢变化的漂移电压会被毫无阻隔地传输到下一级，并且被逐级放大，一般说来，直接耦合放大电路的级数越多，放大倍数越高，零漂问题就越严重。零漂对放大电路的影响主要有两个方面：① 零漂使静态工作点偏离原设计值，使放大器无法正常工作；② 零漂信号在输出端叠加在被放大的信号上，干扰甚至淹没有效信号，使信号无法判别，这时放大器已经没有使用价值了。可见，控制多级直接耦合放大电路中第一级的零漂是至关重要的问题。

通常采取抑制零漂的措施有：① 采用分压式放大电路；② 利用热敏元件补偿；③ 采用差动放大电路结构，使输出端的零漂相互抵消。实际中，集成运算放大电路的输入级基本都采用差动放大电路的结构形式，这种措施十分有效而且比较容易实现。

3.4.3 多级放大电路的分析计算

在多级放大电路中，各级之间是相互串行连接的，前一级的输出信号就是后一级的输入信号，后一级的输入电阻就是前一级的负载，从图 3-4-4 所示的电路中可以看出，多级放大电路的电压放大倍数可用下式计算

$$A_u = \frac{u_{o1}}{u_{i1}} \cdot \frac{u_{o2}}{u_{i2}} \cdot \cdots \cdot \frac{u_o}{u_{in}} = A_{u1} \cdot A_{u2} \cdot \cdots \cdot A_{un} \qquad (3-4-1)$$

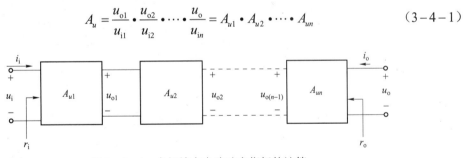

图 3-4-4 多级放大电路动态指标的计算

即多级放大电路的电压放大倍数等于各级电压放大倍数的乘积，多级放大电路的输入电阻就是第一级的输入电阻，有：

$$r_i = r_{i1} \qquad (3-4-2)$$

多级放大电路的输出电阻就是最后一级的输出电阻，即：

$$r_o = r_{on} \qquad (3-4-3)$$

【例 3-4-1】两级放大电路如图 3-4-5（a）所示，已知 $V_{CC} = 12\ \text{V}$，$\beta_1 = \beta_2 = 50$，

$U_{BEQ1} = U_{BEQ2} = 0.7\,\text{V}$，$R_{B1} = 565\,\text{k}\Omega$，$R_{B2} = 280\,\text{k}\Omega$，$R_{C1} = 6\,\text{k}\Omega$，$R_{C2} = 3\,\text{k}\Omega$，$R_L = 3\,\text{k}\Omega$，
电容器对交流可视为短路。

（1）试估算两级放大电路的静态工作点；

（2）估算该电路的电压放大倍数、输入电阻和输出电阻。

解：（1）因为两级放大电路是以阻容耦合方式进行连接的，所以两级放大电路的静态工作点相互独立，所以第一级放大电路的静态工作点估算为：

$$I_{BQ1} = \frac{V_{CC} - U_{BEQ1}}{R_{B1}} = \frac{12 - 0.7}{565} = 0.02\,(\text{mA}) = 20\,(\mu\text{A})$$

$$I_{CQ1} = \beta I_{BQ1} = 50 \times 0.02 = 1\,(\text{mA})$$

$$U_{CEQ1} = V_{CC} - I_{CQ1}R_{C1} = 12 - 1 \times 6 = 6\,(\text{V})$$

同样，第二级放大电路的静态工作点估算为：

$$I_{BQ2} = \frac{V_{CC} - U_{BEQ2}}{R_{B2}} = \frac{12 - 0.7}{280} = 0.04\,(\text{mA}) = 40\,(\mu\text{A})$$

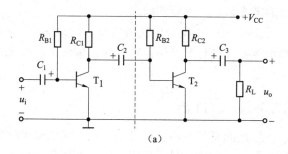

(a)

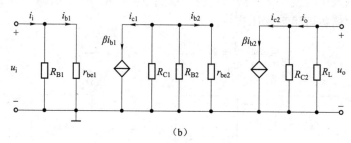

(b)

图 3-4-5　多级放大电路的计算

(a) 两级放大电路；(b) 交流微变等效电路

$$I_{CQ2} = \beta I_{BQ2} = 50 \times 0.04 = 2\,(\text{mA})$$

$$U_{CEQ2} = V_{CC} - I_{CQ2}R_{C2} = 12 - 2 \times 3 = 6\,(\text{V})$$

所以，两个三极管的动态输入电阻为：

$$r_{be1} = 300 + (1+\beta)\frac{26}{I_{EQ1}} = 300 + (1+50) \times \frac{26}{1} \approx 1.63\,(\text{k}\Omega)$$

$$r_{be2} = 300 + (1+\beta)\frac{26}{I_{EQ2}} = 300 + (1+50) \times \frac{26}{2} = 0.96\,(\text{k}\Omega)$$

（2）动态指标计算。

放大电路的微变等效电路如图 3 – 4 – 5（b）所示。由图可得

$$R'_{L1} = R_{C1}//R_{B2}//r_{be2} = 0.82（kΩ）$$

$$R'_{L2} = R_{C2}//R_L = 1.5（kΩ）$$

$$A_{u1} = \frac{u_{o1}}{u_i} = \frac{-\beta R'_{L1}}{r_{be1}} \approx -25.4$$

$$A_{u2} = \frac{u_o}{u_{o1}} = \frac{-\beta R'_L}{r_{be2}} \approx -78$$

$$A_u = A_{u1} \cdot A_{u2} \approx 1981$$

$$r_i = r_{i1} = R_{B1}//r_{be1} \approx 1.63（kΩ）$$

$$r_o = R_{C2} = 3（kΩ）$$

3.5　用 Multisim 对共射极单管放大电路进行分析

利用 Multisim 仿真软件，可以方便地对共射极单管放大电路进行仿真分析。首先，可以测试静态工作点，电路模型如图 3 – 5 – 1 所示。

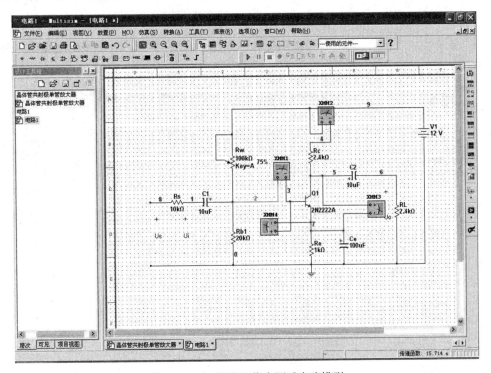

图 3 – 5 – 1　静态工作点测试电路模型

静态工作点测试结果如图 3 – 5 – 2 所示，由图中万用表的显示可知，$I_{BQ} = 10.658\,\mu A$，$I_{CQ} = 1.711\,mA$，$U_{BEQ} = 636.457\,mV$，$U_{CEQ} = 6.169\,V$。

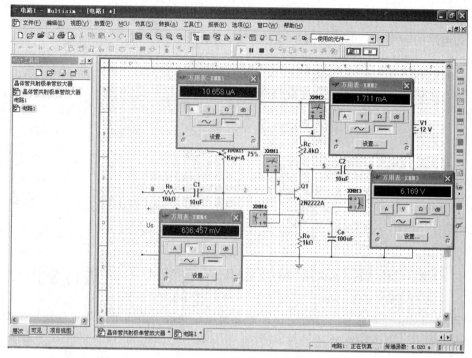

图 3-5-2　静态工作点测试结果

　　然后进行动态分析，电路模型如图 3-5-3 所示，将信号源信号和输出端信号接入示波器。

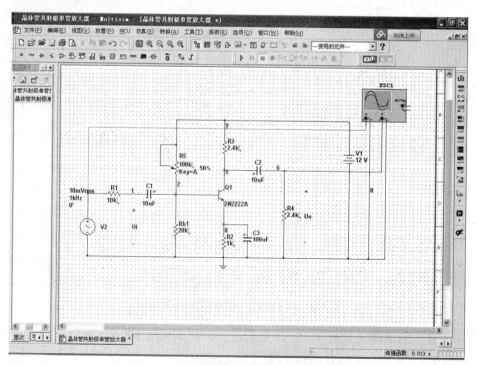

图 3-5-3　电压放大倍数测试电路模型

图 3-5-3 中的示波器显示结果如图 3-5-4 所示。

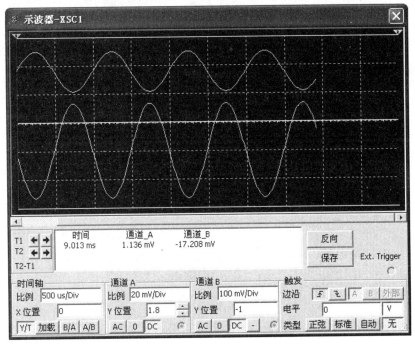

图 3-5-4　电压放大倍数测试结果

3.6　本章小结

基本共射放大电路、分压式工作点稳定电路和基本共集电极放大电路是常用的单管放大电路。它们的组成原则是：直流通路必须保证三极管有合适的静态工作点；交流通路必须保证输入信号能传送到放大电路的输入回路，同时保证放大后的信号不失真地传送到放大电路的输出端。

由于放大电路中交、直流信号并存，含有非线性器件，出现受控电流源，因此增加了分析电路的难度。一般分析放大电路的方法是先静态，后动态。静态分析是为确定静态工作点；动态分析则包括波形和动态指标。

图解分析法主要是利用在三极管的特性曲线上作图的方法求解 Q，分析信号的动态范围和失真情况。它直观、形象、很容易分析波形失真、输出幅度以及电路参数对静态工作点的影响等。但是，作图过程比较烦琐、容易产生作图误差，电路稍一复杂就无法用图解法直接求电压增益，也不能分析频率特性。

微变等效电路法是在小信号的条件下，把三极管等效成线性电路的分析方法。该方法只能分析动态，不能分析静态，也不能分析失真和动态范围等。

多级放大电路有两种主要的耦合方式，即阻容耦合和直接耦合。多级放大电路的电压放大倍数等于各级放大倍数的乘积；输入电阻为第一级电路的输入电阻；输出电阻为末级电路的输出电阻。

本章主要知识点

本章主要知识点见表 3 – 6 – 1。

表 3 – 6 – 1　本章主要知识点

	相关基础知识	放大电路的基本概念、组成原理、性能指标
基本放大电路	放大电路的分析计算（以单管共射极放大电路为例）	静态分析：用估算法、图解法求静态工作点
		动态分析：用图解法分析非线性失真和最大输出电压幅值；用微变小信号等效电路法求交流参数
		稳定静态工作点的放大电路的分析和计算
	放大电路的三种组态	三种组态的构成、分析计算以及三种组态各自的特点
多级放大电路	多级放大电路的组成	耦合方式：直接耦合和阻容耦合
	多级放大电路的分析计算	$A_u = \dfrac{u_{o1}}{u_{i1}} \cdot \dfrac{u_{o2}}{u_{i2}} \cdot \cdots \cdot \dfrac{u_o}{u_{in}} = A_{u1} \cdot A_{u2} \cdot \cdots \cdot A_{un}$

本章重点

放大电路的基本组成和基本分析方法、放大电路的三种组态及其比较、多级放大电路的基础知识。

本章难点

放大电路的分析和计算。

思考与练习

3 – 1　试根据图题 3 – 1 所示放大电路的直流通路，判断三极管工作在哪个区（放大区、饱和区、截止区）？

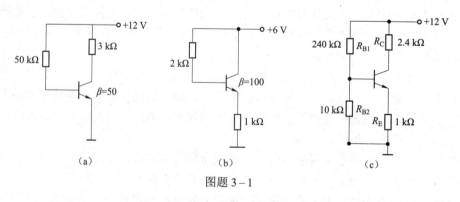

图题 3 – 1

3 – 2　判断图题 3 – 2 所示各电路对正弦交流电压信号有无放大作用？如没有放大作用，请说明理由并加以改正。

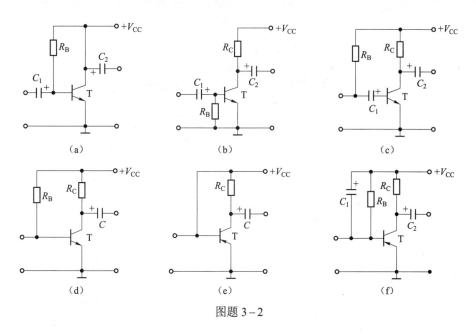

图题 3-2

3-3　基本放大电路如图题 3-3 所示，$\beta = 40$。试：（1）画出电路的直流通路；（2）估算出其静态工作点。

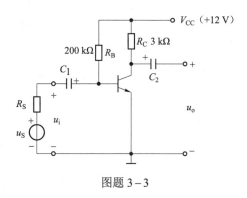

图题 3-3

3-4　图题 3-4 所示放大电路，R_B 增大时，其静态工作点 I_{CQ} 如何变化？ U_{CEQ} 如何变化？

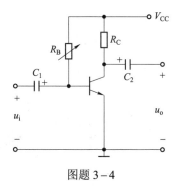

图题 3-4

3－5　基本放大电路和三极管的输出特性如图题 3－5 所示，试作图标出：（1）画出其直流负载线，确定静态工作点 Q；（2）当电阻 R_C 由 2 kΩ 增大到 4 kΩ 时，工作点 Q 移到何处？（3）当电源 V_{CC} 由 12 V 增大到 16 V 时，工作点 Q 移到何处？

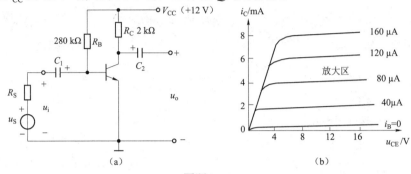

图题 3－5

3－6　什么是非线性失真？放大电路的非线性失真是由什么原因引起的？如果静态工作点选择合适，输出波形仍出现截止和饱和失真，可能是什么原因？

3－7　如图题 3－7 所示，$R_B = 282.5$ kΩ，$R_C = 1.5$ kΩ，$R_S = 1$ kΩ，$R_L = 1.5$ kΩ，$V_{CC} = 12$ V，$\beta = 100$，$U_{BEQ} = 0.7$ V，试：（1）画出直流通路，求静态工作点；（2）画出交流通路和交流微变等效电路；（3）求 A_u、r_i、r_o。

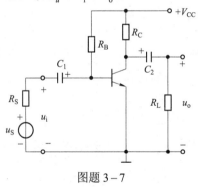

图题 3－7

3－8　如图题 3－8 所示的直接耦合放大电路中，已知 $R_B = 125$ kΩ，$R_C = 3$ kΩ，$R_S = 10$ kΩ，$R_L = 3$ kΩ，$V_{CC} = 12$ V，$\beta = 50$，$U_{BEQ} = 0.7$ V，试：（1）画出直流通路，求静态工作点；（2）画出交流通路和交流微变等效电路；（3）求 A_u、r_i、r_o。

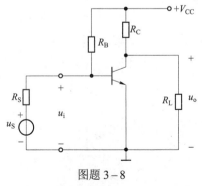

图题 3－8

3-9　简述分压式电流负反馈电路稳定静态工作点的原理。

3-10　图题 3-10 所示电路中，已知 $R_B = 510\,\text{k}\Omega$，$R_E = 1\,\text{k}\Omega$，$R_C = R_L = 3\,\text{k}\Omega$，$\beta = 50$，$V_{CC} = 24\,\text{V}$，$U_{BEQ} = 0.65\,\text{V}$，$C_1$、$C_2$ 对交流可视为短路。设晶体管的饱和压降 $U_{CES} = 0.3\,\text{V}$。求：（1）最大不失真输出电压为多大？（2）R_B 应调节到什么数值，才能使不失真输出电压为最大？

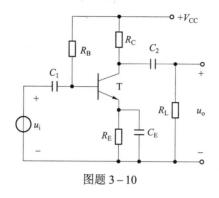

图题 3-10

3-11　如图题 3-11 所示，已知 $V_{CC} = 12\,\text{V}$，$R_{B1} = 450\,\text{k}\Omega$，$R_{B2} = 150\,\text{k}\Omega$，$R_C = 3\,\text{k}\Omega$，$R_E = 1\,\text{k}\Omega$，$R_L = 3\,\text{k}\Omega$，$\beta = 100$，$U_{BEQ} = 0.7\,\text{V}$，$r_{be} = 1.2\,\text{k}\Omega$，求静态工作点，并计算其电压放大倍数 A_u 和输入、输出电阻。

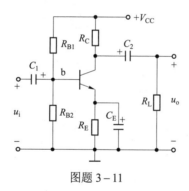

图题 3-11

3-12　发射极带有电阻的共射放大器如图题 3-12 所示，$\beta = 50$。试用微变等效电路计算放大器主要性能指标 A_u、r_i 和 r_o。

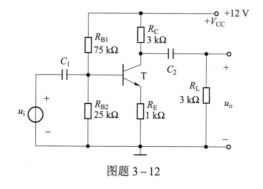

图题 3-12

3-13 简述射极输出器的特点。比较基本放大电路三种连接方式的特点。

3-14 射极输出器的电压放大倍数有何特点？射极输出器适用于什么场合？

3-15 放大电路如图题3-15所示，已知$V_{CC} = 9\,V$，$R_S = 1\,k\Omega$，$U_{BEQ} = 0.7\,V$，$R_E = 4\,k\Omega$，$R_B = 300\,k\Omega$，$R_L = 4\,k\Omega$，$\beta = 50$。

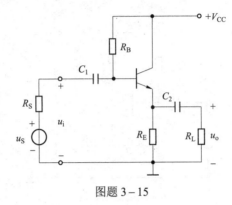

图题3-15

（1）计算静态工作点的数值。

（2）计算A_{uS}、r_i、r_o。

3-16 多级放大电路一般由哪几部分组成？各有什么样的特点？

3-17 目前常用的多级放大电路的耦合方式主要有哪两种？各有哪些特点？

3-18 两极放大电路中，$|A_{u1}| = 60$，$|A_{u2}| = 20$，则总放大倍数应是多少？

第 4 章

集成运算放大电路及应用

集成运放是一种十分理想的增益器件。在模拟集成电路中，它的应用最广，几乎涉及模拟信号处理的各个领域，在仪器仪表、自动化装置、控制机及计算机的外围设备中得到普遍使用。本章围绕集成运算放大器主要讨论以下几个方面的问题：

（1）集成运算放大器的组成及各部分的工作原理与作用；

（2）放大电路中反馈的类别、判断方法和负反馈对放大电路的影响；

（3）集成运放组成的运算电路；

（4）电压比较器的工作原理。

4.1 集成运算放大器概述

4.1.1 集成运算放大器简介

前面几章所讲的电路均是分立元件电路。所谓分立元件电路就是由单个的电阻、电容、二极管、三极管等电子元件连接起来的电子电路。集成电路是相对于分立元件而言的，它是 20 世纪 60 年代发展起来的一种半导体器件，是在半导体制造工艺的基础上，将整个电路中的元器件制作在一块硅基片上，构成特定功能的电子电路称为集成电路（Integrated Circuit，IC）。由于它具有体积小、重量轻、性能好、功耗低，而且元件之间引线短、焊点少，电路工作可靠性较高等一系列优点而得到广泛的应用。

集成运算放大电路也可称为集成运算放大器（Integrated Operational Amplifier），简称集成运放，它是实现高增益放大功能的一种集成器件。早期主要用于实现模拟信号的各种运算，目前随着器件性能的改进，它已成为通用的增益器件，广泛用于信号处理、测量和波形发生等各个领域。集成运放的代表符号如图 4-1-1 所示。

图 4-1-1　集成运放的符号

4.1.2 集成运算放大器的组成

集成运放的基本组成结构如图 4-1-2 所示。它通常由输入级、中间级、输出级和偏置电路四部分组成。

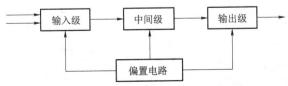

图 4-1-2　集成运算放大器的基本组成

输入级由差分式放大电路组成，利用它的电路对称性可克服零漂问题；中间级的主要作用是提高电压增益，它可由多级放大电路组成；输出级采用功率放大电路，为负载提供一定的功率；偏置电路主要用于向集成运放的各级电路提供偏置电流，设置合适的静态工作点，一般采用电流源形式。

1. 偏置电路

在电子电路中，特别是模拟集成电路中，广泛使用不同类型的电流源。它的用途之一是为各级基本放大电路提供稳定的偏置电路；第二个用途是用作放大电路的有源负载。下面讨论两种常见的电流源。

1）镜像电流源

图 4-1-3 所示为镜像电流源的结构原理图。图中 T_0 管和 T_1 管具有完全相同的输入特性和输出特性，且由于两管的 B、E 极分别相连，$U_{BE0} = U_{BE1}$，$I_{B0} = I_{B1}$，因而就像照镜子一样，T_1 管的集电极电流和 T_0 管的相等，所以该电路称为镜像电流源。由图 4-1-3 可知，T_0 管的 B、C 极相连，处于临界放大状态，电阻 R 中的电流 I_R 为基准电流，表达式为：

$$I_R = \frac{V_{CC} - U_{BEQ}}{R} \qquad (4-1-1)$$

且

$$I_R = I_{C0} + I_{B0} + I_{B1} = I_{C1} + 2I_{B1} = (1 + 2/\beta)I_{C1}$$

所以当 $\beta \gg 2$ 时，有：

$$I_{C1} \approx I_R = \frac{V_{CC} - U_{BEQ}}{R} \qquad (4-1-2)$$

可见，只要电源 V_{CC} 和电阻 R 确定，则 I_{C1} 就确定，恒定的 I_{C1} 可作为提供给某个放大级的静态偏置电流。另外，在镜像电流源中，T_0 的发射结对 T_1 具有温度补偿作用，可有效地抑制 I_{C1} 的温漂。例如当温度升高使 T_1 的 I_{C1} 增大的同时，也使 T_0 的 I_{C0} 增大，从而使 U_{BE0}（U_{BE1}）减小，致使 I_{B1} 减小，从而抑制了 I_{C1} 的增大。

镜像电流源的优点是结构简单，而且具有一定的温度补偿作用；缺点是当直流电源 V_{CC} 变化时，输出电流 I_{C1} 几乎按同样的规律波动。因此，镜像电流源不适用于直流电源在大范围内变化的集成运放。此外，若输入级要求微安级的偏置电流，则所有电阻 R 将达兆欧级，在集成电路中很难实现。

2）微电流源

为了得到微安级的输出电流，同时又希望电阻值不太大，可以在镜像电流源的基础上，在 T_1 的射极电路接入电阻 R_E，如图 4-1-4 所示。这种电流源称为微电流源。当基准电流 I_R

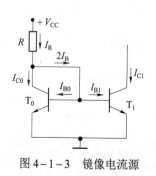

图 4-1-3 镜像电流源

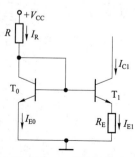

图 4-1-4 微电流源

一定时，I_{C1} 可确定如下。因为

$$U_{BE0} - U_{BE1} = \Delta U_{BE} = I_{E1}R_E$$

所以

$$I_{C1} \approx I_{E1} = \frac{\Delta U_{BE}}{R_E} \qquad (4-1-3)$$

由式（4-1-3）可知，利用两管发射结电压差 ΔU_{BE} 可以控制输出电流 I_{C1}。由于 ΔU_{BE} 的数值较小，这样，用阻值不大的 R_E 即可获得微小的工作电流，故称此电流源为微电流源。该电路由于 T_0、T_1 是对管，两管基极又连在一起，当 V_{CC}、 R 和 R_E 为已知时，基准电流 $I_R \approx V_{CC}/R$，在 U_{BE0}、U_{BE1} 为一定时，I_{C1} 也就确定了；在电路中，当电源电压 V_{CC} 发生变化时，I_R 以及 ΔU_{BE} 也将发生变化，由于 R_E 的值一般为数千欧，使 $U_{BE1} \ll U_{BE0}$，以致 T_1 的 U_{BE1} 值很小而工作在输入特性的弯曲部分，则 I_{C1} 的变化远小于 I_R 的变化，故电源电压波动对工作电流的影响不大。

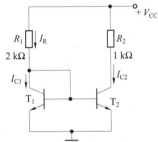

图 4-1-5　例 4-1-1 的图

【**例 4-1-1**】电路如图 4-1-5 所示。$V_{CC} = 12\ \text{V}$，设 T_1 和 T_2 的性质完全相同，且 β 值很大。求 I_{C2} 和 U_{CE2} 的值。设 $U_{BEQ} = 0.7\ \text{V}$。

解：本题练习镜像电流源的分析方法。

$$I_{C2} = I_{C1} \approx I_R$$

$$I_R = \frac{V_{CC} - U_{BE1}}{R_1} = \frac{12 - 0.7}{2 \times 10^3} = 5.65\ (\text{mA})$$

$$U_{CE2} = V_{CC} - I_{C2}R_2 = 12 - 5.65 \times 1 = 6.35\ (\text{V})$$

2. 差分放大输入级

差分放大电路，就其功能来说，就是放大两个输入信号之差。

由于集成运放的内部实质上是一个高放大倍数的多级直接耦合放大电路，因此必须解决零漂问题，电路才能实用。虽然集成电路中元器件参数分散性大，但是相邻元器件参数的对称性却比较好。差分放大电路就是利用这一特点，采用参数相同的三极管来进行补偿，从而有效地抑制零漂。在集成运放中多以差分放大电路作为输入级。

1）输入信号类型

将两个电路结构、参数均相同的单管放大电路组合在一起，就成为差分放大电路的基本形式，如图 4-1-6 所示。

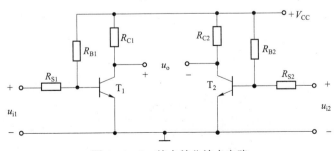

图 4-1-6　基本差分放大电路

在差分放大电路的两个输入端分别输入大小相等、极性相反的信号，即 $u_{i1} = -u_{i2}$，这种输入方式成为差模输入。差模输入方式下，差分放大电路总的输入信号称为差模输入信号，用 u_{id} 表示。u_{id} 为两输入端输入信号之差，即：

$$u_{id} = u_{i1} - u_{i2} \qquad (4-1-4)$$

或者

$$u_{i1} = -u_{i2} = \frac{u_{id}}{2} \qquad (4-1-5)$$

在差分放大电路的两个输入端分别输入大小相等、极性相同的信号，即 $u_{i1} = u_{i2}$，这种输入方式称为共模输入，所输入的信号称为共模输入信号，用 u_{ic} 表示。u_{ic} 与两输入端的输入信号有以下关系：

$$u_{ic} = u_{i1} = u_{i2} \qquad (4-1-6)$$

当差分放大电路的两个输入端的信号大小不等时，可将其分解为差模信号和共模信号。信号的输入方式如图 4-1-6 所示。差模输入信号可由式（4-1-4）表示，共模输入信号可以表示为

$$u_{ic} = \frac{u_{i1} + u_{i2}}{2} \qquad (4-1-7)$$

于是，加在两输入端上的信号可分解为

$$u_{i1} = u_{ic} + \frac{u_{id}}{2} \qquad (4-1-8)$$

$$u_{i2} = u_{ic} - \frac{u_{id}}{2} \qquad (4-1-9)$$

2）电压放大倍数

差分放大电路对差模输入信号的放大倍数叫作差模电压放大倍数，用 A_{ud} 表示，假设两边单管放大电路完全对称，且每一边单管放大电路的电压放大倍数为 A_{u1}，可以推出当输入差模信号时，A_{ud} 为

$$A_{ud} = \frac{u_o}{u_{id}} = \frac{u_{o1} - u_{o2}}{u_{i1} - u_{i2}} = \frac{2u_{o1}}{2u_{i1}} = A_{u1} \qquad (4-1-10)$$

式（4-1-10）表明，差分放大电路的差模电压放大倍数和单管放大电路的电压放大倍数相同。可以看出，差分放大电路的特点是，多用一个放大管后，虽然电压放大倍数没有增加，但是换来了对零漂的抑制。

差分放大电路对共模信号的放大倍数叫作共模电压放大倍数，用 A_{uc} 表示。可以推出，当输入共模信号时，A_{uc} 为：

$$A_{uc} = \frac{u_o}{u_{ic}} = \frac{u_{o1} - u_{o2}}{u_{i1}} = \frac{0}{u_{i1}} = 0 \qquad (4-1-11)$$

式（4-1-11）表明，差分放大电路对共模信号没有放大作用，这正是我们所希望的结果。因为共模信号就是由于外界干扰而产生的信号，如零漂信号，必须加以抑制。可以这样解释：差分放大电路具有对称结构，当有外界干扰时，例如温度变化，对两只管子的影响完全相同，因此在两输入端产生的输入信号也完全相同，这就是共模输入信号。

综上所述，差分放大电路对有效的差模信号有放大作用，而对无效的共模信号有抑制作

用。也就是说，要想放大输入信号，必须使两输入端的信号有差别。

3）共模抑制比

差分放大电路的共模抑制比用符号 K_{CMR} 表示，它定义为差模电压放大倍数与共模电压放大倍数之比，一般用对数表示，单位为分贝（dB），即：

$$K_{CMR} = 20\lg\left|\frac{A_{ud}}{A_{uc}}\right| \qquad (4-1-12)$$

共模抑制比描述差动放大电路对共模信号即零漂的抑制能力。K_{CMR} 越大，说明抑制零漂的能力越强。在理想情况下，差分放大电路两侧的参数完全对称，两管输出的零漂完全抵消，则共模电压放大倍数 $A_{uc} = 0$，共模抑制比 $K_{CMR} = \infty$。

对于基本形式的差分放大电路而言，由于内部参数不可能绝对比配，所以输出电压仍然存在零点漂移，共模抑制比很低；而且从每个管子的集电极对地电压来看，其零漂与单管放大电路相同，丝毫没有改善。因此，在实际应用中，我们要在基本差分放大电路的基础上加以改进，才能满足实际的需要。

3. 互补对称输出级

集成运放的输出级是向负载提供一定的功率，属于功率放大，一般采用互补对称的功率放大器。

图 4-1-7 所示为一个常见的互补对称输出级电路。其中 T_1 为 NPN 型三极管，T_2 为 PNP 型三极管。两管的发射极连在一起，然后通过负载电阻 R_L 接地。放大电路须用两路直流电源：$+V_{CC}$ 和 $-V_{CC}$。

当加上正弦输入电压 u_i 时，在正半周期，T_1 导电，T_2 截止。T_1 的集电极电流 i_{C1} 由 $+V_{CC}$ 流出，经 T 和 R_L 流入公共端。在负半周，T_2 导通，T_1 截止。i_{C2} 由公共端流经 R_L 和 T_2 到 $-V_{CC}$。负载电阻 R_L 上的电流是 i_{C1} 和 i_{C2} 的组合，即 $i_L \approx i_{C1} - i_{C2}$。当 u_i 为正弦波时，负载电流 i_L 和输出电压 u_o 基本上也是正弦波。

无论 T_1 或 T_2 导通，放大电路均工作在射极输出器状态，所以输出电阻低，带负载能力强。由图 4-1-7 可见，在三极管 T_1 和 T_2 的基极回路中，从直流电源 $+V_{CC}$ 到 $-V_{CC}$ 之间，接入一个由电阻和二极管组成的支路，其作用是减小失真，改善输出波形。假如没有这个支路，而将 T_1 和 T_2 的基极直接连在一起，再接到输入端，则在输入电压正半周与负半周的交界处，当 u_i 的幅度小于 T_1、T_2 输入特性曲线上的死区电压时，两管都不导通。也就是说，在 T_1、T_2 交替导通的过程中，将有一段时间两个三极管均截止。这种情况将导致 i_L 和 u_o 的波形发生失真，这种失真称为交越失真，如图 4-1-8 所示。

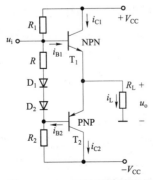

图 4-1-7　互补对称输出级

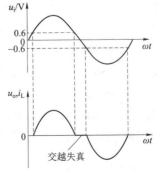

图 4-1-8　交越失真

为了消除交越失真，必须克服三极管死区电压的影响。方法是在 T_1 和 T_2 的基极之间接入一个导电支路，使静态时存在一个较小的电流从 $+V_{CC}$ 流经 R_1、R、D_1、D_1、R_2 到 $-V_{CC}$，在 T_1 和 T_2 的基极之间产生一个电位差，故静态时两只三极管已有较小的基极电流，因而两管也各有一个较小的集电极电流。当输入正弦电压 u_i 时，在正、负半周两管分别导通的过程中，将有一段短暂的时间 T_1、T_2 同时导通，避免了两管同时截止，因此交替过程比较平滑，减小了交越失真。

图 4-1-7 所示的互补对称输出级电路在实际的集成运放输出级得到广泛应用。

4.1.3 集成运算放大器的性能指标

集成运放性能的好坏，可用其参数来衡量。为了合理正确地选择和使用运放，必须明确其参数的意义。

1. 开环差模电压增益 A_{od}

A_{od} 是指运放在无外加反馈情况下的差模电压增益，常用对数表示，单位为 dB（分贝）。一般运放的 A_{od} 为 $60 \sim 120$ dB，性能较好的运放 $A_{od} > 140$ dB，A_{od} 是决定运放运算精度的重要指标。

2. 共模抑制比

共模抑制比是指运放的差模电压增益 A_{ud} 与共模电压增益 A_{uc} 之比，一般也用对数表示，即 $K_{CMR} = 20 \lg \left| \dfrac{A_{ud}}{A_{uc}} \right|$，一般运放的 K_{CMR} 为 $80 \sim 160$ dB。该指标用以衡量集成运放抑制零漂的能力。

3. 差模输入电阻

该指标是指开环情况下，输入差模信号时，运放的输入电阻。其定义为差模输入电压 u_{id} 与相应的输入电流 i_{id} 的变化量之比。R_{id} 用以衡量集成运放向信号源索取电流的大小。该指标越大越好，一般运放的 R_{id} 为 10 k$\Omega \sim 3$ MΩ。

4. 输入失调电压 U_{io}

它的定义是，为了使运放在零输入时零输出，在输入端所需要加的补偿电压。U_{io} 实际上就是输入电压为零时，输出电压折合到输入端的电压的幅值，其大小反映了运放电路的对称程度。U_{io} 越小越好，一般为 $\pm(0.1 \sim 10)$ mV。

5. 最大差模输入电压 U_{idm}

这是集成运放反相输入端与同相输入端之间能够承受的最大电压。若超过这个限度，输入级差分对管中的一个管子的发射极可能被反向击穿。若输入级由 NPN 管构成，则其 U_{idm} 约为 ± 5 V，若输入级含有横向 PNP 管，则 U_{idm} 可达 ± 30 V。

6. 单位增益带宽 BW_G 和开环带宽 BW_{Hf}

BW_G 指开环差模电压增益 A_{od} 下降到 0 dB（即 $A_{od} = 1$）时的信号频率，它与三极管的特征频率相类似。BW_G 用来衡量运放的一项重要品质因素——增益带宽积的大小。BW_{Hf} 则指 A_{od} 下降 3 dB 时的信号频率。BW_G 一般不高，为几十赫兹至几百千赫兹，低的只有几赫兹。

除上述指标外，还有转换速率、输入偏置电流、静态功耗、最大输出电压等。

4.2　放大电路中的反馈

4.2.1　反馈的基本概念

"反馈"这一名词，已用于现代生活的各个领域，然而，反馈的最初应用却是在自动控制系统和电子线路方面。

所谓反馈，就是把输出信号的一部分或全部反引回来，和输入信号作比较，再用比较所得的偏差信号去控制输出。这样做了之后，输出不但决定于输入，而且还决定于输出本身，这就有可能使电路能自动地根据输出本身的情况来调整输出，从而达到改善电路性能的目的。

反馈电路的方框图如图 4-2-1 所示。可以看出，引入反馈后放大电路可分为两部分，一部分是基本放大电路 A，一部分是反馈网络 F。图中箭头方向表示信号流通方向。x_i 是输入信号，x_o 是输出信号，x_f 是反馈信号，x_d 是输入信号与反馈信号的差或和（即反馈信号对输入信号的影响是减弱或是增强）。

通常将连接输入回路与输出回路的反馈元件，称为反馈网络；把没有引入反馈的放大电路，称为基本放大电路或开环放大电路；而把引入反馈的放大电路称为反馈放大电路或闭环放大电路。

在图 4-2-2 所示的放大电路中，静态工作时，只要适当地选择 R_{B1} 和 R_{B2}，基极电位 U_B 就可固定，然后用 R_E 两端的电压来反映输出直流电流 I_C 的大小变化。若 I_C 受某种因素的影响增大，U_E 也跟着增大，由于 U_B 固定，则 U_{BE} 减小，I_B 减小，I_C 减小，静态工作点稳定。这个过程就是将输出量 I_C，通过电阻 R_E 以电压的形式反馈到输入端，对输入量 U_{BE} 产生影响。

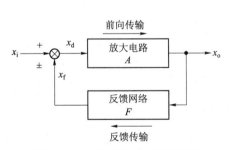

图 4-2-1　反馈放大电路方框图

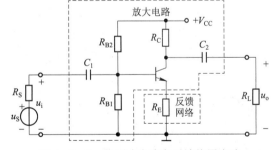

图 4-2-2　分压式电流负反馈偏置电路

4.2.2　反馈放大电路的类型及判别

1. 正反馈和负反馈

根据反馈信号对输入信号所起的作用可分为正反馈和负反馈。如果反馈信号增强了原来的输入信号对电路的作用，使电路的放大倍数增大，则称为正反馈；如果反馈信号削弱了输入信号对电路的作用，使电路的放大倍数减小，则称为负反馈。正反馈能使电路放大倍数增大，容易引起电路的自激振荡，使电路工作不稳定，但也可用来设计信号发生器。负反馈虽然会使放大倍数减小，但它增强了电路工作稳定性，因此在放大电路中常引入负反馈来改善放大电路的性能。

通常采用"瞬时极性法"判别放大电路中引入的是正反馈还是负反馈。先假定输入信号在某一瞬时极性为"+"，然后根据各级电路输入、输出电压相位关系（对于集成运放，u_o与u_+同相，u_o与u_-反相），逐级推出其他相关各点的瞬时极性，最后判断反馈到输入端的信号是增强了还是减弱了净输入信号。为了便于说明问题，在电路中用符号 $\oplus$ 和 $\ominus$ 分别表示瞬时极性的正和负，以表示该点电位上升或下降。

例如，在图 4-2-3（a）所示电路中，假设输入信号 u_i 在某一瞬时极性为"+"，由于输入信号加在集成运放的反相输入端，故输出电压 u_o 的瞬时极性为"−"，而反馈电压 u_f 是经电阻对 u_o 分压后得到的，因此反馈电压 u_f 的瞬时极性也为"−"，并且加在了集成运放的同相输入端。集成运放的净输入电压即差模输入电压为 $u_i' = u_{id} = u_i - u_f$，$u_f$ 的瞬时极性为"−"表示电位下降，则 u_i' 增大，所以引入的反馈是正反馈。

在图 4-2-3（b）所示电路中，假设输入信号 u_i 在某一瞬时极性为"+"，由于输入信号加在集成运放的同相输入端，故输出电压 u_o 的瞬时极性为"+"，则 u_o 经电阻分压后得到的反馈电压 u_f 的瞬时极性也为"+"，表示电位上升，此时集成运放的净输入电压 $u_i' = u_{id} = u_i - u_f$ 减小，因此引入的反馈是负反馈。

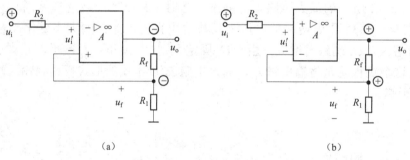

图 4-2-3 正反馈与负反馈

（a）正反馈；（b）负反馈

2. 电压反馈和电流反馈

根据反馈信号在放大电路输出端不同的采样方式，可分为电压反馈和电流反馈。在电压反馈中，反馈信号取自输出电压，或者说反馈信号与输出电压成正比；在电流反馈中，反馈信号取自输出电流，或者说反馈信号与输出电流成正比。

判断是电压反馈还是电流反馈，可采用"负载短路法"。假设将放大电路的负载 R_L 短路，即输出电压为零，此时若反馈信号也为零，则说明反馈信号与输出电压成正比，属于电压反馈；反之，如果反馈信号依然存在，则表示反馈信号不与输出电压成正比，属于电流反馈。

例如图 4-2-4（a）所示电路中，假设输出端负载 R_L 短接，即 $u_o = 0$，则反馈电阻 R_f 相当于接在集成运放的反相输入端和地之间，反馈通路消失，反馈信号不存在，故该反馈是电压反馈。在图 4-2-4（b）所示电路中，如果将负载 R_L 短接，反馈信号 u_f 依然存在，则是电流反馈。

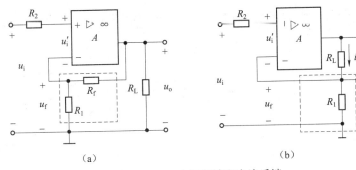

图 4-2-4　电压反馈和电流反馈

(a) 电压反馈；(b) 电流反馈

3. 串联反馈和并联反馈

根据放大电路输入端输入信号和反馈信号的比较方式，反馈又可分为串联反馈和并联反馈。如果反馈信号与输入信号进行电压比较，即反馈信号与输入信号是串联连接，则称为串联反馈。如果反馈信号与输入信号在输入端进行电流比较，即反馈信号与输入信号并联连接，则称为并联反馈。

判断电路是串联反馈还是并联反馈，可采用输入回路的反馈节点"对地短路法"。若反馈节点对地短路时，输入信号作用仍存在，则说明反馈信号和输入信号相串联，故所引入的反馈是串联反馈。若反馈节点接地时，输入信号作用消失，则说明反馈信号和输入信号相并联，故所引入的反馈是并联反馈。

例如图 4-2-5 (a) 中，如果将反馈节点 a 接地，输入信号 u_i 仍然能够加到放大电路中，即加在集成运放的同相输入端，故所引入的反馈为串联反馈。由图可见输入电压 u_i 与反馈电压 u_f 进行电压比较，其差值为集成运放的差模输入电压；在图 4-2-5 (b) 中，假设将输入回路反馈节点 a 接地，输入信号 u_i 无法进入放大电路，而只是加在电阻 R_1 上，故所引入的反馈为并联反馈。由图可见输入电流 i_i 与反馈电流 i_f 进行电压比较，其差值为集成运放的反相输入端的电流差。

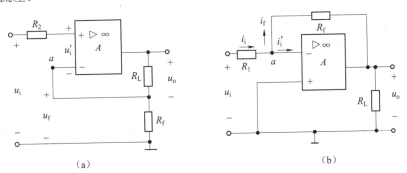

图 4-2-5　串联反馈和并联反馈

(a) 串联反馈；(b) 并联反馈

通过上面的分析可以发现，若是串联反馈，反馈信号以电压的形式存在；若是并联反馈，反馈信号以电流的形式存在。

【例 4-2-1】在图 4-2-6 所示电路中引入了何种反馈？试判断其反馈极性和反馈类型。

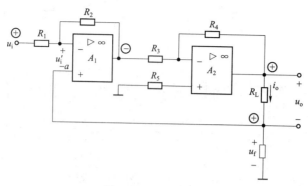

图 4-2-6 电路图

解：该电路是两级放大电路，电阻 R_2 和 R_4 引入的是局部反馈，即对于第一级集成运放 A_1 由 R_2 引入了电压并联负反馈，对于第二级 A_2 由 R_4 引入的也是电压并联负反馈。另外，还有一条导线将输出回路和输入回路连接了起来，因此整个电路也引入了反馈，故将此称为级间反馈。通常主要讨论的是级间反馈。

根据瞬时极性法，假设输入信号 u_i 的瞬时极性为"+"，经过集成运放 A_1 和 A_2 后，输出电压 u_o 的瞬时极性为"+"，反馈电压 u_f 的瞬时极性也为"+"，由此可判断出反馈电压增大，则净输入电压 $u_i' = u_i - u_f$ 减小，所以说该反馈是负反馈；将输入端反馈节点 a 接地，输入信号仍可从反相端输入，故是串联反馈；在输出端将 R_L 短接，由于输出电流的作用，反馈电压 u_f 依然存在，所以是电流反馈，由此可得该电路所引入的反馈是电流串联负反馈。

在以上所讲的各种类型的反馈电路中，我们主要讨论其中的负反馈电路。由于反馈信号在输出端可以采样于输出电压或电流，在输入端与输入信号可以串联或并联。因此它们可以有四种组合，称为负反馈的四种组态，即：电压串联负反馈、电压并联负反馈、电流串联负反馈、电流并联负反馈。它们的电路图如图 4-2-7 所示。

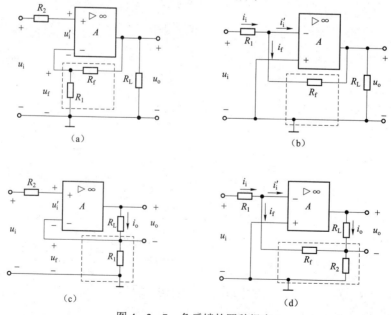

图 4-2-7　负反馈的四种组态

（a）电压串联负反馈；（b）电压并联负反馈；（c）电流串联负反馈；（d）电流并联负反馈

4.2.3　负反馈放大器的基本关系式

负反馈放大电路的方框图如图 4-2-1 所示。

由方框图可知，基本放大电路的放大倍数，也称为开环增益为：

$$A = \frac{x_o}{x_d} \qquad (4-2-1)$$

反馈网络的反馈系数为：

$$F = \frac{x_f}{x_o} \qquad (4-2-2)$$

反馈放大电路的闭环放大倍数，即闭环增益为：

$$A_f = \frac{x_o}{x_i} \qquad (4-2-3)$$

净输入信号：

$$x_d = x_i - x_f$$

反馈信号为：

$$x_f = F x_o = F A x_d$$

根据上式，整理可得：

$$A_f = \frac{x_o}{x_i} = \frac{A}{1 + AF} \qquad (4-2-4)$$

式（4-2-1）、式（4-2-2）、式（4-2-3）、式（4-2-4）就是负反馈放大器的基本关系式，负反馈放大器的其他许多特点就是在这些关系式的基础上推导出来的。式中的 x 既可以是电流，也可是电压，因此它表示的放大倍数和反馈系数都是广义的，对于不同的负反馈组态，它们均有不同的含义。

从式（4-2-4）可以看出，负反馈放大器的闭环放大倍数是开环的基本放大电路放大倍数的 $1/(1+AF)$ 倍，式中的 $1+AF$ 称为反馈深度。放大电路引入反馈后的放大倍数 A_f，与反馈深度有关。当 $1+AF > 1$ 时，$A_f < A$，即引入反馈后，放大倍数减小了，说明放大电路引入的是负反馈；当 $1+AF < 1$ 时，$A_f > A$，即引入反馈后，放大倍数比原来增大了，说明放大电路引入的是正反馈；当 $1+AF = 0$，即 $AF = -1$ 时，$A_f \to \infty$，说明放大电路在没有输入信号时，也有输出信号，放大电路产生了自激振荡。

正、负反馈具有截然不同的作用，引入负反馈可以改善放大电路的性能，例如扩展通频带，减小非线性失真，改变输入电阻、输出电阻等。引入正反馈则不仅不能使放大电路稳定地输出信号，而且还会产生自激振荡，甚至破坏放大电路的正常工作。但是，正反馈也不是一无是处，有时为了产生正弦波或其他波形信号，有意在放大电路中引入正反馈，使之产生自激振荡。

在负反馈的情况下，如果反馈深度 $1+AF \gg 1$，则称为深度负反馈，这时式（4-2-4）可简化为

$$A_f = \frac{A}{1+AF} \approx \frac{1}{F} \qquad (4-2-5)$$

式（4-2-5）表明，在深度负反馈条件下，闭环放大倍数与开环放大倍数无关，只取决于反馈系数 F。由于反馈网络常常是无源网络，受环境温度等外界因素的影响极小，因此放大倍数可以保持很高的稳定性。

4.2.4 负反馈对放大电路性能的改善

1. 稳定放大倍数

放大电路的放大倍数取决于放大器件的性能参数以及电路元件的参数，当环境温度发生变化、器件老化、电源电压波动以及负载变化时，都会引起放大倍数发生变化，为了提高放大倍数的稳定性，常常在放大电路中引入负反馈。

加了负反馈以后，当开环放大倍数变化了 $\mathrm{d}A$，则由式（4-2-4）可知，闭环放大倍数的变化量 $\mathrm{d}A_f$ 应为

$$\frac{\mathrm{d}A_f}{\mathrm{d}A} = \frac{(1+AF)-AF}{(1+AF)^2} = \frac{1}{(1+AF)^2}$$

$$\mathrm{d}A_f = \frac{\mathrm{d}A}{(1+AF)^2} \qquad (4-2-6)$$

即开环放大倍数变化了 $\mathrm{d}A$，闭环放大倍数相应变化了 $\mathrm{d}A/(1+AF)^2$。

通常，用有、无反馈两种情况下放大倍数的相对变化量的比值来衡定放大倍数的稳定程度，即将式（4-2-6）等号两边分别除以式（4-2-4）左右两边，可得

$$\frac{\mathrm{d}A_f}{A_f} = \frac{1}{1+AF} \cdot \frac{\mathrm{d}A}{A} \qquad (4-2-7)$$

式（4-2-7）表明，引入负反馈后，A_f 的相对变化量仅为其基本放大电路放大倍数 A 的相对变化量的 $(1+AF)$ 分之一，也就是说 A_f 的稳定性是 A 的 $(1+AF)$ 倍。

2. 减小非线性失真

所谓放大器的非线性，就是放大倍数随信号的大小变化。所以，一个非线性电路将会把输入的正弦信号变成一个非正弦的输出信号，即产生非线性失真。

假设基本放大电路产生正半周输出增大，即正弦波信号输入时，输出信号的正半周幅度大于负半周。引入负反馈后，由于反馈量正比于输出量，对应的输出信号正半周，反馈量大，对应输出信号的负半周，反馈量小。于是基本放大电路的净输入为：对应输出信号正半周的净输入幅度小，对应输出信号负半周的净输入幅度大，经放大后输出信号正半周幅度提升多，负半周输出信号幅度提升少，使输出信号正负半周幅度偏差减小。经过几轮调整后，基本上获得接近正弦波信号的输出，改善了放大电路的非线性失真。如图4-2-8所示。

3. 展宽通频带

负反馈扩展放大器的通频带的过程和负反馈提高放大倍数的恒定性过程实质上是相同的。负反馈降低了由于信号频率变化而引起的放大倍数的不稳定程度，结果表现为扩展了放大器的通频带。具体来讲，就是加上负反馈以后，对于同样大小的输入信号，在中频区由于

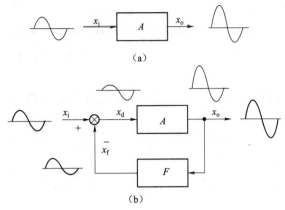

图 4-2-8　利用负反馈减小非线性失真

（a）无反馈时出现非线性失真；（b）引入反馈

输出信号较大，因而反馈信号也较大，于是输入信号就被削弱较大，从而输出信号降低较大；在高频区和低频区，由于信号较小，于是输入信号被削弱较小，从而输出信号降低较小。这样一来，高、中、低三个频区上的放大倍数就比较均匀，放大器的通频带也就加宽了。

4. 改变输入电阻和输出电阻

1）负反馈对输入电阻的影响

输入电阻是从放大电路输入端看进去的等效电阻，因而负反馈对输入电阻的影响取决于基本放大电路和反馈网络在输入端的连接方式，即取决于所引入的反馈是串联负反馈还是并联负反馈。

（1）串联负反馈使输入电阻增大：串联负反馈的输入回路是取电压信号，负反馈电压使信号源提供电流减小，输入电阻增大。串联负反馈的输入电阻为未加反馈时的 $(1+AF)$ 倍。

（2）并联负反馈使输入电阻减小：并联负反馈的输入回路是取电流信号，负反馈电流使信号源提供电流增大，输入电阻减小。并联负反馈的输入电阻为未加反馈时的 $1/(1+AF)$。

2）负反馈对输出电阻的影响

输出电阻是从放大电路输出端看进去的等效电阻，因而负反馈对输出电阻的影响取决于反馈网络在输出端的取样方式，即取决于所引入的反馈是电压负反馈还是电流负反馈。

（1）电压负反馈稳定输出电压，并使输出电阻减小：假设输入信号不变，由于某种原因使输出电压增大，因为是电压反馈，反馈信号和输出电压成正比，因此反馈信号也将增大，则净输入信号减小，输出电压随之减小。可见，引入电压负反馈后，通过负反馈的自动调节作用，使输出电压趋于稳定，因此电压负反馈稳定了输出电压。这种稳定电压的作用，使得在外加负载变化时，输出电压变化很小，这样从输出端来看，相当于一个恒压源，故输出电阻很小。电压负反馈的输出电阻为未加反馈时的 $1/(1+AF)$。

（2）电流负反馈稳定输出电流，并使输出电阻增大：假设输入信号不变，由于某种原因使输出电流减小，因为是电流反馈，反馈信号和输出电流成正比，所以反馈信号也将减小，则净输入信号就增大，经基本放大电路放大后，输出电流跟着增大。可见，引入电流负反馈后，通过负反馈的自动调节作用，最终使输出电流趋于稳定，因此电流负反馈稳定输出电流。这样从输出端来看，相当于一个恒流源，故输出电阻很大。电流负反馈的输出电阻为未加反

馈时的 $(1+AF)$ 倍。

总之,负反馈使放大电路多方面的性能得到了改善,因此,在设计放大电路的时候,可以根据实际需要,引入合适的反馈。不同类型的负反馈所产生的影响也不同,可以概括为以下几点:

(1)为了稳定静态工作点,应引入直流负反馈;为了改善电路的动态性能,应引入交流负反馈。

(2)为了增大放大电路的输入电阻,应引入串联负反馈;为减小放大电路的输入电阻,应引入并联负反馈。

(3)当负载需要稳定的电压信号时,应引入电压负反馈;当负载需要稳定的电流信号时,应引入电流负反馈。

(4)根据不同类型负反馈电路的输入、输出关系,在需要进行变换时,应选择合适的反馈类型。例如,若将电流信号转换成电压信号,应在放大电路中引入电压并联负反馈;若将电压信号转换成电流信号,应在放大电路中引入电流串联负反馈。

4.3 集成运放组成的运算电路

4.3.1 理想运算放大器的技术指标

在分析集成运放的各种应用电路时,常常将其中的集成运放看成是一个理想的运算放大器。所谓理想运放就是将集成运放的各项技术指标理想化,即认为集成运放的各项指标为:

开环差模电压增益 $A_{od} = \infty$;

差模输入电阻 $R_{id} = \infty$;

输出电阻 $R_o = 0$;

共模抑制比 $K_{CRM} = \infty$;

输入失调电压、失调电流以及它们的零漂均为零。

实际的集成运放当然达不到上述理想化的技术指标,但由于集成运放工艺水平的不断提高,集成运放产品的各项性能指标愈来愈好。因此,一般情况下,在分析估算集成运放的应用电路时,将实际运放看成理想运放所造成的误差,工程上是允许的。后面的分析中,如无特别说明,均将集成运放作为理想运放进行讨论。

4.3.2 理想运放工作在线性区的特点

在集成运放的各种应用中,其工作范围可有两种情况,即工作在线性区或非线性区。当工作在线性区时,集成运放的输出电压与输入电压之间为线性放大关系,即

$$u_o = A_{od}(u_+ - u_-)$$

由于 u_o 为有限值,而理想运放的 $A_{od} = \infty$,因此净输入电压可看作

$$u_+ - u_- = \frac{u_o}{A_{od}} = 0$$

因此有:

$$u_+ = u_-$$ (4-3-1)

式（4-3-1）表示理想运放的同相输入端电位与反相输入端电位相等，两个输入端如同短路一样，但是实际上并未真正短路，故称两个输入端为"虚短"。

同样，由于理想运放的差模输入电阻 $R_{id} = \infty$，可以看作两个输入端是"断开"的，故输入电流均为零，即在图 4-3-1 中，

$$i_+ = i_- = 0$$ (4-3-2)

式（4-3-2）表示集成运放的两个输入端输入运放的电流都为零，如同断路一样，但是又不是真正断路，因此称两个输入端为"虚断"。

"虚短"和"虚断"是理想运放工作在线性区的两个重要结论，也是今后分析集成运放线性应用电路的重要依据。

4.3.3　比例运算电路

1. 反相比例运算电路

图 4-3-2 是反相比例运算电路。输入电压 u_i 通过 R_1 接入运放的反相输入端，R_1 的作用与信号源内阻类似。输出电压 u_o 通过反馈电阻 R_f 回送到运放的反相输入端，可以判断出电路中引入的是电压并联负反馈。同相输入端通过电阻 R_b 接地，R_b 为补偿电阻，也称平衡电阻，主要用来保证集成运放输入级差分放大电路的对称性，$R_b = R_1 /\!/ R_f$。

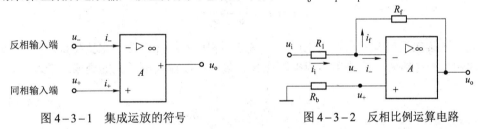

图 4-3-1　集成运放的符号　　　　　图 4-3-2　反相比例运算电路

根据理想运放工作在线性区的"虚断"的特点，即 $i_+ = i_- = 0$，可知电阻 R_b 上没有压降，则 $u_+ = 0$。又由"虚短"特点 $u_+ = u_-$，可得

$$u_+ = u_- = 0$$

上式说明集成运放两个输入端的电位均为零，如同这两点接地一样，故称为"虚地"。"虚地"是反相比例运算电路的重要特征，它表明了运放两输入端没有共模信号电压，因此对集成运放的共模参数要求较低。

根据 $i_+ = i_- = 0$，由图 4-3-2 可见：

$$i_i = i_f$$

$$\frac{u_i - u_-}{R_i} = \frac{u_i - u_o}{R_f}$$

因为 $u_+ = u_- = 0$，所以输出电压与输入电压的关系为：

$$u_o = -\frac{R_f}{R_1} u_i$$ (4-3-3)

式（4-3-3）表明电路的输出电压与输入电压成正比，负号表示输出信号与输入信号反

相，故称为反相比例运算电路。

由式（4-3-3）可得电路的电压放大倍数为：

$$A_{uf} = \frac{u_o}{u_i} = -\frac{R_f}{R_1} \qquad (4-3-4)$$

可见反相比例运算电路的电压放大倍数仅由外接电阻 R_f 与 R_1 之比来决定，与集成运放参数无关。由于反相输入端"虚地"，根据输入电阻的定义，可得：

$$R_{if} = R_1$$

由上面分析可知，虽然理想运放的输入电阻为无穷大，但由于电路引入的是并联负反馈，因此反相比例运算电路的输入电阻不大。因为电路引入的是深度电压负反馈，并且 $1 + AF = \infty$，所以输出电阻

$$R_o = 0$$

2. 同相比例运算电路

图 4-3-3 是同相比例运算电路。输入信号通过 R_b 接入运放的同相输入端，电路引入的是电压串联负反馈。

根据"虚短"和"虚断"的概念，可得：

$$u_- = u_+ = u_i$$

$$u_i = u_- = \frac{R_1}{R_1 + R_f} u_o$$

上式表明集成运放有共模输入电压 u_i，这是同相比例运算电路的主要特征。它要求在组成同相比例运算电路时，应选用共模抑制比高、最大共模输入电压大的集成运放。

$$u_o = \left(1 + \frac{R_f}{R_1}\right) u_+ = \left(1 + \frac{R_f}{R_1}\right) u_i \qquad (4-3-5)$$

$$A_{uf} = \frac{u_o}{u_i} = 1 + \frac{R_f}{R_1} \qquad (4-3-6)$$

平衡电阻 $R_b = R_1 /\!/ R_f$。由于是电压串联负反馈，可认为输入电阻为无穷大，输出电阻为零。

对于同相比例运算电路，当 $R_f = 0$，$R_1 = \infty$ 时，电路变为如图 4-3-4 所示的电路，此时 $A_f = 1$，即输出电压与输入电压大小相等、相位相同，这种电路称为电压跟随器。它具有很大的输入电阻和极小的输出电压，类似于共集电极放大器，当然，它的性能远比共集电极放大器好。

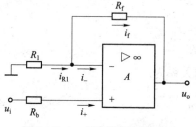

图 4-3-3　同相比例运算电路

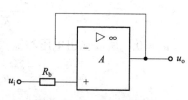

图 4-3-4　电压跟随器

4.3.4　加法电路

反相输入加法运算电路如图 4-3-5 所示，与基本反相比例运算电路不同之处在于反相输入端同时有多路信号输入。由图可得：

$$u_- = u_+ = 0$$

$$i_1 = \frac{u_{i1}}{R_1}, \quad i_2 = \frac{u_{i2}}{R_2}, \quad i_3 = \frac{u_{i3}}{R_3}$$

因为 $i_f = i_1 + i_2 + i_3$，所以：

$$\frac{u_- - u_o}{R_f} = \frac{u_{i1}}{R_1} + \frac{u_{i2}}{R_2} + \frac{u_{i3}}{R_3}$$

$$u_o = -R_f \left(\frac{u_{i1}}{R_1} + \frac{u_{i2}}{R_2} + \frac{u_{i3}}{R_3} \right) \tag{4-3-7}$$

可见，输出电压 u_o 正比于三个输入电压 u_{i1}、u_{i2}、u_{i3} 之和，因比例系数为负，所以称该电路为反相加法器电路。图 4-3-5 中为了使运放电路的两输入端电阻匹配，接一个平衡电阻 $R_b = R_1 /\!/ R_2 /\!/ R_3 /\!/ R_f$。

当 $R_b = R_1 /\!/ R_2 /\!/ R_3 /\!/ R_f$ 时，

$$u_o = -(u_{i1} + u_{i1} + u_{i1}) \tag{4-3-8}$$

【例 4-3-1】图 4-3-6 所示电路为一同相比例加法电路。试写出其输出电压的表达式。

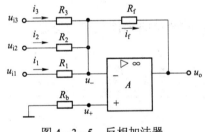

图 4-3-5　反相加法器

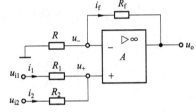

图 4-3-6　同相比例加法电路

解： 因为 $i_+ = i_- = 0$，所以 $i_1 = -i_2$，即：

$$\frac{u_{i1} - u_+}{R_1} = -\frac{u_{i2} - u_+}{R_2}$$

所以：

$$u_+ = \frac{R_2 u_{i1} + R_1 u_{i2}}{R_1 + R_2}$$

在反馈回路端，有

$$u_o = \frac{u_-}{R}(R + R_f) = \left(1 + \frac{R_f}{R} \right) u_-$$

因为 $u_- = u_+$，所以：

$$u_o = \left(1 + \frac{R_f}{R} \right) u_- = \frac{R_2 u_{i1} + R_1 u_{i2}}{R_1 + R_2} \left(1 + \frac{R_f}{R} \right)$$

4.3.5 减法电路

当两个输入信号分别加在运放的同相输入端和反相输入端时，此时的电路就是减法运算电路，如图 4-3-7 所示。

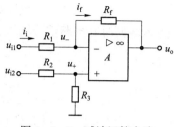

$$u_+ = \frac{R_3}{R_3 + R_2} u_{i2}$$

$$\frac{u_{i1} - u_-}{R_1} = \frac{u_- - u_o}{R_f}$$

图 4-3-7 减法运算电路

因为 $u_+ = u_-$，整理上式得：

$$u_o = -\frac{R_f}{R_1} u_{i1} + \left(1 + \frac{R_f}{R_1}\right) \cdot \frac{R_3}{R_2 + R_3} u_{i2} \qquad (4-3-9)$$

当 $R_1 = R_2$，$R_f = R_3$ 时：

$$u_o = \frac{R_f}{R_1} (u_{i2} - u_{i1}) \qquad (4-3-10)$$

减法运算也可以利用线性叠加定理进行求解，当 u_{i1}、u_{i2} 共同作用时，输出电压 u_o 为各个电压单独作用时的输出电压之和，即当反相端输入信号 u_{i1} 单独作用时，令 $u_{i2} = 0$，此时电路为反相比例运算电路，输出电压 u_{o1} 为：

$$u_{o1} = -\frac{R_f}{R_1} u_{i1}$$

当同相端输入信号 u_{i2} 单独作用时，令 $u_{i1} = 0$，此时电路为同相比例运算电路。由于 $u_+ = u_-$，由图可得：

$$u_{o2} = \left(1 + \frac{R_f}{R_1}\right) \cdot u_- = \left(1 + \frac{R_f}{R_1}\right) \cdot u_+ = \left(1 + \frac{R_f}{R_1}\right) \cdot \frac{R_3}{R_2 + R_3} u_{i2}$$

则

$$u_o = u_{o1} + u_{o2} = -\frac{R_f}{R_1} u_{i1} + \left(1 + \frac{R_f}{R_1}\right) \cdot \frac{R_3}{R_2 + R_3} u_{i2}$$

减法电路也叫差动运算电路。差动放大器放大差模信号，抑制共模信号，所以除了进行减法运算外，还广泛地应用于放大具有强烈共模干扰的微小信号。

【例 4-3-2】试用一个运算放大器完成如下运算关系：$u_o = 2u_{i2} - 4u_{i1}$，且要求每路输入电阻不小于 10 kΩ。

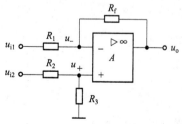

图 4-3-8 例 4-3-2 的图

解：从运算表达式可以看出，本题要求有两个输入，且两个输入信号的关系是相减关系，故可用减法电路来实现。符合题目要求的运算放大器的形式如图 4-3-8 所示。

选 $R_1 = 15\,\text{k}\Omega$，则 $R_f = 4R_1 = 60\,\text{k}\Omega$，$R_2 = R_f / 2 = 30\,\text{k}\Omega$。

且根据两输入端电阻平衡条件，有 $R_1 // R_f = R_2 // R_3$，解得：

$$R_3 = 20\,\text{k}\Omega。$$

对所求结果进行检验：

$$u_{o1} = -\frac{R_f}{R_1}u_{i1} = -4u_{i1}$$

$$u_{o2} = \left(1 + \frac{R_f}{R_1}\right) \cdot \frac{R_3}{R_2 + R_3}u_{i2} = (1+4)\frac{20}{20+30}u_{i2} = 2u_{i2}$$

$$u_o = u_{o1} + u_{o2} = -4u_{i1} + 2u_{i2}$$

【**例 4 - 3 - 3**】电路如图 4 - 3 - 9 所示，A_1、A_2 为理想运放。

（1）写出 $A_u = u_o / u_i$ 的表达式；

（2）写出输入电阻 $R_i = u_i / i_i$ 的表达式，并讨论该电路能够稳定工作的条件。

解：（1）两个运放都外加有负反馈，所以都工作在线性区。并且运放 A_2 又构成了运放 A_1 的反馈网络。从图 4 - 3 - 9 中可以看出，A_1 构成的电路是反相比例电路，所以

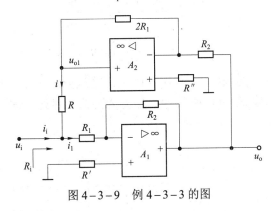

图 4 - 3 - 9　例 4 - 3 - 3 的图

$$u_o = -\frac{R_2}{R_1}u_i$$

$$A_u = \frac{u_o}{u_i} = -\frac{R_2}{R_1}$$

（2）这又是一个由理想运放构成的高输入阻抗放大器，求其输入电阻 R_i。

$$i_i = i_1 - i = \frac{u_i}{R_1} - \frac{u_{o1} - u_i}{R}$$

又

$$u_o = -\frac{R_2}{R_1}u_i$$

$$u_{o1} = -\frac{2R_1}{R_2}u_o = 2u_i$$

所以

$$i_i = \frac{R - R_1}{R_1 R}u_i$$

$$R_i = \frac{u_i}{i_i} = \frac{u_i}{\dfrac{R - R_1}{R_1 R}u_i} = \frac{RR_1}{R - R_1}$$

当 $R - R_1 \to 0$ 时，$R_i \to \infty$。一般为防止自激，以保证 R_i 为正值，且 R 要略大于 R_1。

4.3.6 积分电路

积分电路是模拟计算机中的基本单元，也是控制和测量系统中的重要单元。利用它的充

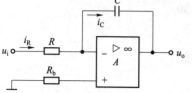

图4-3-10 积分电路

放电过程可以实现延时、定时及产生各种波形。

要实现信号的积分运算可采用如图 4-3-10 所示的积分运算电路。由于 $i_+ = i_- = 0$，可得 $u_+ = 0$，又因为 $u_+ = u_-$，可得 $u_- = 0$。因为电容两端电压与电流的关系为

$$i = C\frac{du_C}{dt}$$

因此

$$\frac{u_i - 0}{R} = \frac{d(0 - u_o)}{dt} \cdot C = -\frac{du_o}{dt} \cdot C$$

$$u_o = -\frac{1}{RC}\int u_i dt \qquad (4-3-11)$$

式（4-3-11）表示输出电压 u_o 与输入电压 u_i 的积分成正比，故能完成积分运算功能，RC 又称为积分时间常数。积分电路在输入信号为直流信号时，输出电压波形如图 4-3-11 所示。

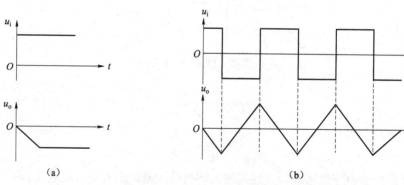

图4-3-11 积分电路的输入输出波形

（a）积分电路的输入输出波形；（b）积分电路用于方波—三角波转换

如果需要求某一时间段 $[t_1, t_2]$ 内的积分值，则有

$$u_o = -\frac{1}{RC}\int_{t_1}^{t_2} u_i(t)dt + u_o(t_1) \qquad (4-3-12)$$

【例4-3-4】写出图 4-3-12 所示电路的输出电压表达式。

解： 在运放的反相输入端，由于电流 $i_1 = i_f$，所以

$$C\frac{d(u_o - u_-)}{dt} = \frac{u_-}{R}$$

经整理，得：

$$\frac{du_o}{dt} - \frac{du_-}{dt} = \frac{u_-}{RC}$$

①

而在同相输入端，电流 $i_2 = i_3$，有：

$$C \frac{\mathrm{d}u_+}{\mathrm{d}t} = \frac{u_i - u_+}{R}$$

经整理，得：

$$\frac{\mathrm{d}u_+}{\mathrm{d}t} = \frac{u_i}{RC} - \frac{u_+}{RC}$$

因为 $u_- = u_+$，①＋②得

$$\frac{\mathrm{d}u_o}{\mathrm{d}t} = \frac{u_i}{RC}$$

$$u_o = \frac{1}{RC} \int u_i \mathrm{d}t$$

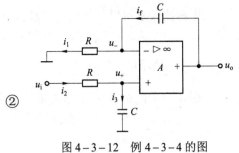

图 4-3-12　例 4-3-4 的图

4.3.7　微分电路

如果将图 4-3-10 积分电路中反相输入端的电阻与反馈网络中的电容位置互换，就构成了微分运算电路，如图 4-3-13 所示。由图可知：

$$i_C = i_R，\quad u_+ = u_- = 0$$

$$C \frac{\mathrm{d}(u_i - 0)}{\mathrm{d}t} = \frac{0 - u_o}{R}$$

$$u_o = -RC \cdot \frac{\mathrm{d}u_i}{\mathrm{d}t} \tag{4-3-13}$$

式（4-3-13）表明输出电压 u_o 与输入电压 u_i 的微分成正比，可实现微分运算。微分电路在输入为直流电压时，输出波形如图 4-3-14 所示。

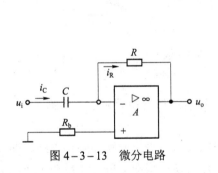

图 4-3-13　微分电路

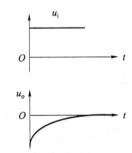

图 4-3-14　微分电路的输入输出波形

4.4　电压比较器

电压比较器的作用是对两个输入电压进行比较，并根据比较结果输出高电平或低电平，用来表示两个输入电压的大小关系。

比较器中，输出信号只有两种可能的状态，即高电平或低电平。我们可以认为，比较器的输入信号是连续变化的模拟量，而输出信号则是数字量，即"0"或"1"。因此，比较器可以作为模拟电路和数字电路的"接口"，并广泛用于 A/D 和 D/A 转换电路、数字仪表、自动控制和自动检测等技术领域。此外，它还是波形产生和变换的基本单元电路。

电压比较器可以用集成运算放大器构成，也可采用专用的集成电压比较器。本节主要介绍集成运放组成的电压比较器的组成和工作原理。这也是集成运放在非线性工作区的应用。

4.4.1　过零电压比较器

图4-4-1（a）所示电路就是一个简单的电压比较器。u_i为输入信号，U_R为基准电压（即参考电压）。运算放大器处在开环状态，由于电压放大倍数极高，因而输入端之间只要有微小电压，运算放大器便进入非线性工作区域，输出电压u_o达到最大值U_{OM}，即当$u_i < U_R$时，$u_o = U_{OM}$；$u_i > U_R$时，$u_o = -U_{OM}$。U_{OM}的值接近于运放的供电电源$\pm E$。输入与输出电压之间的关系即传输特性如图4-4-1（b）。

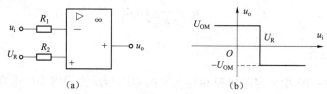

图4-4-1　电压比较器

（a）电路；（b）电压传输特性

这样可以根据输出电压是高（$+U_{OM}$）或是低（$-U_{OM}$）来判断输入信号是低于或高于基准电压。

若基准电压$U_R = 0$时，输入电压u_i与零电位比较，这个电路称为过零比较器。其电路图和传输特性如图4-4-2所示。

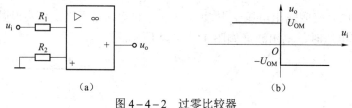

图4-4-2　过零比较器

（a）电路；（b）电压传输特性

电压比较器广泛应用在模/数接口、电平检测及波形变换等领域。如图4-4-3所示为用过零比较器把正弦波变换为矩形波的例子。

若希望减小比较器的输出电压幅值，常在比较器的输出回路加限幅电路，即在输出端接双向稳压管进行双向限幅。为了防止输入信号过大损坏集成运放，还可在集成运放的两个输入端并联二极管，如图4-4-4所示电路即为具有输入保护和输出限幅功能的电压比较器。设稳压管的稳定电压为U_Z，忽略稳压管的正向导通电压，则$u_i > U_R$时，稳压管正向导通，$u_o = -U_Z$；$u_i < U_R$时，稳压管反向击穿，$u_o = +U_Z$。

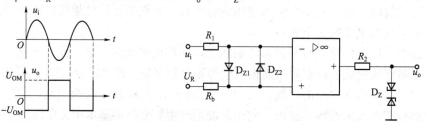

图4-4-3　过零比较器的应用　　图4-4-4　具有输入保护和输出限幅功能的电压比较器

4.4.2 回滞电压比较器

简单电压比较器虽然简单，但它的缺点也非常明显，主要是抗干扰能力差。当输入信号有干扰时，输出的状态可能随干扰翻转，导致比较器工作不稳定。图 4-4-5 就是过零比较器的输入端有干扰时的输出波形。为了提高抗干扰能力，可采用具有滞回特性的比较器。

常用的滞回电压比较器原理图如图 4-4-6(a)所示，图中将输出信号反馈到同相输入端构成一个正反馈闭环系统，该电路是一种典型的由运放构成的双稳态触发器，又称施密特触发器。

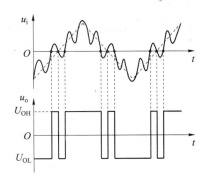

图 4-4-5 输入信号有干扰时过零比较器的输入输出波形

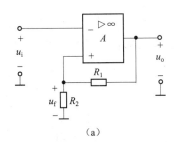 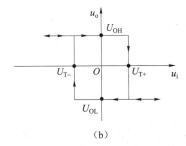

图 4-4-6 滞回电压比较器

(a) 电路；(b) 电压传输特性

因为集成运放具有很高的开环电压增益，所以同相输入端（＋）与反向输入端（－）只需很小的电压（约 ±1 mV），就能使输出端的电压接近于电源电压。因此，电路一旦接通，输出端就会处于高电位 U_{OH}，或处于低电位 U_{OL}。其工作原理分析如下：

（1）设输出端处在高电平 U_{OH} 状态，则经 R_1、R_2 分压后，反馈电压

$$u_f = \frac{R_2}{R_1 + R_2} U_{OH} = U_{T+} \qquad (4-4-1)$$

只要输入电压 $u_i < U_{T+}$，输出端就能始终保持在高电平 U_{OH} 状态（稳态之一）。只有当 $u_i > U_{T+}$ 时，才能使输出端由高电平 U_{OH} 跳变到低电平 U_{OL}。通常 U_{T+} 称为上门限电压或关闭电压。

（2）设输出端处在低电平 U_{OL} 状态，则经 R_1、R_2 分压后，反馈电压 u_f 为

$$u_f = \frac{R_2}{R_1 + R_2} U_{OL} = U_{T-} \qquad (4-4-2)$$

只要输入电压 $u_i > U_{T-}$，输出端就能始终保持在低电平 U_{OL} 状态（稳态之一）。只有当 $u_i < U_{T-}$ 时，才能使输出端由低电平 U_{OL} 跳变到高电平 U_{OH}。通常 U_{T-} 称为下门限电压或开启电压。

两个门限电压的差称为门限宽度或回差电压，用 ΔU_T 表示，即：

$$\Delta U_T = U_{T+} - U_{T-} \qquad (4-4-3)$$

门限宽度决定电路抗干扰的能力。滞回电压比较器的传输特性如图 4-4-6（b）所示。

这样在输入端存在干扰时，滞回电压比较器就能利用它的滞回特性来克服干扰带来的影响，如图 4-4-7 所示。

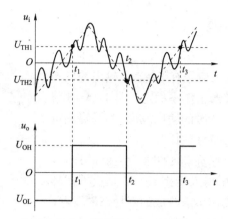

图 4-4-7 输入信号有干扰时滞回电压比较器的输入输出波形

【例4-4-1】指出图4-4-8中各电路属于何种类型的比较器,并画出相应的传输特性。设集成运放$U_{OH}=12\,\text{V}$,$U_{OL}=-12\,\text{V}$,各稳压管的稳压值$U_Z=6\,\text{V}$,D_Z和D的正向导通压降$U_D=0.7\,\text{V}$。

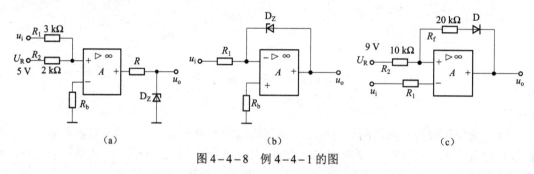

(a)   (b)   (c)

图 4-4-8 例4-4-1的图

解:图4-4-8(a)中,因为$i_+=i_-\approx 0$,求得

$$u_+=\frac{R_2}{R_1+R_2}u_i+\frac{R_1}{R_1+R_2}U_R=3+\frac{2}{5}u_i$$

而$u_-\approx 0$,即当$u_+>0$,即$u_i>-7.5\,\text{V}$时,输出高电平$U'_{OH}=U_Z=6\,\text{V}$;

当$u_+<0$,即$u_i>-7.5\,\text{V}$时,输出低电平$U'_{OL}=-U_D=-0.7\,\text{V}$。

其电路传输特性如图4-4-9(a)所示。可见,图4-4-8(a)是一个同相简单电压比较器。

图 4-4-8(b)中,因为$u_+\approx 0$,当$u_i>0$,$u_o<0$时,稳压管工作在稳压区,$u_o=-U_Z=-6\,\text{V}$;当$u_i>0$,$u_o>0$时,稳压管正向导通,$u_o=0.7\,\text{V}$。电路的传输特性如图4-4-9(b)所示。可见,图4-4-8(b)是一个由稳压管作反馈环节而形成的比较器。

图 4-4-8(c)中,设比较器的输出电压处于高电平,即$u_o=U_{OH}=12\,\text{V}$。此时二极管截止,$u_+=U_R=9\,\text{V}$,只要$u_i<9\,\text{V}$,输出电压一直保持在$+12\,\text{V}$。只有$u_i>9\,\text{V}$时,输出电压才出现跳变,由高电平变为低电平。

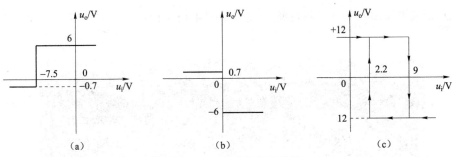

图 4-4-9 电路的传输特性

设输出端处在低电平状态，$u_o = U_{OL} = -12\,\text{V}$，此时二极管正向导通，二极管上的压降为 $U_D = 0.7\,\text{V}$，此时

$$\frac{U_R - u_+}{R_2} = \frac{u_+ - 0.7 - (-12)}{R_f}$$

经整理，得：

$$u_+ = 2.2\,\text{V}$$

即只要 $u_i > 2.2\,\text{V}$，输出电压一直保持在 $-12\,\text{V}$，只有当输入电压下降到 $u_i < 2.2\,\text{V}$ 时，此时输出端电压跳变为高电平，$u_o = U_{OH} = 12\,\text{V}$。

电路的传输特性如图 4-4-9（c）所示。可见，图 4-4-8（c）是一个具有滞回特性的电压比较器。

4.5 用 Multisim 对反相比例放大电路进行分析

利用 Multisim 仿真软件，可以方便地对反相比例放大电路进行仿真分析。搭建电路模型如图 4-5-1 所示。

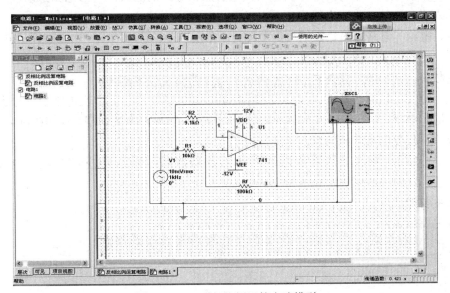

图 4-5-1 反相比例运算电路模型

可以从示波器里看到输入波形和输出波形如图 4-5-2 所示。

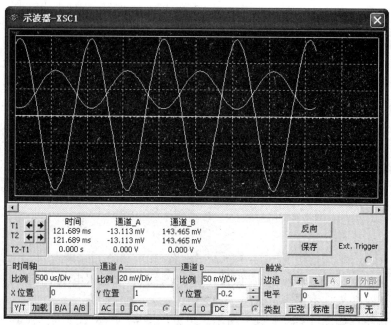

图 4-5-2　反相比例放大电路波形

4.6　本章小结

把整个电路中的元器件制作在一块硅片上，构成特定功能的电子电路，称为集成电路，它体积小，性能好。本章首先介绍模拟集成运算放大电路的组成，包括电流源偏置电路，差分放大输入级和互补对称输出级。

其次，讨论了电路中的负反馈。要掌握交流负反馈四种连接方式（电压串联、电压并联、电流串联、电流并联）的判别方法。引入交流负反馈可以稳定放大倍数，改善输入、输出电阻，展宽频带，减小非线性失真，改善的程度与反馈深度有紧密联系。

再次，介绍了理想运算放大器的技术指标和线性区的特点，用线性电路理论分析由理想运算放大器和电阻、电容等原件构成的简单应用电路，包括基本的同相、反相比例运算电路，求和、求差、积分以及微分电路。

最后，介绍了一种重要的单元电路——电压比较器，它不仅是波形产生电路中常用的基本单元，也广泛用于测控系统和电子仪器中。

本章主要知识点

本章主要知识点见表 4-6-1。

表 4-6-1　本章主要知识点

模拟集成电路的组成	偏置电路	镜像电流源、微电流源	
	输入级	差分放大电路	差模信号和共模信号的概念
			差模增益和共模增益的求法
			共模抑制比 $K_{CMR} = 20\lg\left|\dfrac{A_{ud}}{A_{uc}}\right|$
	中间级	一级或多级电压放大电路（见第 3 章）	
	输出级	互补对称的功率放大器	
负反馈	类型及判别	用瞬时极性法判别正反馈、负反馈	
		用输出端负载短路法判别电压反馈、电流反馈	
		用输入回路反馈节点对地短路法判别串联反馈、并联反馈	
	负反馈放大电路	基本关系式	开环增益 $A = \dfrac{x_o}{x_d}$
			反馈系数 $F = \dfrac{x_f}{x_o}$
			闭环增益 $A_f = \dfrac{x_o}{x_i} = \dfrac{A}{1+AF}$
			净输入信号 $x_d = x_i - x_f$
			反馈信号 $x_f = Fx_o = FAx_d$
		深度负反馈：反馈深度 $1+AF \gg 1$；$A_f = \dfrac{A}{1+AF} \approx \dfrac{1}{F}$	
	对放大电路性能的改善	稳定放大倍数，减小非线性失真，展宽通频带，改变输入电阻和输出电阻	
集成运算放大电路	线性区特点	虚断、虚短的概念及其应用	
	运算电路	同比例、反比例运算电路，加法、减法电路，积分、微分电路	
电压比较器	过零比较器	电压传输特性	
	滞回比较器	电压传输特性	

本章重点

集成运算放大电路的各个组成部分，负反馈类型的判别，负反馈放大电路的分析计算，负反馈对电路性能的影响，集成运算电路的分析，电压比较器的电压传输特性。

本章难点

负反馈四种类型的判别方法，用虚断、虚短的概念对集成运放电路进行分析。

思考与练习

4-1 简述集成运算放大器的组成与各部分的作用。

4-2 简述基本差动放大电路的电路组成和工作原理。

4-3 什么是负反馈？反馈的类型有哪些？

4-4 负反馈有哪四种组态？

4-5 集成运放的理想化条件是什么？理想运算放大器的两个重要结论是什么？

4-6 实现 $u_o = -(2u_{i1} + 5u_{i2})$ 的运算，应采用何种运算电路？若电路的 $R_f = 100\,\text{k}\Omega$，试画出电路图，并求出电路其他外部电阻的阻值。

4-7 写出如图题 4-7 所示电路的输出电压的表达式。

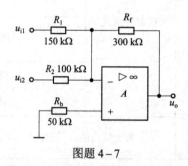

图题 4-7

4-8 写出图题 4-8 所示电路的输出电压表达式。并说明此电路是何种运放。

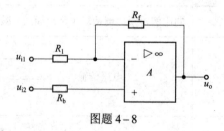

图题 4-8

4-9 图题 4-9 所示电路，若 $R_f = 100\,\text{k}\Omega$，要实现 $u_o = -(0.5u_{i1} + 2u_{i2} + u_{i3})$ 的关系，R_1、R_2、R_3 各值为多少？

4-10 图题 4-10 所示电路，若 $R_f = 100\,\text{k}\Omega$，要实现 $u_o = 2u_{i2} - 5u_{i1}$ 的关系，R_1、R_2、R_3 各值为多少？

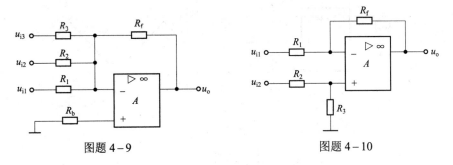

图题 4-9　　　　　　　　　　图题 4-10

4-11　图题 4-11 所示电路中各运放均为理想运放,写出其输出电压与输入电压的关系式。

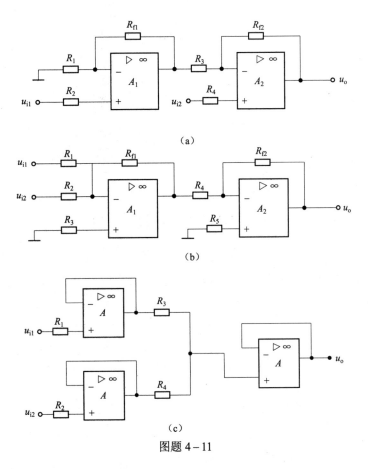

（a）

（b）

（c）

图题 4-11

4-12　电压比较器如图题 4-12（a）所示。当输入信号波形为图题 4-12（b）所示时,试画出输出电压波形。稳压管的稳定电压为 4 V。

4-13　滞回电压比较器如图题 4-13 所示。试估算该电路的两个门限电平和门限宽度,并画出它的传输特性。

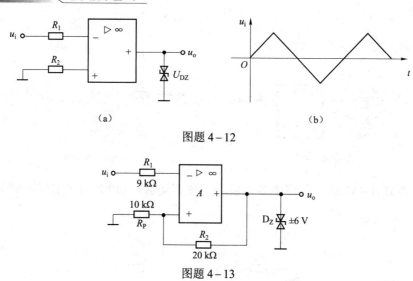

（a）

（b）

图题 4-12

图题 4-13

第 5 章

逻辑代数基础

对数字信号进行处理的电路称为数字电路，设计和实现取决于输入的逻辑函数，而逻辑代数的计算处理正是分析逻辑函数的基础，因此本章将主要介绍计数进制及数制间的转换与运算；介绍常见的编码方式；逻辑代数的基本运算和常见公式、定理等；常见的逻辑门及其逻辑功能；逻辑函数的表示方法及相互转换；逻辑代数的化简。

5.1 概　　述

5.1.1 数字信号与数字电路

在电子技术中，我们经常要处理各类信号。尽管各类信号的性质不同，变化规律也各有特点，但按照信号变化的时间特性来划分，通常将它分为模拟信号和数字信号两大类。

随着时间连续变化的信号称为模拟信号，如图 5-1-1（a）所示。产生、传输和处理模拟信号的电路称为模拟电路，如单管放大电路、正弦波振荡器等。

数字信号是离散时间信号的数字化表示。通常情况下，数字信号只有两种取值状态，我们习惯用 0 和 1 表示，如图 5-1-1（b）所示。产生、传输和处理数字信号的电路称为数字电路。

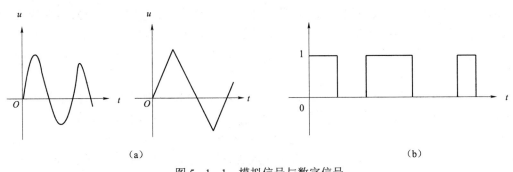

（a）　　　　　　　　　　　　　　　　　　　　（b）

图 5-1-1　模拟信号与数字信号

（a）模拟信号；（b）数字信号

5.1.2 脉冲与脉冲参数

数字电路中数字信号常用矩形脉冲表示，理想矩形脉冲如图 5-1-2（a）所示。

在实际的数字系统中，脉冲波形往往并不是完全理想的，实际波形如图 5-1-2（b）所示。其发生正跳变和负跳变时不能突变，存在上升时间和下降时间。

其特征参数有：

脉冲幅度 U_m ——脉冲电压的最大幅值；

脉冲宽度 t_w ——从脉冲前沿上升到 $0.5U_m$ 到脉冲后沿下降到 $0.5U_m$ 持续作用的时间；

上升时间 t_r ——脉冲前沿从 $0.1U_m$ 上升到 $0.9U_m$ 所需时间；

下降时间 t_f ——脉冲后沿从 $0.9U_m$ 下降到 $0.1U_m$ 所需时间；

脉冲周期 T ——周期性的脉冲信号前后两次出现的时间间隔；

占空比 q ——脉冲宽度和脉冲周期的比值，即 $q = t_w / T$。

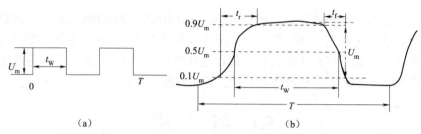

图 5-1-2 脉冲波形

(a) 理想矩形脉冲；(b) 实际矩形脉冲

理想脉冲与实际脉冲相比，其 $t_r = t_f = 0$，即无跳变时间，脉冲幅度、脉冲宽度和脉冲周期也恒定不变，而实际波形会受到许多因素影响变得不稳定，因此我们必须对脉冲产生电路采取一定措施，使之接近理想波形，关于波形的产生与变换在本书第 8 章中会专门阐述。

5.2 数制与编码

5.2.1 几种常见数制及转换

数制是人类表示数值大小的方法的统称。进位计数制是人类按照进位方式实现计数的制度，简称计数制。生活中常用的计数制有：十进制、二进制、八进制、十六进制、十二进制、二十四进制、六十进制等。例如，购买物品时买一打则采用的是十二进制，时钟中的秒计时则采用的是六十进制等。

数的表示法一般采用位置计数法。在一个数中，数码和数码所在的位置决定了该数的大小。任何进位计数制都包含有两个重要的概念：基数和位权。不同进位制之间的区别，本质上就是基数和位权的取值不同。所谓基数，就是该进位制中可能用到的数码个数；所谓位权，就是在某一进位制的数中，每一位的大小都对应着该位上的数码乘上一个固定的数，这个固定的数就是这一位的权数，简称位权。

1. 几种常见的数制

1）十进制（Decimal Numbers）

十进制数是由 0，1，…，9 十个数码组成，"逢十进一"。

例如，十进制数 $(232.6)_{10}$ 可写成：

$$(232.6)_{10} = 2 \times 10^2 + 3 \times 10^1 + 2 \times 10^0 + 6 \times 10^{-1}$$

其中，十进制数中允许使用的数码是十个，故基数为 10；位权是 10^2，10^1，10^0，10^{-1} 等。

十进制数的个位的权值为 1，十位的权值为 10，百位的权值为 100，小数点后第一位的权值为 0.1，依次类推，任何一个十进制数都可表示为：

$$(N)_{10} = d_{n-1} \times 10^{n-1} + d_{n-2} \times 10^{n-2} + \cdots + d_1 \times 10^1 + d_0 \times 10^0 + d_{-1} \times 10^{-1} + \cdots + d_{-m} \times 10^{-m} = \sum_{i=-m}^{n-1} d_i \times 10^i$$

$$（5-2-1）$$

式中，d_i 为各位数的数码，10^i 为各位数的权值。

2）二进制（Binary Numbers）

二进制数是由 0、1 两个数码组成，"逢二进一"。

例如，二进制数 $(1101.01)_2$ 可写成：

$$(1101.01)_2 = 1 \times 2^3 + 1 \times 2^2 + 0 \times 2^1 + 1 \times 2^0 + 0 \times 2^{-1} + 1 \times 2^{-2}$$

其中，二进制数中允许使用的数码的个数是 0 和 1 两个，故基数为 2；位权是 2^3，2^2，2^1，2^0，2^{-1}，2^{-2} 等。因此，任何一个二进制数都可表示为：

$$(N)_2 = b_{n-1} \times 2^{n-1} + b_{n-2} \times 2^{n-2} + \cdots + b_1 \times 2^1 + b_0 \times 2^0 + b_{-1} \times 2^{-1} + \cdots + b_{-m} \times 2^{-m} = \sum_{i=-m}^{n-1} b_i \times 2^i$$

$$（5-2-2）$$

式中，b_i 为各位数的数码，2^i 为各位数的权值。

3）八进制（Octal Numbers）

八进制数是由 0，1，…，7 八个数码组成，"逢八进一"。

例如，八进制数 $(137.6)_8$ 可写成：

$$(137.6)_8 = 1 \times 8^2 + 3 \times 8^1 + 7 \times 8^0 + 6 \times 8^{-1}$$

其中，八进制数中允许使用的数码的个数是八个，故基数为 8；位权是 8^2，8^1，8^0，8^{-1} 等。因此，任何一个八进制数都可表示为：

$$(N)_8 = q_{n-1} \times 8^{n-1} + q_{n-2} \times 8^{n-2} + \cdots + q_1 \times 8^1 + q_0 \times 8^0 + q_{-1} \times 8^{-1} + \cdots + q_{-m} \times 8^{-m} = \sum_{i=-m}^{n-1} q_i \times 8^i$$

$$（5-2-3）$$

式中，q_i 为各位数的数码，8^i 为各位数的权值。

4）十六进制（Hexadecimal Numbers）

十六进制数是由 0，1，…，9，A，B，C，D，E，F 十六个数码组成，数码 A~F 分别代表十进制的 10~15，"逢十六进一"。

例如，十六进制数 $(C13.B)_{16}$ 可写成：

$$(C13.B)_8 = 12 \times 16^2 + 1 \times 16^1 + 3 \times 16^0 + 11 \times 16^{-1}$$

其中，十六进制数中允许使用的数码的个数是十六个，故基数为 16；位权是 16^2，16^1，16^0，16^{-1} 等。因此，任何一个十六进制数都可表示为：

$$(N)_{16} = h_{n-1} \times 16^{n-1} + h_{n-2} \times 16^{n-2} + \cdots + h_1 \times 16^1 + h_0 \times 16^0 + h_{-1} \times 16^{-1} + \cdots + h_{-m} \times 16^{-m} = \sum_{i=-m}^{n-1} h_i \times 16^i$$

$$（5-2-4）$$

式中，h_i 为各位数的数码，16^i 为各位数的权值。

5）不同进制数的符号表示

由于可以采用不同的进位制表示一个数，因此在表示一个数时，除了表示出数本身外，还要用下标或尾符来表示出其属于何种进位制的数。一般情况下，我们用 D、B、H 分别表示十、二、十六进制，例如：

二进制数 10101 我们可以用 $(10101)_2$ 或 10101B 表示；

十进制数 354 我们可以用 $(354)_{10}$ 或 354D 表示；

十六进制数 1BC7 我们可以用 $(1BC7)_{16}$ 或 1BC7H 表示。

2. 数制转换

数字电路中我们通常采用的是二进制，有时为了表示方便也会用到八进制、十六进制，而人们用得最多、最为习惯的是十进制，所以我们要讨论一下这些常见的进制之间的转换。

1）任意进制数转换为十进制数

把任意进制数转换为十进制数，通常采用"按权展开法"，按照各种进制的权值展开式求和即可。

【例5-2-1】将二进制数 11001.11 转换为十进制数。

解：$(11001.11)_2 = 1\times2^4 + 1\times2^3 + 0\times2^2 + 0\times2^1 + 1\times2^0 + 1\times2^{-1} + 1\times2^{-2} = (25.75)_{10}$

2）十进制数转换为二进制数

十进制数转换为二进制数时，需要将整数部分和小数部分分别转换。

整数部分转换：十进制数转换为二进制数，对于其整数部分，通常采用的方法是"除基取余法"。即用十进制数除以二进制的基数 2，第一次除所得的余数作为被转换的二进制数的最低位，把所得的商再除以基数 2，其余数作为被转换的二进制数的次低位，依此类推，直至商为 0 为止，商为 0 时所得余数作为被转换的二进制数的最高位。

【例5-2-2】将十进制数 25 转换为二进制数。

解：

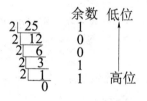

所以 $(25)_{10} = (11001)_2$。

小数部分转换：十进制数转换为二进制数，对于其小数部分，通常采用的方法是"乘基取整法"。即用小数乘以二进制的基数 2，第一次乘所得结果的整数部分作为被转换的二进制数小数部分的最高位，把乘得结果的小数部分再乘以基数 2，其所得结果的整数部分作为被转换的二进制数的次高位，依此类推，直至小数部分为 0 或达到所需精度为止。

【例5-2-3】将十进制数 0.375 转换为二进制数。

解：

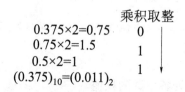

3）二进制数转换为八、十六进制数

二进制数转换为八、十六进制数之间的转换非常简单，只要将二进制数的整数部分自右向左每三位（八进制）或四位（十六进制）分成一组，不足三位或四位时左边用 0 补足；二进制数的小数部分自左向右每三位（八进制）或四位（十六进制）分成一组，不足三位或四位时右边用 0 补足；再将三位（八进制）或四位（十六进制）所对应的八进制或十六进制数码写出即可。

【例 5-2-4】将二进制数 $(10010011.01011011)_2$ 转换为八、十六进制数。

解：$(10010011.01011011)_2$
$= (\underline{010}\quad\underline{010}\quad\underline{011}.\underline{010}\quad\underline{110}\quad\underline{110})_2$
$= (223.266)_8$
$(10010011.01011011)_2$
$= (\underline{1001}\quad\underline{0011}.\underline{0101}\quad\underline{1011})_2$
$= (93.5B)_{16}$

4）八、十六进制数转换为二进制数

八、十六进制数转换为二进制数，只要将八进制或十六进制的每一位数码转换成三位（八进制）或四位（十六进制）的二进制数码即可。

【例 5-2-5】将八进制数 $(36.73)_8$ 转换为二进制数。

解：$(36.73)_8 = (\underline{011}\ \underline{110}.\underline{111}\ \underline{011})_2$

【例 5-2-6】将十六进制数 $(36.73)_{16}$ 转换为二进制数。

解：$(36.73)_{16} = (\underline{0011}\ 0110.\underline{0111}\ \underline{0011})_2$

5）十进制数转换为八、十六进制数

十进制数转换为八、十六进制数也可以用除基取余法，乘基取整法，但通常较为方便的做法是先将十进制数转换成二进制数，再将转换后的二进制数转换为八、十六进制数。

5.2.2　二进制算术运算

二进制运算是所有数字计算机和很多数字系统实现的基础，包括算术运算和逻辑运算两种运算。为了全面理解数字系统，必须理解二进制加、减、乘、除四则运算的规则，本节提供一些未来学习中可能出现的运算介绍。

1. 二进制加法

二进制加法四种基本运算规则如下所示：

$0 + 0 = 0$　　　0 与 0 求和为 0，无进位
$0 + 1 = 1$　　　0 与 1 求和为 1，无进位
$1 + 0 = 1$　　　1 与 0 求和为 1，无进位
$1 + 1 = 10$　　 1 与 1 求和为 0，有进位，进位为 1

【例 5-2-7】求解以下二进制数的和值。

(a) 11+11　　(b) 111+11

解：(a)
$$\begin{array}{r} 1\ 1 \\ +\ 1\ 1 \\ \hline 1\ 1\ 0 \end{array}\qquad \begin{array}{r} 3 \\ +\ 3 \\ \hline 6 \end{array}$$
(b)
$$\begin{array}{r} 1\ 1\ 1 \\ +\quad 1\ 1 \\ \hline 1\ 0\ 1\ 0 \end{array}\qquad \begin{array}{r} 7 \\ +\ 3 \\ \hline 1\ 0 \end{array}$$

其中，解答左侧是二进制加法运算，右侧是十进制加法运算作为参考。

2. 二进制减法

二进制减法四种基本运算规则如下所示：

$0 - 0 = 0$　　　　0 与 0 求差为 0，无借位
$1 - 1 = 0$　　　　1 与 1 求差为 0，无借位
$1 - 0 = 1$　　　　1 与 0 求差为 1，无借位
$10 - 1 = 1$　　　　0 与 1 求差为 1，有借位，借位为 1

【例 5-2-8】求解以下二进制数的差值。

(a) 11-01　　　　(b) 101-10

解：(a) $\begin{array}{r} 11 \\ -\ 01 \\ \hline 10 \end{array}$　$\begin{array}{r} 3 \\ -1 \\ \hline 2 \end{array}$　　(b) $\begin{array}{r} 101 \\ -\ 10 \\ \hline 011 \end{array}$　$\begin{array}{r} 5 \\ -2 \\ \hline 3 \end{array}$

其中，解答左侧是二进制减法运算，右侧是十进制减法运算作为参考。（a）为无借位的情况，（b）为有借位的情况。可以看出，二进制减法运算相对比较复杂，首先要比较两个数的大小，判断差的正负，再进行大数减小数的减法运算。所以在计算机中，常用二进制补码的加法运算来代替直接的二进制减法运算，将在下面介绍。

3. 二进制乘法

二进制乘法四种基本运算规则如下所示：

$0 \times 0 = 0$　　　　0 与 0 乘积为 0
$0 \times 1 = 0$　　　　0 与 1 乘积为 0
$1 \times 0 = 0$　　　　1 与 0 乘积为 0
$1 \times 1 = 1$　　　　1 与 1 乘积为 1

【例 5-2-9】求解以下二进制数的乘积。

(a) 11×11　　　　(b) 101×110

解：(a) $\begin{array}{r} 11 \\ \times\ 11 \\ \hline 11 \\ +\ 11\ \ \\ \hline 1001 \end{array}$　$\begin{array}{r} 3 \\ \times 3 \\ \hline 9 \end{array}$　　(b) $\begin{array}{r} 101 \\ \times\ 110 \\ \hline 000 \\ 101\ \ \\ +\ 101\ \ \ \ \\ \hline 11110 \end{array}$　$\begin{array}{r} 5 \\ \times 6 \\ \hline 30 \end{array}$

其中，解答左侧是二进制乘法运算，右侧是十进制乘法运算作为参考。二进制乘法与十进制乘法是类似的，这个过程需要部分积的参与，每次有部分乘积的时候左移一位，最后把所有的部分积相加得到最终乘积结果。从这里可以看出二进制的乘法其实就是移位和加法运算，在计算机内部就是这样进行算术乘法运算的。

4. 二进制除法

二进制除法与十进制除法有着相同的过程，参见下面的例子。

【例 5-2-10】求解以下二进制数的除法。

(a) 110÷10　　　　(b) 1001÷11

解：$(a)10\overline{)110}$ $2\overline{)6}$ $(b)11\overline{)1001}$ $3\overline{)9}$

(a) 除法竖式：
```
         1 1
  10 ) 1 1 0          2 ) 6
       1 0                6
       ─────             ───
       1 0                0
       1 0
       ─────
         0 0
```

(b) 除法竖式：
```
          1 1
  11 ) 1 0 0 1         3 ) 9
       1 1                 9
       ───────            ───
         1 1               0
         1 1
       ───────
         0 0
```

二进制除法实质上就是右移位和减法，可以用移位和补码加法来完成。

5. 原码、反码和补码

数字系统，比如计算机，必须有处理正负数的能力，一个有符号的二进制数包括符号和数值两部分。符号位表示了数的正与负，通常在二进制数的左边增加一位作为该数的符号位，0 表示正数，1 表示负数，如：有符号二进制数 1001 表示 "–1"，0101 表示 "+5"。

带符号的二进制数实质上就是数值的一种编码表示，称为机器数。常用的机器数有三种表示形式：原码、反码和补码。

（1）原码：二进制数由符号位加上数值本身。

如：十进制数+20 的原码表示为 010100，–20 的原码表示为 110100。左边为该数的符号位，右边为该数的绝对值大小。

（2）反码：正数的反码与原码相同，负数的反码可以由原码求得：原码的符号位不变，数值位按位取反。

如：+20 的反码表示为 010100，–20 的反码表示为 101011。

（3）补码：正数的补码与原码相同，负数的补码为反码加 1。

如：+20 的补码表示为 010100，–20 的补码表示为 101100。

减法可以看成是一个正数和一个负数相加，因此数字电路中的减法运算可以用补码加法来实现。

补码加法运算的规则是：两个补码的和也是补码。进行补码加法运算时符号和数值位同时参加运算，当符号位在相加时产生进位，则将该进位 "1" 去掉即可。

【例 5–2–11】求解以下二进制数补码的运算。

(a) 00001000 – 00000101 (b) 1100+0100

解：(a) $8 – 5 = 8 + (–5) = 3$ (b) $12 + 4 = 16$

```
      0 0 0 0 1 0 0 0            1 1 0 0        0 1 1 0 0
  +   1 1 1 1 1 0 1 1        +   0 1 0 0      + 0 0 1 0 0
  ─────────────────────      ───────────      ───────────
 (1)  0 0 0 0 0 0 1 1       (1) 0 0 0 0        1 0 0 0 0
```

从上例运算可以看出，补码进行加、减法运算更加方便，这里需要指出的是例子（b）中假如参与运算的字长为 4 位，那么加法操作后溢出位 "1" 就会被丢弃，假如是 5 位字长参与运算就会得到正确的运算结果。因此在做补码运算的时候要考虑实际需要的字长，才不会产生溢出丢弃有效数据的现象。

5.2.3 几种常见编码

在数字系统中，我们处理的信息一般为数字、字母、符号、图形、文字等。为了表示这些信息，我们通常用一组特定的二进制数字来表示，这样一组特定的二进制数字称为二进制代码。将信息用二进制代码表示的过程称为编码。常见的数字、字母编码有 BCD 码、ASCII 码、格雷码等。

1. 二-十进制代码（BCD 码）

二-十进制代码，简称 BCD 码，是指用 4 位二进制数来表示 1 位十进制数。由于 4 位二进制数可以表示十六种不同的状态，我们选择其中的十种状态分别对应于十进制数的 0~9，根据所用十种状态与 1 位十进制数码的不同，产生了各种 BCD 码，如 8421BCD 码、2421BCD 码、5421BCD 码、余 3 码等，见表 5-2-1。其中最常用和最符合人们习惯的是 8421BCD 码。BCD 码前的数字分别表示的是每位的权值。

表 5-2-1 常见 BCD 码

十进制数	8421BCD	5421BCD	2421BCD	余 3 码
0	0000	0000	0000	0011
1	0001	0001	0001	0100
2	0010	0010	0010	0101
3	0011	0011	0011	0110
4	0100	0100	0100	0111
5	0101	1000	1011	1000
6	0110	1001	1100	1001
7	0111	1010	1101	1010
8	1000	1011	1110	1011
9	1001	1100	1111	1100

2. ASCII 码

目前在微型计算机中有一种普遍使用的编码——ASCII 码，ASCII 码是美国信息交换标准码的缩写。ASCII 码是用七位二进制数码表示数字、字母、符号等的代码，是一种计算机通用的标准代码，主要用于计算机与外设之间传递信息。ASCII 码的具体编码见表 5-2-2。

表 5-2-2 ASCII 码

高位\低位	0000	0001	0010	0011	0100	0101	0110	0111	1000	1001	1010	1011	1100	1101	1110	1111
0000	NUL	SOH	STX	ETX	EOT	ENQ	ACK	BEL	BS	HT	LF	VT	FF	CR	SO	SI
0001	DLE	DC$_1$	DC$_2$	DC$_3$	DC$_4$	NAK	SYN	ETB	CAN	EM	SUB	ESC	FS	GS	RS	US
0010	SP	!	”	#	$	%	&	‘	(	)	*	+	,	-	•	/
0011	0	1	2	3	4	5	6	7	8	9	:	;	<	=	>	?
0100	@	A	B	C	D	E	F	G	H	I	J	K	L	M	N	O
0101	P	Q	R	S	T	U	V	W	X	Y	Z	[	\	]	↑	←
0110	、	a	b	c	d	e	f	g	h	i	j	k	l	m	n	o
0111	p	q	r	s	t	u	v	w	x	y	z	{			}	~	DEL

3. 格雷码（Gray 码）

格雷码是一种循环码，其特点是任何相邻的两个码字，仅有一位代码不同，其他位相同，是一种错误最小化的可靠性代码。格雷码与二进制代码的比较见表 5-2-3。

表 5-2-3　格雷码与二进制代码比较表

十进制数	二进制代码	格雷码	十进制数	二进制代码	格雷码
0	0000	0000	8	1000	1100
1	0001	0001	9	1001	1101
2	0010	0011	10	1010	1111
3	0011	0010	11	1011	1110
4	0100	0110	12	1100	1010
5	0101	0111	13	1101	1011
6	0110	0101	14	1110	1001
7	0111	0100	15	1111	1000

5.3　基本逻辑运算

逻辑代数又称布尔代数。它是 19 世纪英国数学家布尔 1847 年首先提出来的，是一种研究关于二值变量的运算规律的科学，故有时也称为二值代数。

逻辑变量是逻辑代数中的变量，通常用英文大写字母 A、B、C、D 等表示。若直接用 A、B、C、D 等表示，则通常称为原变量；若用 $\overline{A}$、$\overline{B}$、$\overline{C}$、$\overline{D}$ 等表示，则通常称为反变量。逻辑变量的取值只有两种：0 和 1，这里的 0 和 1 是指两种对立的逻辑状态，如 "是" 与 "非"、"开" 与 "关"、"有" 与 "无" 等。

逻辑代数是逻辑变量通过各种逻辑运算符构成的表达式。逻辑代数的运算结果同样只有两种：0 和 1。

在逻辑代数中，有三种最基本的逻辑运算：与、或、非。任何复杂的逻辑关系都可以用这三种基本逻辑运算综合而成。

5.3.1　与运算

当决定某一事件的所有条件都成立时，事件才发生，这种因果关系称为与逻辑。如图 5-3-1 所示的开关电路，当且仅当开关 A、B 全合上时，灯泡 F 才会点亮。F 和 A、B 之间的关系为与逻辑关系，即与运算，又称逻辑乘。若用逻辑表达式表示，则为：

$$F = A \cdot B \qquad (5-3-1)$$

读作："F 等于 A 与 B"。其中 "·" 为与逻辑的运算符号，在运算中常可省略，故式 5-3-1 亦可写为：

$$F = AB \qquad (5-3-2)$$

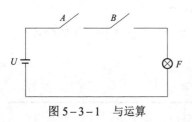

图 5-3-1 与运算

式（5-3-1）中，A、B 为逻辑变量，F 为逻辑函数。对于逻辑变量 A、B，若开关合上用 1 表示，开关打开用 0 表示；对于逻辑函数 F，若灯亮用 1 表示，灯灭用 0 表示。将逻辑变量 A、B 的所有可能的取值组合及其对应的逻辑函数 F 的值列成一张表格，这样的表格我们称之为真值表，见表 5-3-1。由表可见，当且仅当 A、B 取值全为 1 时，F 才为 1，否则 F 为 0，这就是与运算。

表 5-3-1　与运算真值表

A	B	F
0	0	0
0	1	0
1	0	0
1	1	1

与运算的运算法则为：

$0 \cdot 0 = 0$ 　　　　　　$0 \cdot 1 = 0$

$1 \cdot 0 = 0$ 　　　　　　$1 \cdot 1 = 1$

数字电路中，实现与运算的电路称为与门。图 5-3-2 所示的就是一个由二极管组成的与门电路。

图 5-3-2 中，当 A、B 输入全为高电平（+3 V）时，二极管 D_1、D_2 都导通，设二极管正向导通压降为 0.7 V，则 F 输出为 3.7 V，输出为高电平；当 A、B 输入只有一个为高电平（+3 V），而另一个为低电平（0 V）时，D_1、D_2 中只有与低电平输入相连的二极管导通，另一个截止，则 F 输出为 0.7 V，输出为低电平；当 A、B 输入全为低电平（0 V）时，D_1、D_2 都导通，则 F 输出为 0.7 V，输出为低电平。与门电路输入与输出电压取值关系见表 5-3-2。

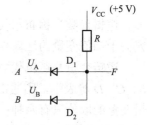

图 5-3-2　二极管与门电路

表 5-3-2　与门电路电压关系

U_A/V	U_B/V	U_F/V
0	0	0.7
0	3	0.7
3	0	0.7
3	3	3.7

如果用逻辑 1 表示高电平，用逻辑 0 表示低电平，这种规定下的逻辑关系我们称之为正逻辑；如果用逻辑 0 表示高电平，用逻辑 1 表示低电平，这种规定下的逻辑关系我们称之为负逻辑。通常情况下，我们一般采用正逻辑。对 TTL 电路而言，高电平为 3 V，低电平为 0.3 V。然而高电平的范围一般为 2～5 V，低电平的范围一般为 0～0.8 V，超出这个范围是不允许的。将表 5-3-2 的与门电路电压关系用逻辑 0 和逻辑 1 来表示高、低电平，就会得到如表 5-3-1

所示的与门真值表。

与门符号通常有两种，如图 5-3-3 所示。其中，图 5-3-3（a）为西方国家习惯使用的与门符号，图 5-3-3（b）为国标与门符号。

图 5-3-3　与门符号

5.3.2　或运算

当决定某一事件的所有条件中只要有一个条件成立时，事件就发生，这种因果关系称为或逻辑。如图 5-3-4 所示的开关电路，当开关 A、B 有一个合上时，灯泡 F 就会点亮。F 和 A、B 之间的关系为或逻辑关系，即或运算，又称逻辑加。若用逻辑表达式表示，则为：

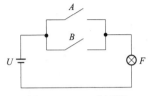

图 5-3-4　或运算

$$F = A + B \qquad (5-3-3)$$

读作："F 等于 A 或 B"。其中 "$+$" 为或逻辑的运算符号。

由式 5-3-3 可以得到或运算的真值表，见表 5-3-3。由表可见，当且仅当 A、B 取值全为 0 时，F 才为 0，否则 F 为 1，这就是或运算。

表 5-3-3　或运算真值表

A	B	F
0	0	0
0	1	1
1	0	1
1	1	1

或运算的运算法则为：

$$0+0=0 \qquad\qquad 0+1=1$$
$$1+0=1 \qquad\qquad 1+1=1$$

数字电路中，实现或运算的电路称为或门。图 5-3-5 所示就是一个由二极管组成的或门电路。

图 5-3-5　二极管或门电路

图 5-3-5 中，当 A、B 输入全为高电平（+3 V）时，D_1、D_2 都导通，则 F 输出为 2.3 V，输出为高电平；当 A、B 输入只有一个为高电平（+3 V），而另一个为低电平（0 V）时，D_1、D_2 中只有与高电平输入相连的二极管导通，另一个截止，则 F 输出为 2.3 V，输出为高电平；当 A、B 输入全为低电平（0 V）时，D_1、D_2 都导通，则 F 输出为 -0.7 V，输出为低电平。或门电路输入与输出电压取值关系见表 5-3-4。

表 5-3-4　或门电路电压关系

U_A/V	U_B/V	U_F/V
0	0	-0.7
0	3	2.3
3	0	2.3
3	3	2.3

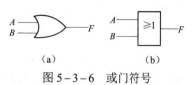

图 5-3-6 或门符号

如果将表 5-3-4 的或门电路电压关系用逻辑 0 和逻辑 1 来表示，就会得到如表 5-3-3 所示的或门真值表。

或门符号通常有两种，如图 5-3-6 所示。其中，图 5-3-6（a）为西方国家习惯使用的或门符号，图 5-3-6（b）为国标或门符号。

5.3.3 非运算

非即取反，这种逻辑关系称为非逻辑。如图 5-3-7 所示的开关电路，当开关 A 打开时，灯泡 F 就会点亮；当开关 A 合上时，灯泡 F 就会熄灭。F 和 A 之间的关系为非逻辑关系，即非运算，又称逻辑非。若用逻辑表达式表示，则为：

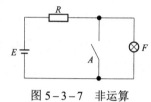

图 5-3-7 非运算

$$F = \overline{A} \qquad\qquad (5-3-4)$$

读作："F 等于 A 非"。

由式（5-3-4）可以得到非运算的真值表，见表 5-3-5。由表可见，A 取值为 0 时，F 为 1；A 取值为 1 时，F 为 0，这就是非运算。

表 5-3-5 非运算真值表

A	F
0	1
1	0

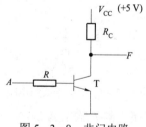

图 5-3-8 非门电路

非运算的运算法则为：

$$\overline{0} = 1 \qquad\qquad \overline{1} = 0$$

数字电路中，实现非运算的电路称为非门。图 5-3-8 所示为三极管构成的非门电路。

图 5-3-8 中，当 A 输入为高电平（+3 V）时，T 饱和导通，则 F 输出为 0.3 V，输出为低电平；当 A 输入为低电平（0 V）时，T 截止，则 F 输出为 5 V，输出为高电平。非门电路输入与输出电压取值关系见表 5-3-6。

表 5-3-6 非门电路电压关系

U_A/V	U_F/V
0	5
3	0.3

如果将表 5-3-6 的非门电路电压关系用逻辑 0 和逻辑 1 来表示，就会得到如表 5-3-5 所示的非门真值表。

非门符号通常有两种，如图 5-3-9 所示。其中，图 5-3-9（a）为西方国家习惯使用的非门符号，图 5-3-9（b）为国标

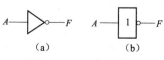

图 5-3-9 非门符号

非门符号。

5.3.4 复合逻辑运算

将三种基本逻辑运算与、或、非进行组合，就可以得到各种形式的复合逻辑运算。常见的复合逻辑运算有：与非、或非、与或非、异或、同或等。

1. 与非运算及与非门

与非运算的表达式为：

$$F = \overline{A \cdot B} = \overline{AB} \qquad (5-3-5)$$

与非门的真值表见表 5-3-7，与非门的符号如图 5-3-10 所示。其中，图 5-3-10（a）为西方国家习惯使用的符号，图 5-3-10（b）为国标符号。

表 5-3-7 与非运算真值表

A	B	F
0	0	1
0	1	0
1	0	0
1	1	0

2. 或非运算及或非门

或非运算的表达式为：

$$F = \overline{A + B} \qquad (5-3-6)$$

或非门的真值表见表 5-3-8，或非门的符号如图 5-3-11 所示。其中，图 5-3-11（a）为西方国家习惯使用的符号，图 5-3-11（b）为国标符号。

表 5-3-8 或非运算真值表

A	B	F
0	0	1
0	1	1
1	0	1
1	1	0

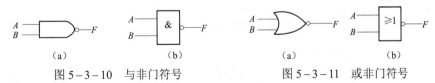

图 5-3-10 与非门符号   图 5-3-11 或非门符号

3. 与或非运算及与或非门

与或非运算的表达式为：

$$F = \overline{AB + CD} \qquad (5-3-7)$$

与或非门的符号如图 5-3-12 所示。其中，图 5-3-12（a）为西方国家习惯使用的符号，图5-3-12（b）为国标符号。

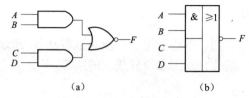

图5-3-12 与或非门符号

4. 异或运算及异或门

所谓异或运算，是指当输入相同时，输出为0；当输入相异时，输出为1。

异或运算的表达式为：

$$F = A \oplus B \tag{5-3-8}$$

若用与、或、非运算来表示，则可表示为：

$$F = A\bar{B} + \bar{A}B \tag{5-3-9}$$

异或运算的真值表见表5-3-9，异或门符号如图5-3-13所示。其中，图5-3-13（a）为西方国家习惯使用的符号，图5-3-13（b）为国标符号。

表5-3-9 异或运算真值表

A	B	F
0	0	0
0	1	1
1	0	1
1	1	0

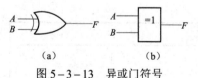

图5-3-13 异或门符号

异或运算有一个特点：当n个变量相异或时，若输入变量的取值组合中，有奇数个1，则输出值为1；反之，若输入变量的取值组合中，有偶数个1，输出值为0。因此，异或门通常可作为奇偶校验码校验位的产生电路。

5. 同或运算及同或门

所谓同或运算，与异或运算相反，当输入相同时，输出为1；当输入相异时，输出为0。

同或运算的表达式为：

$$F = A \odot B \tag{5-3-10}$$

若用与、或、非运算来表示，则可表示为：

$$F = \overline{AB} + AB \tag{5-3-11}$$

同或运算的真值表见表 5-3-10，同或门符号如图 5-3-14 所示。其中，图 5-3-14（a）为西方国家习惯使用的符号，图 5-3-14（b）为国标符号。异或和同或是互为非的运算，即异或的非就是同或。

图 5-3-14 同或门符号

表 5-3-10　同或运算真值表

A	B	F
0	0	1
0	1	0
1	0	0
1	1	1

5.4　逻辑代数的公式与法则

5.4.1　基本公式

交换律　$A \cdot B = B \cdot A$　　　　　　$A + B = B + A$

结合律　$A \cdot (B \cdot C) = (A \cdot B) \cdot C$

　　　　　$A + (B + C) = (A + B) + C$

分配律　$A \cdot (B + C) = A \cdot B + A \cdot C$

　　　　　$A + B \cdot C = (A + B) \cdot (A + C)$

0-1 律　$A \cdot 1 = A$　　　　　　$A + 0 = A$

　　　　　$A \cdot 0 = 0$　　　　　　$A + 1 = 1$

互补律　$A \cdot \overline{A} = 0$　　　　　　$A + \overline{A} = 1$

重叠律　$A \cdot A = A$　　　　　　$A + A = A$

反演律　$\overline{A \cdot B} = \overline{A} + \overline{B}$　　　　$\overline{A + B} = \overline{A} \cdot \overline{B}$　　（德·摩根定理）

还原律　$\overline{\overline{A}} = A$

另外，在逻辑代数中，运算的优先顺序规定为：先算括号，再是非运算，然后是与运算，最后是或运算。

对于这些基本定律的证明，我们一般采用"穷举法"，即真值表法证明。也就是将等式两边的函数的真值表列写出来，如果等式两边的函数的真值表完全相同，则等式成立。反之，则不成立。

【例 5-4-1】试证明 $\overline{A \cdot B} = \overline{A} + \overline{B}$

证明：我们分别将函数 $\overline{A \cdot B}$ 与函数 $\overline{A} + \overline{B}$ 的真值表列于表 5-4-1：

表 5-4-1　例 5-4-1 的真值表

A	B	$\overline{A \cdot B}$	$\overline{A} + \overline{B}$
0	0	1	1
0	1	1	1
1	0	1	1
1	1	0	0

由表可见，等式两边的函数对应着所有可能的相同输入，都有着同样的输出，所以等式成立。

5.4.2 常用公式

公式1：$A + AB = A$ $\quad\quad\quad\quad\quad\quad A(A+B) = A$

公式2：$A + \overline{A}B = A + B$

公式3：$AB + \overline{A}C + BC = AB + \overline{A}C$

$\quad\quad\quad AB + \overline{A}C + BCf(a,b,\cdots) = AB + \overline{A}C$

根据逻辑代数的基本定理可导出这些常用的公式,利用这些公式可简化逻辑函数表达式。

5.4.3 基本规则

逻辑代数中，有三个重要的基本规则：代入规则、反演规则、对偶规则。

1. 代入规则

在逻辑等式中，如果以某个逻辑变量或逻辑函数同时取代等式两端所有的任何一个逻辑变量，等式仍然成立。这就是代入规则。

【例 5-4-2】已知 $\overline{A \cdot B} = \overline{A} + \overline{B}$，将函数 $F = C \cdot D$ 代替等式中的逻辑变量 B，则左边= $\overline{A \cdot B} = \overline{A \cdot C \cdot D}$，右边= $\overline{A} + \overline{B} = \overline{A} + \overline{C \cdot D} = \overline{A} + \overline{C} + \overline{D}$，即 $\overline{A \cdot C \cdot D} = \overline{A} + \overline{C} + \overline{D}$。

利用代入规则，可以方便地扩展公式。例如，从 $A + A = A$，我们就可以推出

$AB + AB = AB$，$ABC + ABC = ABC$，……

例如，德·摩根定理可以扩展到任意个变量组成的等式。

$\overline{A_1 \cdot A_2 \cdot A_3 \cdots} = \overline{A_1} + \overline{A_2} + \overline{A_3} + \cdots$

$\overline{A_1 + A_2 + A_3 + \cdots} = \overline{A_1} \cdot \overline{A_2} \cdot \overline{A_3} \cdots$

2. 反演规则

对于任意一个逻辑函数 F，如果将 F 中所有的"·"变成"+"，"+"变成"·"，0 变成 1，1 变成 0，原变量变成反变量，反变量变成原变量，则所得的逻辑函数为原函数 F 的反函数。这就是反演规则。

【例 5-4-3】若 $F = AB + \overline{CD} + 0$，则 $\overline{F} = (\overline{A} + \overline{B}) \cdot (C + D) \cdot 1$

运用反演规则时，需要注意必须保持原来的运算优先顺序，同时，只是原变量变成反变量，反变量变成原变量，反变量以外的非号应予保留。

反演规则使得求一个函数的反函数变得更加简单、容易。

3. 对偶规则

对于任意一个逻辑函数 F，如果将 F 中所有的"·"变成"+"，"+"变成"·"，0 变成 1，1 变成 0，逻辑变量保持不变，则所得的逻辑函数为原函数 F 的对偶函数 F^D。

如果两个逻辑函数相等，则其相应的对偶函数也相等，这就是对偶规则。

【例 5-4-4】若 $F = A + BC$，则 $F^D = A(B + C)$。

前面我们介绍的基本定律，每一定律都有两个公式，它们都互为对偶式。证明了其中一个公式成立，根据对偶规则，另一个公式必然成立。还可以利用对偶规则很方便地进行逻辑

表达式的变换。

5.5 逻辑函数的表示方法

5.5.1 真值表

描述逻辑函数各个输入逻辑变量取值组合和函数值对应关系的表格,我们称之为真值表。每一个变量有 0、1 两种取值,n 个输入变量就有 2^n 个不同的取值组合,将输入变量的全部取值组合按从小到大排列,并列举出其相应的输出函数值,就得到了真值表。

【例 5-5-1】列出逻辑函数 $F = AB + BC + CA$ 的真值表。

解: 三个输入变量一共有 8 种取值组合,根据函数表达式分别求出其相应的逻辑函数值,即可得到真值表,见表 5-5-1。

表 5-5-1 例 5-5-1 的真值表

A	B	C	F
0	0	0	0
0	0	1	0
0	1	0	0
0	1	1	1
1	0	0	0
1	0	1	1
1	1	0	1
1	1	1	1

真值表用数字表格形式表示逻辑函数,简单明了、直观、唯一,但当用于变量比较多的逻辑函数时,就显得比较烦琐。因此,在真值表中有时只列写出函数值为 1 的取值组合(未列写出的当然为 0 或不会出现),这样的真值表我们称之为简化真值表。

5.5.2 表达式

函数表达式是用与、或、非等逻辑运算表示逻辑函数中各个变量之间逻辑关系的式子。

1. 函数表达式的基本形式

同一个逻辑函数,我们可以用不同的形式来表示,例如:

$$F = AB + \overline{A}C \qquad \text{与或表达式}$$

$$= (\overline{A} + B)(A + C) \qquad \text{或与表达式}$$

$$= \overline{\overline{AB} \cdot \overline{\overline{A}C}} \qquad \text{与非 - 与非表达式}$$

$$= \overline{\overline{AB} + \overline{\overline{A}C}} \qquad \text{与或非表达式}$$

我们用与非 - 与非、与或非表达式等来表示一个逻辑函数时,是考虑到逻辑函数的实现,因为这样的表示在进行电路实现时可减少芯片的用量,达到简化电路的目的。但逻辑函数也有唯一的标准表示形式:标准与或式和标准或与式。

2. 标准与或式

（1）如何由真值表得到标准与或式。

在真值表中，输入变量的每一个取值组合都可以用一个乘积项来表示，组合中变量取值为 1 的写成原变量，为 0 的写成反变量。找出真值表中所有的函数值为 1 的变量取值组合对应的乘积项，将这些乘积项相或，就得到了逻辑函数的标准与或式。

【例 5-5-2】真值表见表 5-5-2，试写出其函数的标准与或式。

表 5-5-2　例 5-5-2 的真值表

A	B	C	F
0	0	0	0
0	0	1	0
0	1	0	0
0	1	1	1
1	0	0	1
1	0	1	1
1	1	0	1
1	1	1	1

解：变量 A、B、C 一共有五组取值组合使逻辑函数 F 为 1，分别是 011、100、101、110、111。按照乘积项的列写原则：变量值为 1 的写成原变量，为 0 的写成反变量，得到五个乘积项：$\overline{A}BC$、$A\overline{B}\overline{C}$、$A\overline{B}C$、$AB\overline{C}$、$ABC$。将五个乘积项相或所得的表达式就是逻辑函数 F 的标准与或式，即：

$$F = \overline{A}BC + A\overline{B}\overline{C} + A\overline{B}C + AB\overline{C} + ABC \qquad (5-5-1)$$

反过来，根据 F 函数表达式也可以得到与表 5-5-2 完全相同的真值表。

式（5-5-1）是逻辑函数 F 唯一的标准与或式，表达式中的乘积项具有标准的形式。这样的乘积项我们称之为最小项。

（2）最小项。

最小项的定义：在 n 个输入变量的逻辑函数中，如果一个乘积项包含全部的 n 个变量，且每个变量都以原变量或者反变量的形式出现且仅出现一次，那么此乘积项称为该函数的一个最小项。对 n 个输入变量的逻辑函数来说，共有 2^n 个最小项。

例如：两变量逻辑函数 $F(A, B)$，共有 $\overline{A}\overline{B}$、$\overline{A}B$、$A\overline{B}$、AB 四个最小项；

三变量逻辑函数 $F(A, B, C)$，共有 $\overline{A}\overline{B}\overline{C}$、$\overline{A}\overline{B}C$、$\overline{A}B\overline{C}$、$\overline{A}BC$、$A\overline{B}\overline{C}$、$A\overline{B}C$、$AB\overline{C}$、$ABC$ 八个最小项。

最小项的性质包括：

• 每一个最小项都对应了一组变量取值，且只有这一组变量取值组合能使对应的最小项的值为 1；

• 全体最小项之和恒为 1；

• 任意两个最小项之积恒为 0；

• 若两个最小项之间只有一个变量不同，其余各变量均相同，则称这两个最小项逻辑相邻。

最小项的编号见表 5-5-3。

表 5-5-3　最小项编号

最小项	变量取值			最小项编号
	A	B	C	
$\overline{A}\,\overline{B}\,\overline{C}$	0	0	0	m_0
$\overline{A}\,\overline{B}C$	0	0	1	m_1
$\overline{A}B\overline{C}$	0	1	0	m_2
$\overline{A}BC$	0	1	1	m_3
$A\overline{B}\,\overline{C}$	1	0	0	m_4
$A\overline{B}C$	1	0	1	m_5
$AB\overline{C}$	1	1	0	m_6
ABC	1	1	1	m_7

最小项通常用 m_i 表示，下标 i 即最小项编号，用十进制数表示。编号的方法是：先将最小项的原变量用 1、反变量用 0 表示，构成二进制数；将此二进制数转换成相应的十进制数就是该最小项的编号。三个变量的最小项编号如表 5-5-3 所示。

有了最小项的编号后，也可以用最小项的编号来表示逻辑函数，例如：

$$F = \overline{A}BC + A\overline{B}\,\overline{C} + A\overline{B}C + AB\overline{C} + ABC = m_3 + m_4 + m_5 + m_6 + m_7$$
$$= \sum m(3,4,5,6,7)$$

（3）如何由普通表达式得到标准与或式。

如果逻辑函数为普通表达式，我们可以由普通表达式得到此函数的真值表，然后再根据真值表写出此函数的标准与或式。但更多时候，我们是将普通表达式转换成普通与或式，再由普通与或式转换成标准与或式。

普通与或式转换成标准与或式，对于所有的逻辑变量，若乘积项中缺变量 A，则将此乘积项与上 $(A+\overline{A})$；若乘积项中缺变量 B，则将此乘积项与上 $(B+\overline{B})$；若乘积项中既缺变量 A，又缺变量 B，只则将此乘积项与上 $(A+\overline{A})(B+\overline{B})$，依此类推，然后再将所有乘积项合并，就得到了函数的标准与或式。

【例 5-5-3】将三变量函数 $F = AB + \overline{A}C$ 转换成标准与或式。

解：$F = AB + \overline{A}C = AB(C + \overline{C}) + \overline{A}C(B + \overline{B}) = ABC + AB\overline{C} + \overline{A}CB + \overline{A}C\overline{B}$

$\qquad = ABC + AB\overline{C} + \overline{A}BC + \overline{A}\,\overline{B}C$

$\qquad = m_1 + m_3 + m_6 + m_7$

$\qquad = \sum m(1,3,6,7)$

【例5-5-4】将三变量函数 $F = \overline{AB + \overline{A}C}$ 转换成标准与或式。

解：先将函数 $F = \overline{AB + \overline{A}C}$ 利用反演律转换成普通与或式：

$$F = \overline{AB + \overline{A}C} = \overline{AB} \cdot \overline{\overline{A}C} = (\overline{A} + \overline{B})(A + \overline{C})$$

$$= \overline{A}\,\overline{C} + A\overline{B} + \overline{B}\,\overline{C}$$

再将普通与或式转换成标准与或式：

$$F = \overline{A}\,\overline{C} + A\overline{B} + \overline{B}\,\overline{C} = \overline{A}\,\overline{C}(B + \overline{B}) + A\overline{B}(C + \overline{C}) + \overline{B}\,\overline{C}(A + \overline{A})$$

$$= \overline{A}\,\overline{C}B + \overline{A}\,\overline{C}\overline{B} + A\overline{B}C + A\overline{B}\,\overline{C} + \overline{B}\,\overline{C}A + \overline{B}\,\overline{C}\,\overline{A}$$

$$= \overline{A}B\overline{C} + \overline{A}\,\overline{B}\,\overline{C} + A\overline{B}C + A\overline{B}\,\overline{C}$$

$$= m_0 + m_2 + m_4 + m_5$$

$$= \sum m(0,2,4,5)$$

*3. 标准或与式

标准或与式也是一种表示逻辑函数的方法，与标准与或式类似，它可由已知逻辑函数的真值表，找出函数值为 0 的所有变量取值组合，变量取值为 1 的写成反变量，变量取值为 0 的写成原变量，函数值为 0 的每一个组合就可以写出一个"或"项，将这些项"或"相与，就得到了逻辑函数的标准或与式。

（1）如何由真值表得到标准或与式。

【例5-5-5】真值表见表5-5-4，试写出其函数的标准或与式。

解：变量 A、B、C 一共有四组取值组合使逻辑函数 F 为 0，分别是 000、001、010、110。按照标准或与式的列写规则，即：

$$F = (A + B + C)(A + B + \overline{C})(A + \overline{B} + C)(\overline{A} + \overline{B} + C) \tag{5-5-2}$$

反过来，根据 F 函数表达式也可以得到与表5-5-4完全相同的真值表。

式（5-5-2）是逻辑函数 F 唯一的标准或与式，表达式中的"或"项具有标准的形式。这样的"或"项我们称之为最大项。

表5-5-4 例5-5-5的真值表

A	B	C	F
0	0	0	0
0	0	1	0
0	1	0	0
0	1	1	1
1	0	0	1
1	0	1	1
1	1	0	0
1	1	1	1

（2）最大项。

最大项的定义：在 n 个输入变量的逻辑函数中，如果一个"或"项包含 n 个变量，且每个变量都以原变量或者反变量的形式出现且仅出现一次，那么此"或"项称为该函数的一个

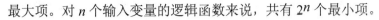

最大项。对 n 个输入变量的逻辑函数来说，共有 2^n 个最小项。

例如：两变量逻辑函数 $F(A, B)$，共有 $A+B$、$A+\overline{B}$、$\overline{A}+B$、$\overline{A}+\overline{B}$ 四个最大项。

最大项的性质包括：

- 每一个最大项都对应了一组变量取值，任意一个最大项，只有对应的那一组变量取值组合使其值为 0，而对于其他取值组合，这个最大项的值都是 1；
- 全体最大项之积恒为 0；
- 任意两个最大项之和恒为 1。

最大项通常用 M_i 表示，下标 i 即最大项编号，用十进制数表示。编号的方法是：先将最大项的原变量用 0、反变量用 1 表示，构成二进制数；将此二进制数转换成相应的十进制数就是该最大项的编号。三个变量的最大项编号如表 5-5-5 所示。

表 5-5-5 最大项编号

最大项	变量取值			最大项编号
	A	B	C	
$A+B+C$	0	0	0	M_0
$A+B+\overline{C}$	0	0	1	M_1
$A+\overline{B}+C$	0	1	0	M_2
$A+\overline{B}+\overline{C}$	0	1	1	M_3
$\overline{A}+B+C$	1	0	0	M_4
$\overline{A}+B+\overline{C}$	1	0	1	M_5
$\overline{A}+\overline{B}+C$	1	1	0	M_6
$\overline{A}+\overline{B}+\overline{C}$	1	1	1	M_7

4. 函数表达式的特点

函数表达式用基本逻辑运算符号抽象地表示了各个变量之间的逻辑关系，书写简洁、方便，并且可以利用逻辑代数公式进行化简，同时可直接转换成逻辑电路图。但当函数比较复杂时，难以看出逻辑函数值及变量之间的逻辑关系。

5.5.3 逻辑图

逻辑电路图法是跟实际电路最为接近的一种逻辑函数的表示方法。它是用逻辑符号表示单元电路或由这些基本单元电路组成的部件而得到的图，该图叫作逻辑电路图。它具有接近工程实际的优点，通常也叫逻辑图。

1. 如何由逻辑函数得到逻辑电路图

由逻辑函数得到逻辑图，只要利用常用逻辑门的逻辑符号来代替逻辑表达式中的相应运算，就可以得到函数的逻辑图。

【例 5-5-6】试画出逻辑函数 $F(A,B,C) = \overline{\overline{AB} \cdot \overline{BC} \cdot \overline{CA}}$ 的逻辑图。

解： 如图 5 - 5 - 1 所示。

2. 如何由逻辑电路图得到逻辑函数

由逻辑图得到逻辑函数，只要逐级写出每个逻辑门的输出表达式，直至最后的逻辑函数的输出。

【例 5 - 5 - 7】 试写出如图 5 - 5 - 2 所示电路的逻辑函数。

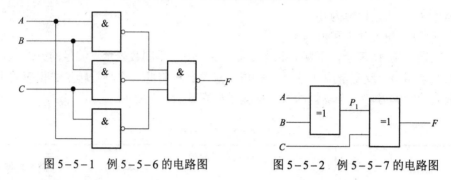

图 5 - 5 - 1 例 5 - 5 - 6 的电路图　　　　图 5 - 5 - 2 例 5 - 5 - 7 的电路图

解： $P_1 = A \oplus B$

$F = P_1 \oplus C = A \oplus B \oplus C$

5.5.4 卡诺图

卡诺图是由美国工程师卡诺（Karnaugh）提出的一种用来描述逻辑函数的特殊方格图。它是图形化的真值表，把各种输入变量取值组合下的输出函数值填入一张特殊的方格图中，即可得到逻辑函数的卡诺图。在这个方格图中，每一个方格代表逻辑函数的一个最小项，它与真值表最大的区别在于表达了各个最小项之间在逻辑上的相邻性。卡诺图是我们化简函数最常用的一种方法。

1. 卡诺图的结构

卡诺图一般画成矩形或正方形，图中分割出的小方块数为 2^n 个，n 为变量数，n 个变量有 2^n 个最小项，每一个最小项用一个小方格表示。同时特别需要注意的是方块图中变量取值的顺序要按照格雷码排列，只有这样的最小项方块图才是卡诺图。图 5 - 5 - 3 为二变量的卡诺图。图 5 - 5 - 4（a）、（b）、（c）分别为三变量、四变量和五变量的卡诺图。

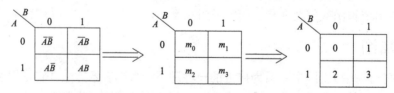

图 5 - 5 - 3 二变量卡诺图

从变量的卡诺图可以发现，每一小方格对应着一种取值可能的最小项，所有的最小项都有自己的一个小方格，同时，所有位置相邻的最小项（包括左右、上下、首尾相邻）之间只有一个变量的取值不同，我们称这两个最小项在逻辑上具有相邻性。如上图中 AB 和 $A\bar{B}$（即 m_2 和 m_3）逻辑相邻，$\bar{A}BC$ 和 $\bar{A}B\bar{C}$（即 m_5 和 m_4）逻辑相邻，$\overline{ABCD}$ 和 $\bar{A}B\bar{C}D$（即 m_5 和 m_7）逻辑相邻。

(a) 三变量卡诺图

A＼BC	00	01	11	10
0	0	1	3	2
1	4	5	7	6

(b) 四变量卡诺图

AB＼CD	00	01	11	10
00	0	1	3	2
01	4	5	7	6
11	12	13	15	14
10	8	9	11	10

(c) 五变量卡诺图

AB＼CDE	000	001	011	010	110	111	101	100
00	0	1	3	2	6	7	5	4
01	8	9	11	10	14	15	13	12
11	24	25	27	26	30	31	29	28
10	16	17	19	18	22	23	21	20

（a）　　　　　　　　　（b）　　　　　　　　　（c）

图 5-5-4　三变量、四变量和五变量的卡诺图

(a) 三变量卡诺图；(b) 四变量卡诺图；(c) 五变量卡诺图

逻辑相邻对于函数的化简有着十分重要的意义，因为逻辑相邻的最小项相或合并时，可以消去有关变量，如 $\overline{A}\overline{B}+\overline{A}B=m_2+m_3=\overline{A}$，$\overline{A}B\overline{C}+\overline{A}BC=m_4+m_5=\overline{A}B$，$\overline{A}\overline{B}CD+\overline{A}BCD=m_5+m_7=\overline{A}BD$。这在后面的卡诺图化简逻辑函数中会专门阐述。

2. 逻辑函数的卡诺图

了解了卡诺图的结构，只要将逻辑函数对应的每一个最小项的值填入到卡诺图中，就得到了逻辑函数的卡诺图。

（1）如何由真值表得到卡诺图。

由真值表得到卡诺图只要将真值表中所有最小项随对应的逻辑函数值填入卡诺图中即可。

【例 5-5-8】真值表见表 5-5-6，写出此逻辑函数的卡诺图。

表 5-5-6　例 5-5-8 的真值表

A	B	C	F
0	0	0	0
0	0	1	0
0	1	0	1
0	1	1	1
1	0	0	0
1	0	1	1
1	1	0	1
1	1	1	1

解： 画出三变量逻辑函数的卡诺图，然后再根据对应最小项的位置填上逻辑函数值如图 5-5-5 所示。

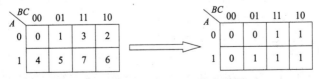

图 5-5-5　例 5-5-8 的卡诺图

（2）如何由标准与或式得到卡诺图。

由标准与或式得到卡诺图，只要将表达式中出现的最小项，在其相应的位置上填上 1，其余的填 0。

【例 5-5-9】画出四变量逻辑函数 $F(A,B,C,D) = \sum m(2,4,5,6,8)$ 的卡诺图。

解：结果如图 5-5-6 所示。

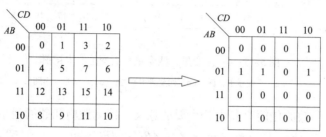

图 5-5-6　例 5-5-9 的卡诺图

（3）如何由普通表达式得到卡诺图。

由普通表达式得到卡诺图，可以先将普通表达式转换成标准与或式，然后再得到卡诺图。有时也可以直接根据普通表达式的乘积项直接填出卡诺图。

【例 5-5-10】画出三变量逻辑函数 $F(A,B,C) = A + BC$ 的卡诺图。

解：方法一：

$$F(A,B,C) = A + BC = A(B + \overline{B})(C + \overline{C}) + BC(A + \overline{A})$$
$$= ABC + AB\overline{C} + A\overline{B}C + A\overline{B}\overline{C} + ABC + \overline{A}BC$$
$$= \sum m(3,4,5,6,7)$$

结果如图 5-5-7 所示。

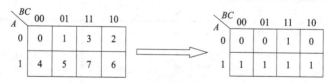

图 5-5-7　例 5-5-10 的卡诺图

BC / A	00	01	11	10
0	0	0	1	0
1	1	1	1	1

图 5-5-8　例 5-5-10 的卡诺图

方法二：由 $F(A,B,C) = A + BC$ 可以发现，函数由 A 和 BC 两个乘积项组成，当两个乘积项只要有一个为 1 或两个都为 1 时，则函数 F 就为 1，其他情况下函数都为 0，因此，在三变量卡诺图中，第二行所有的最小项中 A 都等于 1，故第二行所有的最小项都为 1，同理，保证 BC 为 1 的为第三列的所有的最小项，故第三列的所有的最小项都为 1，这样，就得到了函数 F 的卡诺图，如图 5-5-8 所示。

5.5.5　硬件描述语言

随着现代电子设计的发展，传统的电子设计技术已经不能完全满足设计的要求，EDA（Electronic Design Automation，电子设计自动化）技术出现在人们的视野中，这是一种高效的设计技术，与传统电子设计技术不同的是它采用的是自顶向下的设计流程，因此具备设计效率高，系统性能好，开发成本低等优点，目前已经作为主流的设计技术被各大企业单位采用。硬件描述语言 HDL（Hardware Description Language）也随之而产生，目前常用的硬件描述语言有 VHDL、Verilog HDL、System Verilog 和 System C 四种。其中，Verilog HDL 语言是一种目前常用的硬件描述语言，1984 年由 GDA（Gateway Design Automation）公司为其模拟器产品开发的硬件语言，由于他们模拟器产品的广泛应用，Verilog HDL 语言也逐渐为广大设计者所接受，并于 1995 年正式成为 IEEE 标准，即 IEEE Std 1364—1995。

通过硬件描述语言可以简单而实用地对数字电路进行设计或者描述，这里通过一个例子简单介绍一下该语言的使用方法。

【例 5 – 5 – 11】使用 Verilog HDL 语言实现逻辑函数 $Y = AB + C$。

module logic_function1 (A,B,C,Y);　　//定义模块名及模块端口

input A，B，C;　　　　　　　　　//定义模块输入端口

output Y;　　　　　　　　　　　//定义模块输出端口

reg Y;　　　　　　　　　　　　//定义 reg 类型变量

always@(A,B)　　　　　　　　　//过程语句

Y = A&B|C;　　　　　　　　　　//对变量赋值，过程语句中左边赋值变量必须是 reg 类型

endmodule　　　　　　　　　　//模块结束

以上就是用 Verilog 语言对逻辑函数的简单描述，其中黑色加粗字体为关键词，通过几行简单的语言就把一个逻辑函数表示出来了，此外通过专用的 EDA 软件还可以把电路图描绘出来，如图 5 – 5 – 9 所示：

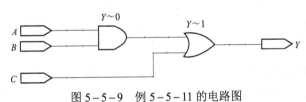

图 5 – 5 – 9　例 5 – 5 – 11 的电路图

可以发现，通过硬件描述语言可以简单实用的描述出逻辑函数，与以上几种方法比较，硬件描述语言可以用于算法级、门级到开关级的多种抽象设计层次的数字系统建模，被建模的数字系统对象可以介于简单的门和完整的电子数字系统之间，数字系统能够按照层次描述，并可在相同的描述中简便地进行时序建模。除此之外，Verilog HDL 语言非常易于学习和使用，这对大多数建模应用来说已经足够。以上种种特性都表明了硬件描述语言的优点与应用前景，下面简单介绍 Verilog HDL 语言的基础。

1. 模块

模块是 Verilog 的基本描述单位，用于描述某个设计的功能或结构及其与其他模块通信的外部端口。一个模块可以在另一个模块中使用。

一个模块的基本格式如下：

module module_name　（port_list）;

Declarations

Statements

endmodule

模块中包括了模块关键词、模块名、端口列表、信号声明和主体描述等几部分。

2. 数据类型和语言要素

1）标识符

标识符是描述对象的唯一名字，如例 5-5-11 中 A、B、C、Y 等，标识符可以是任一组字母、数字、符号$（美元）和_（下划线）的组合，但是标识符的第一个字符必须是字母或者下划线，且标识符是区分大小写的。

2）关键词

和其他语言类似，关键词是 Verilog 语言已经预定义的保留字，关键词不可用于表示标识符，所有关键词均为小写，如例 5-5-11 中的 module、input 等黑色加粗字体。

3）注释

Verilog 的注释方式与 C 语言相同，有两种形式的注释：第一种为单行注释，即在需要注释的语句前加"//"符号；第二种为若注释可扩展至多行，可以在符号"/*......*/"中的省略号部分加入所需的注释语句。

4）值集合

Verilog HDL 有四种基本的值：

0：逻辑 0 或假；

1：逻辑 1 或真；

z：高阻态；

x：代表不确定值，用作信号状态时表示未知。

z 值指的是三态缓冲器的输出，x 通常用在仿真模块中，代表一个不是 0、1 和 z 的值，如没有初始化的输入输出端口。此外，x 和 z 都是不区分大小写的。

5）常量

Verilog HDL 中有三类常量：整数型、实数型和字符串型。

（1）整数型的描述通用格式：[数据位宽]'[数据进制][值]。其中常用的数据进制有：b 或 B 表示二进制，o 或 O 表示八进制，h 或 H 表示十六进制，d 或 D 表示十进制，如 5'b11001 表示的是 5 位二进制数。

（2）实数型常量通常有两种定义形式：

十进制计数法，如：1.0，11.12，0.375；

科学计数法，如：12.5e2（值为 1250），5e-3（值为 0.005）。

（3）字符串是双引号内的字符序列，且不能分多行书写。如："adder"，用 8 位 ASCII 值表示的字符可以看作无符号整数，因此字符串是 8 位 ASCII 值的序列。为存储字符串"adder"，变量需要 8×5 位。

6）数据类型

Verilog HDL 常用的有两种数据类型：网线类型和寄存器类型。

网线类型：用关键词"wire"定义，用以表示结构化元件间的物理连线，常用于连续赋值语句或门的输出。

寄存器类型：用关键词"reg"定义，用以表示一个抽象的数据存储单元，并且只能在 always 语句和 initial 语句中被赋值，并且它的值从一个赋值到另一个赋值被保存下来。

3. 基本操作符

根据 Verilog HDL 的定义，根据操作数的个数可以分为一元操作符、二元操作符和三元操作符。根据功能，常用的基本操作符可以分为算术操作符、等式操作符、不等式操作符、位操作符、逻辑操作符、归约操作符、移位操作符、条件操作符、连接操作符等。表 5-5-7 列出了这些操作符。

表 5-5-7　Verilog HDL 操作运算符

类型	符号	功能描述
算术操作符	+	一元加、二元加
	−	一元减、二元减
	*	乘
	/	除
	%	取模
等式操作符	==	相等
	!=	不相等
	===	全等
	!= =	不全等
不等式操作符	>	大于
	<	小于
	>=	大于等于
	<=	小于等于
位操作符	~	按位取反
	&	按位与
	|	按位或
	^	按位异或
	^~或~^	按位同或
逻辑操作符	!	逻辑非
	&&	逻辑与
	||	逻辑或
归约操作符	&	归约与
	~&	归约与非
	|	归约或
	~|	归约或非
	^	归约异或
	~^	归约同或

类型	符号	功能描述
移位操作符	>>	右移
	<<	左移
	>>>	带符号右移
	<<<	带符号左移
条件操作符	?:	条件判断（三元操作符）
连接操作符	{, }	连接符
复制操作符	{{}}	复制

5.5.6 用 Multisim 进行逻辑函数转换

逻辑函数的表示方法是逻辑代数的重点，前面分别通过真值表、表达式、逻辑图、卡诺图及硬件描述语言几个方法对逻辑函数进行了表示，但是随着设计自动化程度的提高，对逻辑函数的转换及化简表示都提出了更高的要求。逻辑转换器就可以完成这些工作，它是 Multisim 软件中的一个重要工具，通过逻辑转换器可以完成逻辑函数的真值表、表达式以及电路图之间的相互转换，下面通过一个例子加以说明。

【例 5－5－12】已知逻辑函数表达式为 $F = AB + A\overline{C}$，求其对应真值表以及逻辑电路图。

解： 启动 Multisim，计算机屏幕上将显示如图 5－5－10 所示的用户界面，从仪器仪表库栏目中把逻辑转换器取出，在显示面板的底部空白处输入逻辑函数 F 的表达式，这里的输入方式中的"'"代表了逻辑非，通过按下逻辑转换器中的由表达式转换为真值表的按钮，可以获得与逻辑函数表达式相对应的真值表，继续按下逻辑转换器中的由表达式转换为电路图的按钮，可以获得与逻辑函数表达式相对应的电路图，如图 5－5－10 所示。

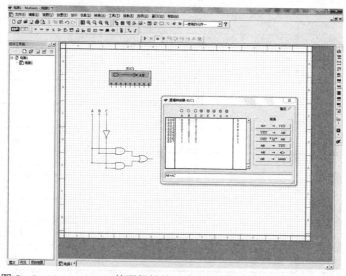

图 5－5－10 Multisim 的逻辑转换器实现逻辑表达式到电路图的转换

5.6　逻辑函数的简化

根据逻辑函数表达式，可以画出相应的逻辑电路图。如果逻辑表达式简单，则实现函数所需的元器件就比较少。所以在逻辑电路的设计中，常常需要对逻辑函数进行化简，得到最简表达式，节省器件，降低成本，提高数字系统的可靠性。

在前面我们已经介绍过，逻辑表达式有很多种表示法，因此，最简的逻辑表达式也往往不止一种，但通常都是得到最简与或表达式，再通过一些变换转化为其他形式的最简表达式。

所谓最简与或表达式，是指函数表达式中乘积项的个数最少，组成每一个乘积项的变量个数最少。

除了最简与或表达式，还经常用到的一种最简表达式是最简与非－与非式。将最简与或表达式转化成最简与非－与非式，只要将最简与或表达式两次取非后，再利用德·摩根定理转换即可得到。

例如，$F = AB + AC$ 为最简与或表达式，则 F 的最简与非－与非式为：

$$F = AB + AC = \overline{\overline{AB + AC}} = \overline{\overline{AB} \cdot \overline{AC}}$$

根据最简与非－与非式画出的电路图所用的门电路种类比最简与或式要少得多，实际实现的电路也比较简单。

5.6.1　公式简化法

代数法化简就是利用逻辑代数中的公式、定理和规则进行化简。

【例 5－6－1】 试化简逻辑函数 $F = AB + \overline{A}C + \overline{B}C$ 。

解：
$$\begin{aligned}
F &= AB + \overline{A}C + \overline{B}C \\
&= AB + (\overline{A} + \overline{B})C \\
&= AB + \overline{AB}C \\
&= AB + C
\end{aligned}$$

【例 5－6－2】 试化简逻辑函数 $F = (AC + \overline{B}C) \cdot \overline{B(\overline{AC} + A\overline{C})}$ 。

解：
$$\begin{aligned}
F &= (AC + \overline{B}C) \cdot \overline{B(\overline{AC} + A\overline{C})} \\
&= (AC + \overline{B}C)(\overline{B} + \overline{\overline{AC} + A\overline{C}}) \\
&= (AC + \overline{B}C)(\overline{B} + \overline{\overline{AC}} \cdot \overline{A\overline{C}}) \\
&= (AC + \overline{B}C)(\overline{B} + (A + \overline{C})(\overline{A} + C)) \\
&= (AC + \overline{B}C)(\overline{B} + AC + \overline{AC}) \\
&= A\overline{B}C + AC + \overline{B}C + A\overline{B}C \\
&= AC + \overline{B}C
\end{aligned}$$

代数法化简能否化简成最简表达式，取决于经验和对公式、定理的熟练程度，有时很难把握，故我们通常采用卡诺图法进行化简。

5.6.2　卡诺图简化法

前面我们已经介绍了逻辑函数的卡诺图，卡诺图最大的特点是相邻的最小项之间逻辑相邻，逻辑相邻的最小项合并时，可以消去有关变量，从而达到化简的目的。

例如，在图 5-6-1 中，两个最小项合并可以消去一个变量。消去的变量就是取值发生变化的变量。

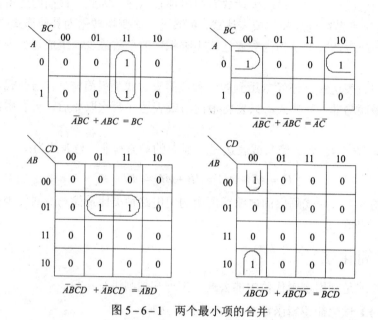

图 5-6-1　两个最小项的合并

同理，四个最小项合并可以消去两个变量，八个最小项合并可以消去三个变量，以此类推。如图 5-6-2 所示。

基于以上的原理，用卡诺图化简函数的方法是根据逻辑函数画出其卡诺图，再将函数值为 1 的最小项画卡诺圈进行合并，然后写出每个卡诺圈对应的乘积项，最后将所有乘积项相或，从而得到逻辑函数的最简与或式。

画卡诺圈应遵循以下几个原则：

（1）卡诺圈中的函数值只能为 1，不能为 0，且卡诺圈中 1 的个数必须为 2^i（$i=0$，1，…）

（2）圈越大越好。圈越大，说明可以合并的最小项越多，消去的变量就越多，因而得到的乘积项就越简单。

（3）合并时，所有最小项均可以重复使用，即 1 可以被多个卡诺圈圈入，但每一个圈至少包含一个新的最小项，否则它是多余的。

（4）必须将组成函数的全部最小项（所有为 1 的值）全部圈进卡诺圈中，如果某一最小项不与其他任何最小项相邻，则单独圈起来。

（5）有时需要比较、检查才能写出最简与或式，有些情况下，最小项的圈法并不唯一，因而得到的与或表达式也各不相同，因此，要仔细比较、检查才能确定最简与或式，甚至有时会出现几种表示方法均为不同形式的最简与或式。

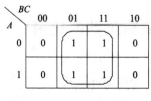

$$\overline{A}\overline{B}C + \overline{A}BC + A\overline{B}C + ABC = C$$

$$\overline{A}\overline{B}\overline{C} + \overline{A}B\overline{C} + A\overline{B}\overline{C} + AB\overline{C} = \overline{C}$$

$$\overline{A}B\overline{C}\overline{D} + \overline{A}B\overline{C}D + \overline{A}BCD + \overline{A}BC\overline{D} = \overline{A}B$$

$$\overline{A}\overline{B}\overline{C}\overline{D} + \overline{A}B\overline{C}\overline{D} + A\overline{B}\overline{C}\overline{D} + AB\overline{C}\overline{D} = \overline{B}\overline{D}$$

$$\sum m(0,1,4,5,8,9,12,13)= C$$

$$\sum m(0,2,4,6,8,10,12,14)= \overline{D}$$

图 5-6-2 四个、八个最小项的合并

【例 5-6-3】试利用卡诺图法化简逻辑函数 $F = \sum m(0,2,4,6,7)$。

解：首先画出逻辑函数 F 的卡诺图，如图 5-6-3 所示，然后根据画卡诺圈的原则画卡诺圈，图中，四个角可以画出一个大的卡诺圈，得到相应的乘积项 $\overline{C}$，由于还有一个 1 未被画进去，故其与最右下角的 1 合并，得到乘积项 AB，最终得到逻辑函数的最简表达式：

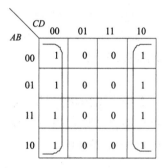

图 5-6-3 例 5-6-3 的卡诺图

$$F = \overline{C} + AB$$

【例 5-6-4】试利用卡诺图法化简逻辑函数 $F = \sum m(0,2,5,8,10,11,14,15)$。

解：首先画出逻辑函数 F 的卡诺图，如图 5-6-4 所示，图中四个角可以画出一个大的卡诺圈，得到相应的乘积项 $\overline{B}\overline{D}$，右下角的四个 1 合并，得到乘积项 AC，中间还有一个 1 无法与其他 1 合并，单独画圈，得到乘积项 $\overline{A}B\overline{C}D$，逻辑函数的最简表达式为：

$$F = AC + \overline{B}\overline{D} + \overline{A}B\overline{C}D$$

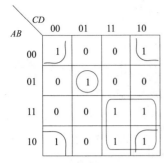

图 5-6-4　例 5-6-4 的卡诺图

5.6.3　具有约束的逻辑函数的化简

在实际的逻辑电路中，经常会遇到有些输入组合在工作时根本不会出现，其对应的最小项的取值就可以是任意的，例如，如果用四位二进制数来表示 0～9 十个数字，四位二进制数共有十六种组合，选出其中的十种分别表示 0～9，剩下的六种就不会出现，这六种所对应的最小项就称为任意项，有时也称为约束项。在卡诺图和真值表中用叉号（×）表示。在表达式中用 $\sum d$ 来表示。

对于有约束项的逻辑函数的化简，约束项由于不会出现，可以根据化简的需要把它当作 0 或 1，即包含在卡诺圈中就认为其取值为 1，不包含在卡诺圈中就认为其取值为 0。考虑了逻辑函数的约束项，往往能够使得到的表达式更加简化。

【例 5-6-5】用卡诺图化简逻辑函数 $F = \sum m(1,2,4) + \sum d(3,5,6,7)$。

解： 首先画出逻辑函数 F 的卡诺图，如图 5-6-5 所示，图中 m_1、m_2、m_4 填上 1，m_3、m_5、m_6、m_7 为任意项，填上"×"。在此，可以将所有约束项当作 1，画出相应的卡诺圈，得到逻辑函数 F 的最简表达式：

$$F = A + B + C$$

【例 5-6-6】用卡诺图化简逻辑函数 $F = \sum m(6,7,8,12,13,14) + \sum d(5,9,15)$。

解： 首先画出逻辑函数 F 的卡诺图，如图 5-6-6 所示。将 m_5 当作 0，不在卡诺圈中，m_9、m_{15} 当作 1，圈在卡诺圈中，这样，就得到逻辑函数 F 的最简表达式：

$$F = A\overline{C} + BC$$

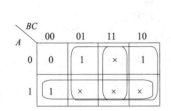

图 5-6-5　例 5-6-5 的卡诺图

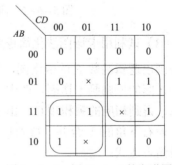

图 5-6-6　例 5-6-6 的卡诺图

5.6.4　用 Multisim 进行逻辑函数化简

除了上一节介绍的逻辑函数表达方式之间的转换外，Multisim 还可以进行逻辑函数的化简操作，这也为广大电子设计工作者带来了极大的便利。通过 Multisim 进行逻辑函数化简，首先要得到该逻辑函数的表达式的真值表，然后再由真值表转换成化简后的最简逻辑函数表达式，下面通过一个例子进行说明。

【例 5-6-7】已知逻辑函数表达式为 $F = \sum m(2,3,5,6,14,15) + \sum d(0,1,4,12,13)$，求其最简逻辑函数表达式。

解： 通过给定的逻辑函数表达式，在 Multisim 中在逻辑转换器上选取 4 个输入端（A，B，C，D），即将该 4 个端口的圆圈点上，则下面对应出现了 16 种最小项表达式（0000～1111），分别在对应的最小项后输入 1，0 或×，最后可以得到该表达式对应的真值表。

单击逻辑转换器的由真值表转换到逻辑表达式按钮可以得到底部的逻辑表达式 $F=$ A'B'CD'+A'B'CD+A'BC'D+A'BCD'+ABCD'+ABCD，如图 5-6-7 所示。

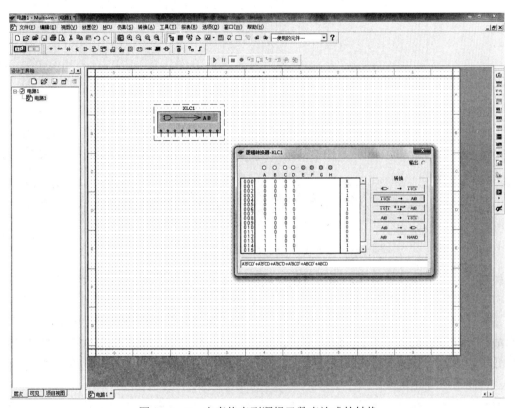

图 5-6-7　由真值表到逻辑函数表达式的转换

单击逻辑转换器的由真值表转换到最简逻辑表达式按钮可以得到底部的最简表达式，$F=$ A'B'+A'C'+BD'+AB，如图 5-6-8 所示。

5.7　本章小结

本章介绍了数字电路的特点，数制码制及其转换，逻辑运算，逻辑函数的表达及化简等逻辑代数的基本知识。

数字电路具有抗干扰能力强、可靠性高、稳定性好、功耗低、速度快、集成度高等特点，因此被广泛地应用于现代电子设计中。

学习数字电子技术首先要了解数制及其转换规则，一般数字电路采用的是二进制编码方式，在一些特殊情况下如编码较长的时候会采取八进制、十六进制等，此外还有人们日常生

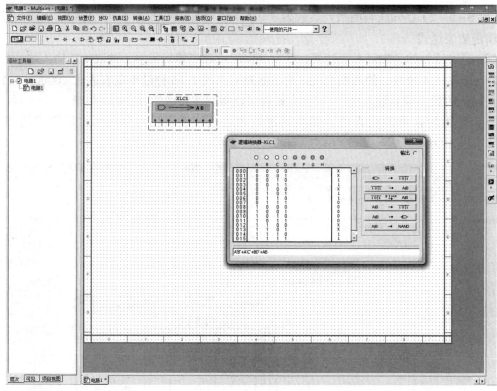

图 5-6-8　由真值表到最简逻辑函数表达式的转换

活中较熟悉的十进制计数方式，掌握进制之间的转换及二进制加减乘除算术运算，了解补码进行有符号数的运算。熟悉常用的编码方式如 BCD 码、ASCII 码、余 3 码等编码方法及应用。

逻辑运算中的三种基本运算是与、或、非运算，其他逻辑运算分别可以由这三种基本运算组成。设计分析数字电路的工具是逻辑函数，逻辑函数是数字电子技术的基础知识点，逻辑函数表示方法有真值表、逻辑表达式、逻辑图、卡诺图及硬件描述语言几种，并且几种表示方法之间可以互相转换。

重点了解逻辑函数的化简方法，主要有两种：公式化简法和卡诺图化简法。采用公式法化简相对简单，但是公式法化简需要对公式的熟练掌握与应用，对于初学者甚至是相对精通公式的人来讲化到最简也不是一件容易的事情。卡诺图化简很好地解决了这一问题，只要了解了最小项的性质，熟练地描绘出卡诺图，根据选取原则一般很容易就可以将逻辑函数化到最简形式，当然卡诺图也由于其本身的性质有一定的应用局限性，比如超过 5 变量的卡诺图就不再容易绘制，对应用有较大的影响，因此在实际应用中要合理选取化简方法对逻辑函数进行化简。最后介绍了采用工具 Multisim 对逻辑函数进行化简，该软件通过逻辑转换器可以很容易完成逻辑函数的真值表、表达式以及电路图之间的相互转换，是一种数字电子设计中很有益的补充。

本章主要知识点

本章主要知识点见表 5-7-1。

表 5-7-1 本章主要知识点

数字与模拟	基本概念	模拟信号，模拟电路 数字信号，数字电路	
数制与编码	常见数制	二进制（Binary Numbers） 十进制（Decimal Numbers） 八进制（Octal Numbers） 十六进制（Hexadecimal Numbers）	
	数制转换	任意进制数转换为十进制数 十进制数转换为二进制数 二进制数转换为八、十六进制数	
	二进制算术运算	加减乘除运算规则 原码、反码、补码及其表示方法 补码参与算术运算	
	几种常见编码	BCD 码、ASCII 码	
逻辑函数及其化简	逻辑运算	三种基本逻辑运算：与、或、非 复合逻辑运算：与非、或非、与或非、同或、异或	
	逻辑函数的公式 与法则	基本公式 常用公式 基本规划（代入、反演、对偶）	
	逻辑函数的表示方法	真值表	描述逻辑函数各个输入逻辑变量取值组合和函数值对应关系的表格
		表达式	用与、或、非等逻辑运算表示逻辑函数中各个变量之间逻辑关系的式子
		逻辑图	用逻辑符号表示单元电路或由这些基本单元电路组成的部件而得到的图
		卡诺图	用来描述逻辑函数的特殊方格图，可以简化化简步骤
		硬件描述语言	用语言的方式描述逻辑函数的方法
	逻辑函数的化简	公式法化简 卡诺图化简 Multisim 化简	

本章重点

数制转换、逻辑函数的表示方法、逻辑函数化简。

本章难点

公式法化简、卡诺图法化简。

思考与练习

5-1 什么是数字信号？什么是模拟信号？

5-2 数字信号有何特点？

5-3 数字系统为何采用二进制？

5-4 脉冲如何表征？

5-5 常见进位制有几种？

5-6 计数进位制中，基数和权值是何意义？

5-7 其他进制转换为十进制采用何方法？

5-8 十进制如何转换为二进制？

5-9 二、八、十六进制之间如何转换？

5-10 何为 BCD 码？常见的 BCD 码有几种？

5-11 大写字母 A 用 ASCII 码如何表示？

5-12 将下列十进制数转换为二进制数：

（1）$(35)_{10}$；（2）$(0.375)_{10}$；（3）$(16.5)_{10}$。

5-13 将下列二进制数转换为十进制数：

（1）$(110010)_2$；（2）$(0.101)_2$；（3）$(10011.1)_2$。

5-14 将下列二进制数转换为八进制数和十六进制数：

（1）$(1010001)_2$；（2）$(0.01101)_2$；（3）$(110011.101)_2$。

5-15 将下列八进制数和十六进制数转换为二进制数：

（1）$(47)_8$；（2）$(9C2)_{16}$。

5-16 逻辑代数和普通代数有何异同？

5-17 常见的基本逻辑运算有哪三种？各自的逻辑定义是什么？

5-18 常见的复合逻辑运算有几种？

5-19 常用的逻辑门有哪些？各有何功能？其真值表和逻辑符号是什么？

5-20 逻辑代数的基本规律和规则有哪些？

5-21 逻辑函数的表示方法有哪几种？相互之间如何转换？

5-22 化简逻辑函数的方法有几种？如何化简？

5-23 试用真值表证明下列公式成立：

（1）$0 \oplus A = A$；

（2）$1 \oplus A = \overline{A}$。

5-24 试用真值表证明下列公式成立：

（1）$AB + BC + AC = (A+B)(B+C)(A+C)$；

（2） $\overline{AB + \overline{A}C} = A\overline{B} + \overline{A}C$ ；

（3） $\overline{A} + \overline{B} + \overline{C} + ABC = 1$ 。

5-25 写出下列函数的反函数：

（1） $F = (A + \overline{B}) \cdot \overline{C} + \overline{D}$ ；

（2） $F = \overline{A + B + \overline{\overline{C} + \overline{\overline{D + E}}}}$ 。

5-26 写出下列函数的对偶式：

（1） $F = AB + \overline{C}\overline{D}$ ；

（2） $F = \overline{A + B + \overline{\overline{C} + \overline{\overline{DF}}}}$ 。

5-27 用公式法证明下列等式：

（1） $A \oplus B \oplus C = A \odot B \odot C$ ；

（2） $\overline{A\overline{B} + B\overline{C} + C\overline{A}} = \overline{ABC + \overline{A}\overline{B}\overline{C}}$ 。

5-28 请写出下列函数的真值表：

（1） $F_1 = AB + B\overline{C} + A\overline{B}C$ ；

（2） $F_2 = AB + ACD$ 。

5-29 某函数真值表如下所示，试写出其标准与或式。

题 5-29 的真值表

A	B	C	F_1	F_2
0	0	0	0	0
0	0	1	0	1
0	1	0	1	0
0	1	1	1	1
1	0	0	0	0
1	0	1	1	0
1	1	0	1	0
1	1	1	0	1

5-30 写出下列函数的标准与或表达式：

（1） $F = AB + A\overline{C}$ ；

（2） $F = ABC + BD$ 。

5-31 用代数法将下列函数化简成最简与或式：

（1） $F = A\overline{B} + A\overline{C} + B\overline{C} + A\overline{B}C + AB\overline{C}D$ ；

（2） $F = AB + AD + \overline{B}\overline{D} + A\overline{C}D$ 。

5-32 用卡诺图法化简下列函数：

（1） $F(A,B,C) = \overline{A}B + B\overline{C} + \overline{B}\overline{C}$ ；

（2） $F(A,B,C,D) = A\overline{B} + AC\overline{D} + \overline{A}C + B\overline{C}$ ；

（3）$F(A,B,C) = \sum m(2,3,6,7)$ ；

（4）$F(A,B,C,D) = \sum m(1,2,3,4,5,7,9,15)$ ；

（5）$F(A,B,C,D) = \sum m(2,4,5,6,7,11,12,14,15)$ ；

（6）$F(A,B,C,D) = \sum m(0,2,5,7,8,10,13,15)$ 。

5-33　用卡诺图法化简含约束项的函数：

（1）$F(A,B,C,D) = \sum m(0,1,5,7,8,11,14) + \sum d(3,9,15)$ ；

（2）$F(A,B,C,D) = \sum m(0,2,7,13,15) + \sum d(1,3,4,5,6,8,10)$ 。

第6章

组合逻辑电路

组合逻辑电路是指输出信号仅取决于当前输入信号的一种逻辑电路，该电路没有存储功能，因此输出与之前的输入值及状态无关。对组合电路的描述方式有很多，包括布尔代数表达法、真值表描述法、硬件语言描述法等。本章根据组合逻辑电路的特点分别介绍以下内容：门电路、组合逻辑电路的概念；组合逻辑电路的分析与设计；编码器、译码器、加法器、数据选择器、比较器等中规模集成组合电路；竞争冒险的产生及解决方法；可编程逻辑器件原理；Multisim 分析组合逻辑电路。

6.1 门 电 路

用以实现基本逻辑运算和复合运算的单元电路称为门电路，如上一章提到的与门、与非门、或门等。在门电路中以高低电平来表示逻辑的 1 或 0，从生产工艺来看有分立元件门电路和集成逻辑门电路两大类，前面已经介绍了通过分立元件二极管构造与、或、非等逻辑门电路，本节将简要介绍集成逻辑门电路，集成逻辑门电路以其功耗低、成本低、可靠性高等特点引起了广泛的关注和应用，这里仅介绍几个常用的门电路：TTL 反相器、CMOS 传输门和三态门。

1. TTL 反相器电路

TTL 反相器电路如图 6-1-1 所示，它是由输入级、倒相级和输出级三个部分组成，之所以称为倒相级是因为 T_2 集电极输出的电压信号与发射级输出的电压信号变化方向是相反的，同时可以从输出级分析得出 T_4 和 T_5 总是一个导通一个截止，这样可以有效降低输出功耗并提高负载驱动能力，亦称为推拉式电路。分析可以得出输出电压随输入电压变化的曲线图如图 6-1-2 所示。

可以看出电压传输特性分成以下几段：

曲线 AB 段：$u_I < 0.6$ V，$u_{B1} < 1.3$ V，T_1 导通，T_2、T_5 截止，T_4 导通，所以输出电压为 $u_{OH} = V_{CC} - u_{R2} - u_{BE4} - u_{D2} = 3.4$ V，称为截止区。

曲线 BC 段：0.7 V $< u_I < 1.3$ V，T_2 导通且工作在放大区，T_5 截止，T_4 导通，u_I 上升、u_O 线性下降，称为线性区。

曲线 CD 段：$u_I = 1.4$ V，u_{B1} 近似为 2.1 V，T_2 和 T_5 导通，T_4 截止，所以输出电压迅速下降，称为转折区。转折区中点对应的电压称为阈值电压或门槛电压，用 U_{TH} 表示。

曲线 DE 段：输入电压 u_I 继续上升，输出电压不变，称为饱和区。

图 6-1-3 是 TTL 反相器的动态传输特性，从图中可以看出由于结电容（D 和 T）的存在，受分布电容影响，输出电压波形将滞后输入一段时间，且波形边沿也会发生变化。

图 6-1-3 是 TTL 反相器的动态传输特性，从图中可以看出由于结电容（D 和 T）的存在，受分布电容影响，输出电压波形将滞后输入一段时间，且波形边沿也会发生变化。

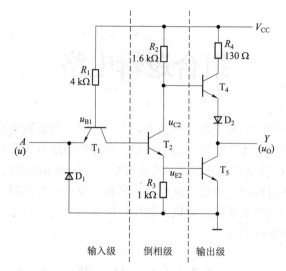

图 6-1-1　TTL 反相器电路

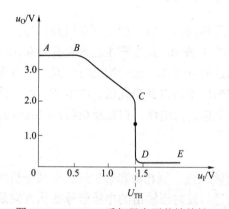

图 6-1-2　TTL 反相器电压传输特性

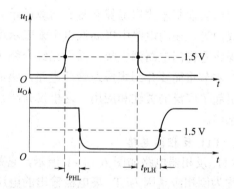

图 6-1-3　TTL 反相器的动态传输特性

在实际的电路中，需要实现各种各样的逻辑功能的电路。因此，在 TTL 门电路中，除了 TTL 与非门外，还有与门、或门、非门、或非门、与或非门、异或门等。虽然它们逻辑功能各异，但其电路结构、性能指标都与 TTL 与非门类似，这里不再一一阐述。

2. CMOS 传输门电路

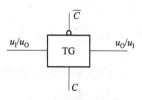

图 6-1-4　COMS 传输门符号

图 6-1-4 是 COMS 传输门电路的逻辑符号，其逻辑功能是：当 $C=0$，$\overline{C}=1$ 时，截止，相当于断开；当 $C=1$，$\overline{C}=0$ 时，导通，u_I 与 u_O 之间为低阻态。传输门用途广泛，可以组合各种复杂的逻辑电路，如异或门、数据选择器、计数器、寄存器等，还可以用作模拟开关，用来传输连续变化的模拟信号。

图 6-1-5 是 COMS 传输门双向模拟开关示意图，由图中可以看出，双向模拟开关由 CMOS 传输门和一个反相器构成。

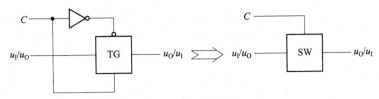

图 6-1-5　COMS 双向模拟开关

3. 三态门电路

在计算机系统中经常用到一种三态门，它是在普通门电路的基础上加入了控制信号而构成的，它的输出有三种状态：逻辑 0、逻辑 1 和高阻态。常用三态门的逻辑符号如图 6-1-6 所示。

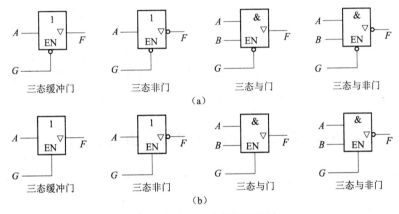

图 6-1-6　三态门逻辑符号

图 6-1-6 中，所有的门电路中都有一个控制输入端 G，我们称之为使能端或选通端，它的作用是当它输入有效时，逻辑门实现正常的缓冲、非、与、与非功能；当它输入无效时，逻辑门输出为高阻态。使能端的有效分为两种：一种为高电平有效，一种为低电平有效。图 6-1-6（a）为低电平有效的三态门，控制输入 G 端有小圆圈，当 $G=0$ 时，三态门工作实现正常功能；当 $G=1$ 时，三态门禁止，输出高阻态。图 6-1-6（b）为高电平有效的三态门，控制输入 G 端没有小圆圈，当 $G=1$ 时，三态门工作实现正常功能；当 $G=0$ 时，三态门禁止，输出高阻态。

以 6-1-6（a）中的低电平有效的三态与非门为例，其功能如表 6-1-1 所示。

表 6-1-1　三态与非门功能表

使能端 $\overline{G}$	数据输入端		输出端 Y
	A	B	
0	0	0	1
0	0	1	1
0	1	0	1
0	1	1	0
1	×	×	高阻

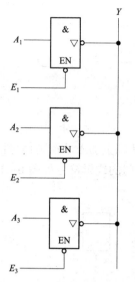

图 6-1-7　三态门实现分时传送

当 $\overline{G}=1$ 时，$Y=Z$（高阻态）；$\overline{G}=0$ 时，$Y=\overline{AB}$。三态门应用广泛，目前常用于数据总线传输、多路开关及输出缓冲等电路中。

三态门主要用来实现多路数据在总线上的分时传送，实现多个数据或控制信号的总线传输，如图 6-1-7 所示。当 E_1 有效为低电平而 E_2、E_3 无效时，总线 Y 上传输的是 A_1 信号；当 E_2 有效为低电平而 E_1、E_3 无效时，总线 Y 上传输的是 A_2 信号；当 E_3 有效为低电平而 E_1、E_2 无效时，总线 Y 上传输的是 A_3 信号。

对于各种集成电路，使用时一定要在工作条件范围内，否则将导致性能下降或损坏器件。一般要求电源电压的稳定度在 $\pm 5\%$ 之内；除特殊电路外，输出端不允许直接接电源或地，一般也不允许并接使用；在使用中，不用的输入端，若为与门或与非门，可通过电阻接正电源或与使用端并接，若为或门或或非门，可接地或与使用端并接。

6.2　组合逻辑电路的分析与设计

数字电路按照电路结构和逻辑功能的不同常分为两大类：一类为组合逻辑电路，一类为时序逻辑电路。

数字电路中，任何时刻的输出信号只决定于该时刻电路的输入，而与电路以前的状态无关的电路叫作组合逻辑电路，简称组合电路。它是一种即时输入即时输出的电路，无记忆和存储功能。不难看出，逻辑门电路也是属于组合逻辑电路的范畴。

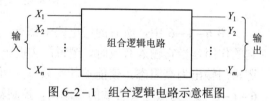

图 6-2-1　组合逻辑电路示意框图

图 6-2-1 是组合逻辑电路的示意框图，它通常用如下逻辑函数来描述，即

$$Y_1 = f_1(X_1, X_2, \cdots, X_n)$$
$$Y_2 = f_2(X_1, X_2, \cdots, X_n)$$
$$\vdots$$
$$Y_m = f_m(X_1, X_2, \cdots, X_n)$$

6.2.1　组合逻辑电路的分析

组合逻辑电路的分析是指根据给定的逻辑电路图确定其逻辑功能。组合逻辑电路的分析步骤一般如下：

（1）根据逻辑电路图，由输入到输出逐级推导，得到输出端的逻辑函数表达式；

（2）对逻辑函数进行化简，得到简化表达式；

（3）列出逻辑函数相应的真值表；

（4）根据真值表确定逻辑电路的功能。

【例6-2-1】试分析图6-2-2所示逻辑电路的逻辑功能。

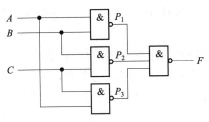

图6-2-2　例6-2-1的电路

解：（1）写出表达式：

$$P_1 = \overline{AB}$$

$$P_2 = \overline{BC}$$

$$P_3 = \overline{CA}$$

$$F = \overline{P_1 \cdot P_2 \cdot P_3} = \overline{\overline{AB} \cdot \overline{BC} \cdot \overline{CA}}$$

（2）化简表达式：

$$F = \overline{\overline{AB} \cdot \overline{BC} \cdot \overline{CA}}$$

$$= AB + BC + CA$$

（3）列出真值表，见表6-2-1。

表6-2-1　例6-2-1的真值表

A	B	C	F
0	0	0	0
0	0	1	0
0	1	0	0
0	1	1	1
1	0	0	0
1	0	1	1
1	1	0	1
1	1	1	1

（4）描述功能：

从真值表可以看出，当输入 A、B、C 中有2个或3个为1时，输出 F 为1，否则输出 F 为0。所以该电路实际上是一种少数服从多数的3人表决用的组合电路：只要有2票或3票同意，表决就通过。

6.2.2　组合逻辑电路的设计

组合逻辑电路的设计是指根据给定的逻辑要求，设计出满足功能且经济合理的逻辑电路。组合逻辑电路的设计步骤一般如下：

（1）将文字描述的逻辑问题抽象为真值表。

具体方法是：通过对设计要求的理解，明确哪些是输入变量，哪些是输出变量，以及它们之间的相互关系；对逻辑变量进行状态定义，即对逻辑状态赋值；分析事件的因果关系，列出真值表。

（2）依据相应的真值表写出逻辑函数并进行化简。

（3）根据化简结果，选择合适的门电路，画出逻辑电路图。

【例 6-2-2】 用与非门设计一个举重裁判表决电路。设举重比赛有 3 个裁判，一个主裁判和两个副裁判。认为杠铃完全上举的裁决由每一个裁判按一下自己面前的按钮来确定。只有当两个或两个以上裁判判明成功，并且其中有一个为主裁判时，表明成功的灯才亮。

解：（1）列真值表：

设主裁判为变量 A，副裁判分别为变量 B 和 C，认为杠铃完全上举，变量输入为 1，否则为 0；表示成功与否的灯为 Y，灯亮为 1，灯灭为 0。根据逻辑要求列出的真值表如表 6-2-2 所示。

表 6-2-2　例 6-2-2 的真值表

A	B	C	F
0	0	0	0
0	0	1	0
0	1	0	0
0	1	1	0
1	0	0	0
1	0	1	1
1	1	0	1
1	1	1	1

（2）写出逻辑函数表达式并化简：

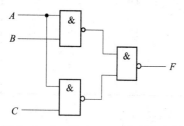

图 6-2-3　例 6-2-2 实现电路图

$$F = A\overline{B}C + AB\overline{C} + ABC = A\overline{B}C + AB$$
$$= A(B + \overline{B}C) = A(B + C) = AB + AC$$

因为题目要求用与非门实现，所以需要将化简后的逻辑函数进行如下变换：

$$F = AB + AC = \overline{\overline{AB + AC}} = \overline{\overline{AB} \cdot \overline{AC}}$$

（3）画出逻辑电路：

画出的逻辑电路如图 6-2-3 所示。

6.3　几种常用的中规模集成器件

数字系统中，常将一些常用的逻辑电路制成各种规模集成的标准化产品，以供方便使用。组合逻辑电路的种类很多，常见的有编码器（Encoders）、译码器（Decoders）、数值比较器（Comparators）、数据选择器（Multiplexers）、加法器（Adders）等。

6.3.1 编码器

编码是指将特定含义的输入信号（如十进制或八进制数）转换为编码（如二进制或 BCD 码）输出的过程，能够实现编码操作的电路称为编码器。编码器也可以设计出各种符号和字母字符的编码。按照输入信号的不同特点和要求，有二进制编码器、二－十进制编码器、优先编码器等，下面依次介绍。

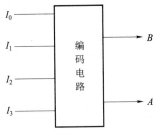

图 6－3－1　编码器示意图

1. 二进制编码器

用 n 位二进制代码对 $N=2^n$ 个信号进行编码的电路叫作二进制编码器。以 4－2 线编码器为例，其示意框图如图 6－3－1 所示，I_0、I_1、I_2、I_3 代表四个需要被编码的信号，B、A 为其输出代码，根据编码器的逻辑功能要求，对每一信号进行编码，设高电平输入有效，则得到表 6－3－1 的 4－2 线编码器功能表。

表 6－3－1　4－2 线编码器功能表

I_0	I_1	I_2	I_3	B	A
1	0	0	0	0	0
0	1	0	0	0	1
0	0	1	0	1	0
0	0	0	1	1	1

由表 6－3－1 功能表可写出 B、A 两个输出代码的函数表达式，分别为：

$$B = \overline{I_0}\,\overline{I_1}I_2\overline{I_3} + \overline{I_0}\,\overline{I_1}\,\overline{I_2}I_3$$

$$A = \overline{I_0}I_1\overline{I_2}\,\overline{I_3} + \overline{I_0}\,\overline{I_1}\,\overline{I_2}I_3$$

根据逻辑表达式画出逻辑图，如图 6－3－2 所示。

上面的输出逻辑表达式选择的是标准与或式形式，当然我们也可以认为每次输入只有一个输入有效，则除了表 6－3－1 中的四种取值组合外，其余均为约束项，从而可以得到简化后的输出逻辑表达式，但从可靠性来考虑，采用此表达式可靠性最佳。

2. 优先编码器

上述编码器中，输入信号是相互排斥的，在某一时刻只对其中一路输入信号有效，即不允许多路信号同时有效。如果允许几个信号同时输入，但电路只选择对其中优先级别最高的信号进行编码，这样的电路叫作优先编码器。优先级别的高低，设计人员可根据需要自行决定。

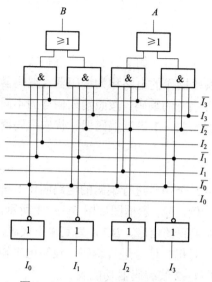

图 6-3-2 二进制编码器电路图

我们仍以 4-2 线编码器为例，4-2 线优先编码器的功能表如表 6-3-2 所示，其中，I_3 的优先级最高，I_0 的优先级最低。

表 6-3-2 4-2 线优先编码器的功能表

I_0	I_1	I_2	I_3	B	A
1	0	0	0	0	0
×	1	0	0	0	1
×	×	1	0	1	0
×	×	×	1	1	1

根据表 6-3-2，可得到 4-2 线优先编码器的输出函数：

$$B = I_2 \overline{I_3} + I_3$$
$$A = I_1 \overline{I_2}\, \overline{I_3} + I_3$$

根据逻辑表达式画出逻辑图，如图 6-3-3 所示。

3. 集成编码器

集成编码器中最常用的是 74148 和 74147 编码器。74148 是一种 8-3 线优先编码器，它有 8 个输入信号，3 位输出信号，当多个输入信号同时有效时，但只对其中优先级别最高的有效输入信号编码，而对级别较低的不响应，常用于优先中断系统和键盘编码。74147 为专门针对十进制数字进行编码的编码器。

74148 的引脚图和逻辑符号如图 6-3-4 所示。

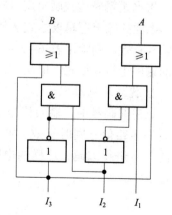

图 6-3-3 二进制优先编码器电路图

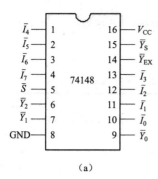

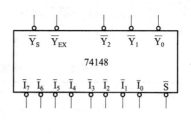

（a）　　　　　　　　　　　　　　　　（b）

图 6-3-4　74148 的引脚图、逻辑符号

74148 的逻辑功能表如表 6-3-3 所示。

表 6-3-3　74148 的逻辑功能表

使能输入	输入								输出				
$\overline{S}$	$\overline{I_7}$	$\overline{I_6}$	$\overline{I_5}$	$\overline{I_4}$	$\overline{I_3}$	$\overline{I_2}$	$\overline{I_1}$	$\overline{I_0}$	$\overline{Y_2}$	$\overline{Y_1}$	$\overline{Y_0}$	$\overline{Y_{EX}}$	$\overline{Y_S}$
1	×	×	×	×	×	×	×	×	1	1	1	1	1
0	1	1	1	1	1	1	1	1	1	1	1	1	0
0	0	×	×	×	×	×	×	×	0	0	0	0	1
0	1	0	×	×	×	×	×	×	0	0	1	0	1
0	1	1	0	×	×	×	×	×	0	1	0	0	1
0	1	1	1	0	×	×	×	×	0	1	1	0	1
0	1	1	1	1	0	×	×	×	1	0	0	0	1
0	1	1	1	1	1	0	×	×	1	0	1	0	1
0	1	1	1	1	1	1	0	×	1	1	0	0	1
0	1	1	1	1	1	1	1	0	1	1	1	0	1

其中，$\overline{I_0}$、$\overline{I_1}$、$\overline{I_2}$、$\cdots$、$\overline{I_7}$ 为八个需要编码的输入信号端，输入低电平有效；$\overline{Y_2}$、$\overline{Y_1}$、$\overline{Y_0}$ 为三位编码输出，输出低电平有效。

在输出端，以反码表示输出信号。比如，$\overline{I_7}$ 有效，输出端为 000，为 7 的反码表示，$\overline{I_4}$ 有效，输出端为 011，为 4 的反码表示。如要得到原码表示的输出，可将每个输出端取反即可。

另外，74148 为优先编码器，输入信号中，$\overline{I_7}$ 优先级最高，$\overline{I_0}$ 优先级最低。因此，在逻辑功能表中，当 $\overline{I_7}$ 有效时，其他输入端均为任意，用×表示；而当 $\overline{I_6}$ 有效时，$\overline{I_7}$ 必须无效，取值为 1，否则即使 $\overline{I_6}$ 有效，也是对优先级高的 $\overline{I_7}$ 编码，而其他比 $\overline{I_6}$ 优先级低的输入信号则为任意，依此类推。

$\overline{S}$ 为使能输入端，又可称为选通输入端，输入低电平有效。

$\overline{Y_S}$、$\overline{Y_{EX}}$ 为附加信号输出端口，$\overline{Y_S}$ 为使能输出端，又可称为选通输出端，$\overline{Y_S} = 0$ 表示无

编码信号输入；$\overline{Y_{EX}}$ 为扩展端，$\overline{Y_{EX}} = 0$ 表示有编码信号输入，通常作为扩展输出端之用。两者的工作模式如表 6-3-4 所示。

表 6-3-4　附加输出信号的状态及含意

$\overline{Y_S}$	$\overline{Y_{EX}}$	状态
1	1	不工作
0	1	工作，但无输入
1	0	工作，且有输入
0	0	不可能出现

需要注意的是，74148 的输入和输出均是低电平有效，故在逻辑符号图中输入输出端均用小圆圈表示。输入信号为低电平，表示对此信号进行编码，输入信号为高电平，则表示此信号无须编码。

【**例 6-3-1**】试用两片 74148 将 8-3 线优先编码器扩展成 16-4 线优先编码器。

解：两片 74148 扩展成 16-4 线优先编码器，两片共 16 个输入端正好构成 16-4 线编码器的 16 个输入，$\overline{I_{15}} \sim \overline{I_8}$ 这 8 个优先级高的作为其中一个芯片的输入，$\overline{I_7} \sim \overline{I_0}$ 这 8 个优先级低的作为另外一个芯片的输入，将优先级高的芯片的使能输入接地，使能输出接优先级低的芯片的使能输入，这个通常称为芯片的级联。在输出端，将每个芯片相同的输出端相与就可以得到 16-4 线编码器的低三位输出，最高位可由优先级高的芯片的扩展端获得。扩展电路如图 6-3-5 所示。

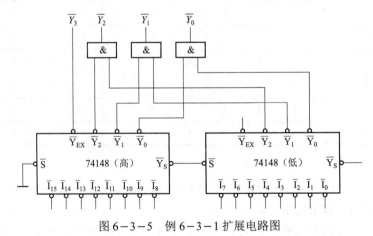

图 6-3-5　例 6-3-1 扩展电路图

74147 的逻辑功能是将 0~9 十个数字转换成它的 8421BCD 码的输出，其逻辑符号如图 6-3-6 所示，功能表如表 6-3-5 所示。

表 6-3-5　74147 逻辑功能表

输入									输出			
1	2	3	4	5	6	7	8	9	$\overline{Y_3}$	$\overline{Y_2}$	$\overline{Y_1}$	$\overline{Y_0}$
1	1	1	1	1	1	1	1	1	1	1	1	1

输入									输出			
1	2	3	4	5	6	7	8	9	$\overline{Y_3}$	$\overline{Y_2}$	$\overline{Y_1}$	$\overline{Y_0}$
×	×	×	×	×	×	×	×	0	0	1	1	0
×	×	×	×	×	×	×	0	1	0	1	1	1
×	×	×	×	×	×	0	1	1	1	0	0	0
×	×	×	×	×	0	1	1	1	1	0	0	1
×	×	×	×	0	1	1	1	1	1	0	1	0
×	×	×	0	1	1	1	1	1	1	0	1	1
×	×	0	1	1	1	1	1	1	1	1	0	0
×	0	1	1	1	1	1	1	1	1	1	0	1
0	1	1	1	1	1	1	1	1	1	1	1	0

在 74147 芯片的使用中需注意的是，其能对 0～9 十个数字进行编码，但其输入信号只有 9 个，为 1～9，对于输入信号 0 实际上为隐含输入，当 1～9 输入都无效时，输出编码为 0 的 BCD 编码输出。

6.3.2　译码器/数据分配器

译码是编码的逆过程。译码是将特定含义的二进制代码转换为对应的输出信号或另一种形式的代码。能实现译码功能的电路叫作译码器。译码器是中规模组合逻辑电路中应用最多的一种器件。

1. 地址译码器

地址译码器是将 n 个地址码输入翻译成对应的 2^n 个输出信号。最常见的是 3－8 线译码器 74138，此外还有 2－4 线译码器 74139、4－16 线译码器 74154 等。

如图 6－3－7 所示为 74138 的逻辑符号，其中：

S_A、$\overline{S_B}$、$\overline{S_C}$ 为使能控制输入端，当 $S_A=1$，$\overline{S_B}=\overline{S_C}=0$ 时，使能有效，译码器工作；当 S_A、$\overline{S_B}$、$\overline{S_C}$ 取值不满足 1、0、0 时，译码器禁止工作。A_2、A_1、A_0 为地址码输入，$\overline{Y_7}\sim\overline{Y_0}$ 为译码输出。

74138 的逻辑功能如表 6－3－6 所示。由表可知，当使能有效时，输出函数分别为：

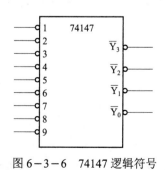

图 6－3－6　74147 逻辑符号

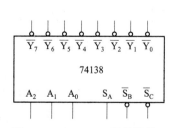

图 6－3－7　74138 逻辑符号

表 6-3-6 74138 逻辑功能表

输　　入						输　　出							
S_A	$\overline{S_B}$	$\overline{S_C}$	A_2	A_1	A_0	$\overline{Y_0}$	$\overline{Y_1}$	$\overline{Y_2}$	$\overline{Y_3}$	$\overline{Y_4}$	$\overline{Y_5}$	$\overline{Y_6}$	$\overline{Y_7}$
×	1	1	×	×	×	1	1	1	1	1	1	1	1
×	×	1	×	×	×	1	1	1	1	1	1	1	1
0	×	×	×	×	×	1	1	1	1	1	1	1	1
1	0	0	0	0	0	0	1	1	1	1	1	1	1
1	0	0	0	0	1	1	0	1	1	1	1	1	1
1	0	0	0	1	0	1	1	0	1	1	1	1	1
1	0	0	0	1	1	1	1	1	0	1	1	1	1
1	0	0	1	0	0	1	1	1	1	0	1	1	1
1	0	0	1	0	1	1	1	1	1	1	0	1	1
1	0	0	1	1	0	1	1	1	1	1	1	0	1
1	0	0	1	1	1	1	1	1	1	1	1	1	0

$$\overline{Y_0} = \overline{\overline{A_2}\,\overline{A_1}\,\overline{A_0}} = \overline{m_0}$$

$$\overline{Y_1} = \overline{\overline{A_2}\,\overline{A_1}A_0} = \overline{m_1}$$

$$\overline{Y_2} = \overline{\overline{A_2}A_1\overline{A_0}} = \overline{m_2}$$

$$\overline{Y_3} = \overline{\overline{A_2}A_1A_0} = \overline{m_3}$$

$$\overline{Y_4} = \overline{A_2\overline{A_1}\,\overline{A_0}} = \overline{m_4}$$

$$\overline{Y_5} = \overline{A_2\overline{A_1}A_0} = \overline{m_5}$$

$$\overline{Y_6} = \overline{A_2A_1\overline{A_0}} = \overline{m_6}$$

$$\overline{Y_7} = \overline{A_2A_1A_0} = \overline{m_7}$$

由此可见，一个 3-8 线译码器可以产生三变量函数的全部最小项，可以实现三变量的任意逻辑函数。这是译码器的一个重要应用，特别是在实现多输出函数中更为方便，具体应用如例 6-3-2。

【例 6-3-2】试用译码器实现以下逻辑函数。

$$F_1 = AB + BC$$

$$F_2 = A\overline{C} + \overline{A}BC + A\overline{B}C$$

$$F_3 = \overline{A}B + A\overline{B}C$$

$$F_4 = \overline{A}\overline{B} + \overline{A}\overline{C}$$

解：首先将逻辑函数转换成标准与或式，并写成最小项的形式，然后将表达式中出现的最小项在译码器的输出端引出来相与非，就可以实现以上函数。电路如图 6-3-8 所示。

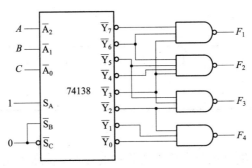

图 6-3-8　例 6-3-2 实现电路

$$F_1 = AB + BC = AB\overline{C} + ABC + \overline{A}BC = \sum m(3,6,7)$$

$$F_2 = A\overline{C} + \overline{A}BC + A\overline{B}C = AB\overline{C} + A\overline{B}\,\overline{C} + \overline{A}BC + A\overline{B}C = \sum m(3,4,5,6)$$

$$F_3 = \overline{A}B + A\overline{B}C = \overline{A}BC + \overline{A}B\overline{C} + A\overline{B}C = \sum m(2,3,5)$$

$$F_4 = \overline{A}\,\overline{B} + \overline{A}\,\overline{C} = \overline{A}\,\overline{B}\,\overline{C} + \overline{A}\,\overline{B}C + \overline{A}B\overline{C} = \sum m(0,1,2)$$

2. 二-十进制译码器

　　二-十进制译码器的逻辑功能是将四位 BCD 码翻译成 10 个十进制数码，这种译码器有四个输入端，十个输出端。若译码结果为低电平有效，则输入一组二进制代码，相对应的输出端为 0，其余输出端为 1，故常称为 4-10 线译码器。常见的二-十进制译码器有 7442，它实现的是 8421BCD 码的译码输出，此外还有一种二-十进制译码器 7443，它实现的是余 3 码的译码输出。

　　7442 的逻辑符号如图 6-3-9 所示，其逻辑功能表如表 6-3-7 所示。

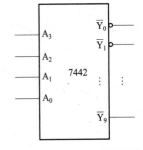

图 6-3-9　7442 逻辑符号

表 6-3-7　7442 逻辑功能表

输　　入				输　　出									
A_3	A_2	A_1	A_0	$\overline{Y_0}$	$\overline{Y_1}$	$\overline{Y_2}$	$\overline{Y_3}$	$\overline{Y_4}$	$\overline{Y_5}$	$\overline{Y_6}$	$\overline{Y_7}$	$\overline{Y_8}$	$\overline{Y_9}$
0	0	0	0	0	1	1	1	1	1	1	1	1	1
0	0	0	1	1	0	1	1	1	1	1	1	1	1
0	0	1	0	1	1	0	1	1	1	1	1	1	1
0	0	1	1	1	1	1	0	1	1	1	1	1	1
0	1	0	0	1	1	1	1	0	1	1	1	1	1
0	1	0	1	1	1	1	1	1	0	1	1	1	1
0	1	1	0	1	1	1	1	1	1	0	1	1	1

输　入				输　出									
A_3	A_2	A_1	A_0	$\overline{Y_0}$	$\overline{Y_1}$	$\overline{Y_2}$	$\overline{Y_3}$	$\overline{Y_4}$	$\overline{Y_5}$	$\overline{Y_6}$	$\overline{Y_7}$	$\overline{Y_8}$	$\overline{Y_9}$
0	1	1	1	1	1	1	1	1	1	1	0	1	1
1	0	0	0	1	1	1	1	1	1	1	1	0	1
1	0	0	1	1	1	1	1	1	1	1	1	1	0

3. 数据分配器

数据分配器的逻辑功能是把一个输入的数据根据需要传递到任何一个输出端，可以通过译码器来实现，如图6-3-10所示。此数据分配器为1个输入端，8个输出端，根据需要可以将输入信号任意传递到8个输出端口之一。这里，S_1端口接高电平，$\overline{S_3}$端口接地，$\overline{S_2}$端口接数据输入端口，通过地址端口$A_2A_1A_0$的设定确定将输入数据D输出到$\overline{Y_0} \sim \overline{Y_7}$其中之一。

4. 数字显示译码器

在数字系统中，通常需要将某些数字、文字、符号直观地显示出来。数字显示电路通常由译码器、驱动电路和显示器组成。数字显示译码器能够驱动数码管，将BCD码转变成十进制数字，并在数码管上显示出来，在数字式仪表、数控设备中是不可缺少的人机联系手段。

目前常用的显示器有发光二极管（LED管）、荧光数码管和液晶显示器（LCD管）等。我们以七段发光二极管为例，介绍显示电路的基本工作原理。图6-3-11为七段发光二极管的形状示意图，它由七个发光二极管组合而成，分为共阴和共阳两种接法。共阴接法是将各段发光二极管的阴极相连，阳极输入端加上高电平则发光二极管点亮；共阳接法是将各段发光二极管的阳极相连，阴极输入端加上低电平则发光二极管点亮。共阴和共阳两种接法如图6-3-12所示。

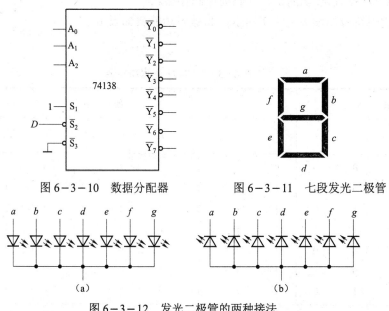

图6-3-10　数据分配器　　　　图6-3-11　七段发光二极管

图6-3-12　发光二极管的两种接法

（a）共阴接法；（b）共阳接法

　　七段显示译码器的作用是将输入的二进制码转换为七段数码管的段码。常见的七段显示译码器有 7447 和 7448，其中 7447 为共阳接法数码管对应的显示译码器，7448 为共阴接法数码管对应的显示译码器。图 6-3-13 为 7448 的逻辑符号，其逻辑功能表如表 6-3-8 所示。

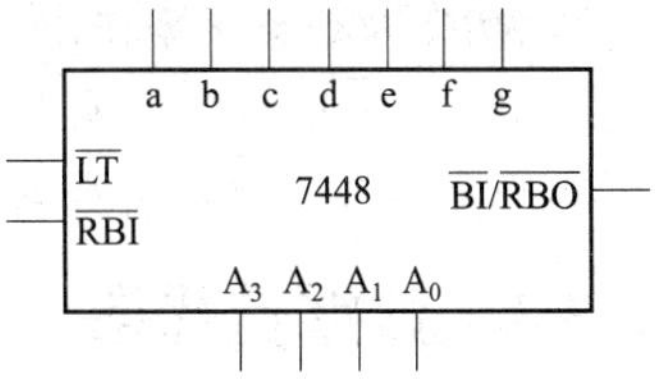

图 6-3-13　7448 的逻辑符号

　　由逻辑功能表可知：

　　A_3、A_2、A_1、A_0 为四位二进制代码输入端；

表 6-3-8　7448 的逻辑功能表

	输入						$\overline{BI}/RBO$	输出							显示
	LT	$\overline{RBI}$	A_3	A_2	A_1	A_0		a	b	c	d	e	f	g	字形
0	1	1	0	0	0	0	1	1	1	1	1	1	1	0	0
1	1	×	0	0	0	1	1	0	1	1	0	0	0	0	1
2	1	×	0	0	1	0	1	1	1	0	1	1	0	1	2
3	1	×	0	0	1	1	1	1	1	1	1	0	0	1	3
4	1	×	0	1	0	0	1	0	1	1	0	0	1	1	4
5	1	×	0	1	0	1	1	1	0	1	1	0	1	1	5
6	1	×	0	1	1	0	1	0	0	1	1	1	1	1	6
7	1	×	0	1	1	1	1	1	1	1	0	0	0	0	7
8	1	×	1	0	0	0	1	1	1	1	1	1	1	1	8
9	1	×	1	0	0	1	1	1	1	1	1	0	1	1	9
10	1	×	1	0	1	0	1	0	0	0	1	1	0	1	
11	1	×	1	0	1	1	1	0	0	1	1	0	0	1	
12	1	×	1	1	0	0	1	0	1	0	0	0	1	1	
13	1	×	1	1	0	1	1	1	0	0	1	0	1	1	
14	1	×	1	1	1	0	1	0	0	0	1	1	1	1	
15	1	×	1	1	1	1	1	0	0	0	0	0	0	0	
灭灯	×	×	×	×	×	×	0	0	0	0	0	0	0	0	灭
灭零	1	0	0	0	0	0	0	0	0	0	0	0	0	0	灭
试灯	0	×	×	×	×	×	1	1	1	1	1	1	1	1	全亮

　　a、b、c、d、e、f、g 为七个译码输出端，分别对应着数码显示器的七段；

　　$\overline{LT}$ 为试灯输入信号，低电平有效，当 $\overline{LT}$ 为低电平时，其他输入信号任意，所有灯点亮，用以检查数码管好坏；

　　$\overline{RBI}$ 为动态灭零输入信号，低电平有效，当 $\overline{RBI}$ 为低电平时，若二进制代码输入为 0000，则灭零，所有灯熄灭；若二进制代码输入为 0000 以外的代码，则输出正常显示；当 $\overline{RBI}$ 为高电平时，任何代码均正常显示；

　　$\overline{BI}$ 为灭灯输入信号，当 $\overline{BI}$ 输入低电平时，不管其他输入为何值，数码管熄灭，通常再不需要显示时，利用此功能将数码管熄灭，以降低显示系统功耗；

$\overline{RBO}$ 为动态灭零输出端，与灭灯输入信号 $\overline{BI}$ 为同一端口，既可以作为输入，又可以作为输出，当 $\overline{RBI}$ 有效且输入为 0000，数码管灭零时，此输出为 0，通常 $\overline{RBI}$ 和 $\overline{RBO}$ 配合使用，可实现多位数码显示整数前和小数后的灭零控制。

6.3.3　数据选择器

数据选择器是指在地址信号控制下，能够从多个通道的输入数据中选择一路作为输出信号的逻辑电路，又称多路选择器或多路开关，简称 MUX。

常见的数据选择器有四选一数据选择器 74153、八选一数据选择器 74151、十六选一数据选择器 74150 等。

1. 四选一数据选择器 74153

四选一数据选择器 74153 的逻辑符号如图 6-3-14 所示。

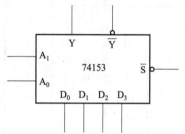

图 6-3-14　74153 逻辑符号

其中：$\overline{S}$ 为使能输入信号；

A_1、A_0 为地址输入信号；

D_3、D_2、D_1、D_0 为数据输入信号；

Y、$\overline{Y}$ 为互补输出。

四选一数据选择器的逻辑功能如表 6-3-9 所示。

从逻辑功能表可以看出，使能输入 $\overline{S}$ 低电平有效，当 $\overline{S}=1$ 时，无论地址码输入什么，输出 $Y=0$，$\overline{Y}=1$，输出无效；当 $\overline{S}=0$ 时，使能端有效，芯片工作，输出端根据地址输入有选择地接收数据输入信号。当地址输入为 00 时，$Y=D_0$，$\overline{Y}=\overline{D_0}$；当地址输入为 01 时，$Y=D_1$，$\overline{Y}=\overline{D_1}$；当地址输入为 10 时，$Y=D_2$，$\overline{Y}=\overline{D_2}$；当地址输入为 11 时，$Y=D_3$，$\overline{Y}=\overline{D_3}$。随着地址码的不同，芯片可以从几路数据输入中选择性地输出所需要的数据，实现数据选择功能。

表 6-3-9　74153 逻辑功能表

输　　入			输　　出	
$\overline{S}$	A_1	A_0	Y	$\overline{Y}$
1	×	×	0	1
0	0	0	D_0	$\overline{D_0}$
0	0	1	D_1	$\overline{D_1}$
0	1	0	D_2	$\overline{D_2}$
0	1	1	D_3	$\overline{D_3}$

从数据选择器的逻辑功能表，我们可以得到它的输出函数表达式。当输入使能有效时，则：

$$Y = \overline{A_1}\,\overline{A_0}D_0 + \overline{A_1}A_0D_1 + A_1\overline{A_0}D_2 + A_1A_0D_3$$
$$= m_0D_0 + m_1D_1 + m_2D_2 + m_3D_3$$

即
$$Y = \sum_{i=0}^{3} m_i D_i$$

2. 八选一数据选择器 74151

八选一数据选择器 74151 的逻辑符号如图 6−3−15 所示。

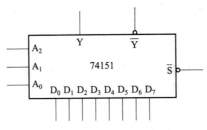

图 6−3−15 74151 的逻辑符号

其中：$\overline{S}$ 为使能输入信号；

A_2、A_1、A_0 为地址输入信号；

D_7、D_6、…、D_0 为数据输入信号；

Y、$\overline{Y}$ 为互补输出。

八选一数据选择器的逻辑功能如表 6−3−10 所示。

表 6−3−10 74151 逻辑功能表

输　　入				输　　出	
$\overline{S}$	A_2	A_1	A_0	Y	$\overline{Y}$
1	×	×	×	0	1
0	0	0	0	D_0	$\overline{D_0}$
0	0	0	1	D_1	$\overline{D_1}$
0	0	1	0	D_2	$\overline{D_2}$
0	0	1	1	D_3	$\overline{D_3}$
0	1	0	0	D_4	$\overline{D_4}$
0	1	0	1	D_5	$\overline{D_5}$
0	1	1	0	D_6	$\overline{D_6}$
0	1	1	1	D_7	$\overline{D_7}$

与 74153 类似，74151 的功能是从八路数据输入中，根据地址码的不同选择出所需要的数据输入作为芯片的输出。其输出函数表达式为：

$$Y = \sum_{i=0}^{7} m_i D_i$$

3. 数据选择器的应用

数据选择器的最基本功能是实现数据选择，除此之外，它还有一个重要的应用——实现任意的逻辑函数。

用数据选择器实现逻辑函数的方法通常有代数法和卡诺图法。

【例 6-3-3】 用数据选择器实现逻辑函数 $F(A,B,C)=\sum m(0,1,3,6)$。

解：（1）采用代数法。

由题可知：

$$F(A,B,C)=\sum m(0,1,3,6)=m_0+m_1+m_3+m_6$$

而数据选择器的函数表达式为：

$$Y=\sum_{i=0}^{7}m_iD_i=m_0D_0+m_1D_1+m_2D_2+m_3D_3+m_4D_4+m_5D_5+m_6D_6+m_7D_7$$

如果将数据选择器的数据输入 D_0、D_1、D_3、D_6 接 1，D_2、D_4、D_5、D_7 接 0，则数据选择器的 Y 输出表达式就与函数 F 的表达是完全一致的。因此，如果将函数 F 的输入变量 A、B、C 接到数据选择器的地址端 A_2、A_1、A_0，将数据选择器的数据输入按上述输入，则数据选择器的 Y 输出即为函数 F 的输出，电路连接示意图如图 6-3-16 所示。

（2）采用卡诺图法。

由题可知 F 函数的卡诺图与数据选择器的卡诺图分别如图 6-3-17（a）、（b）所示。

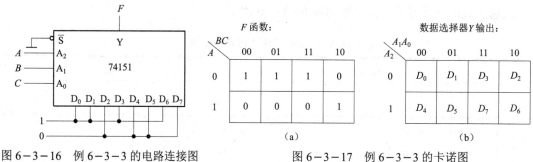

图 6-3-16　例 6-3-3 的电路连接图　　图 6-3-17　例 6-3-3 的卡诺图

（a）F 函数的卡诺图；（b）数据选择器的卡诺图

根据逻辑代数理论，相同的函数其卡诺图也一定相同。因此，只要将上述两张卡诺图一一对应，即 A 接 A_2，B 接 A_1，C 接 A_0，$D_0=1$，$D_1=1$，$D_2=0$，$D_3=1$，$D_4=0$，$D_5=0$，$D_6=1$，$D_7=0$，则可得到如图 6-3-16 所示电路。

一般来讲，四选一数据选择器可以实现两变量函数，八选一数据选择器可以实现三变量函数，十六选一数据选择器可以实现四变量函数。但用四选一数据选择器也可以实现三变量乃至四变量函数，用八选一数据选择器也可以实现四变量乃至更多变量的函数。在电路实现过程中，有时需加入一些简单门电路进行设计。

【例 6-3-4】 用数据选择器实现逻辑函数 $F(A,B,C)=AB+\overline{A}C$。

解：（1）用八选一数据选择器实现。

$$F(A,B,C)=AB+\overline{A}C=AB(C+\overline{C})+\overline{A}C(B+\overline{B})$$

$$=\overline{A}BC+\overline{A}\,\overline{B}C+AB\overline{C}+ABC=\sum m(1,3,6,7)$$

则 F 函数与数据选择器的卡诺图分别如图 6-3-18（a）、（b）所示，电路如图 6-3-19 所示。

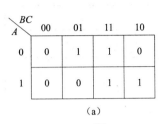

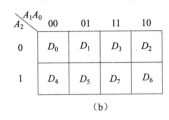

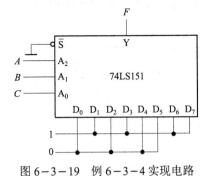

图 6-3-18 例 6-3-4 卡诺图

(a) F 函数的卡诺图; (b) 数据选择器的卡诺图

图 6-3-19 例 6-3-4 实现电路

（2）用四选一数据选择器实现。

用四选一数据选择器实现三变量函数，四选一数据选择器的卡诺图如图 6-3-20（a）所示。如果只介于三变量卡诺图对应，则无法实现，所以通常地址码个数少于变量个数的数据选择器实现逻辑函数时，往往将函数的卡诺图降维，得到其与数据选择器类似的降维卡诺图，再通过一一对应方式实现函数。

函数 $F(A, B, C) = AB + \overline{A}C$，将 A、B 作为变量，根据变量的四种取值计算出函数 F 的值，填到卡诺图中，就得到了函数 F 的降维卡诺图，如图 6-3-20（b）所示。

得到了函数 F 的降维卡诺图，我们发现，将其与四选一数据选择器的卡诺图一一对应就变得很容易了，实现电路如图 6-3-21 所示。

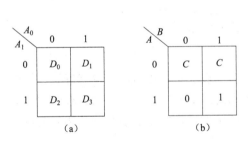

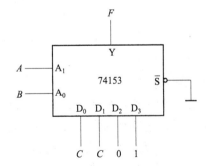

图 6-3-20 例 6-3-4 的卡诺图

(a) 四选一数据选择器的卡诺图; (b) 函数 F 的降维卡诺图

图 6-3-21 例 6-3-4 实现电路

6.3.4 加法器

算术运算电路是数字系统中不可缺少的组成单元，应用十分广泛。数字系统中，加、减、乘、除运算都可以通过加法和移位运算实现，因此我们首先介绍加法器。

1. 半加器

半加是指只对两个一位二进制数进行加法的运算。它是一种只考虑两个加数本身，不考虑来自低位进位的加法运算，实现半加运算的电路称为半加器。

设 A_i 和 B_i 为两个一位二进制数，相加后得到的和为 S_i，向高位的进位为 C_i。根据定义，则真值表如表 6-3-11 所示。

表 6-3-11　半加器真值表

输 入		输 出	
A_i	B_i	S_i	C_i
0	0	0	0
0	1	1	0
1	0	1	0
1	1	0	1

由真值表可得到两输出的逻辑函数表达式：

$$S_i = \overline{A_i}B_i + A_i\overline{B_i} = A_i \oplus B_i$$

$$C_i = A_iB_i$$

由逻辑函数表达式画出逻辑电路图，如图 6-3-22（a）所示，图 6-3-22（b）为半加器的符号图。

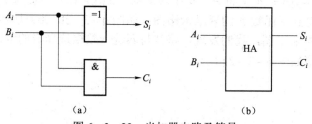

（a）　　　　　　　　　　（b）
图 6-3-22　半加器电路及符号
（a）半加器电路；（b）半加器符号

2. 全加器

全加是指在进行加法运算时，不仅考虑加数和被加数，还考虑低位进位的一种运算。实现全加运算的电路称为全加器，多位运算中用到的都是全加器。一位全加器设计如下：

设 A_i 和 B_i 为两个一位二进制数，C_{i-1} 为低位来的进位，相加后得到的和为 S_i，向高位的进位为 C_i。根据定义，则真值表如表 6-3-12 所示。

由真值表可得到两输出的逻辑函数表达式：

$$S_i = \overline{A_i}\ \overline{B_i}C_{i-1} + \overline{A_i}B_i\overline{C_{i-1}} + A_i\overline{B_i}\ \overline{C_{i-1}} + A_iB_iC_{i-1}$$

$$= \overline{A_i}(\overline{B_i}C_{i-1} + B_i\overline{C_{i-1}}) + A_i(\overline{B_i}\ \overline{C_{i-1}} + B_iC_{i-1})$$

$$= \overline{A_i}(B_i \oplus C_{i-1}) + A_i(\overline{B_i \oplus C_{i-1}})$$

$$= A_i \oplus B_i \oplus C_{i-1}$$

$$C_i = \overline{A_i}B_iC_{i-1} + A_i\overline{B_i}C_{i-1} + A_iB_i\overline{C_{i-1}} + A_iB_iC_{i-1}$$

$$= (\overline{A_i}B_i + A_i\overline{B_i})C_{i-1} + A_iB_i$$

$$= (A_i \oplus B_i)C_{i-1} + A_iB_i$$

表 6-3-12　全加器真值表

输　　入			输　　出	
A_i	B_i	C_{i-1}	S_i	C_i
0	0	0	0	0
0	0	1	1	0
0	1	0	1	0
0	1	1	0	1
1	0	0	1	0
1	0	1	0	1
1	1	0	0	1
1	1	1	1	1

由逻辑函数表达式画出逻辑电路图，如图 6-3-23（a）所示，图 6-3-23（b）为全加器的符号图。

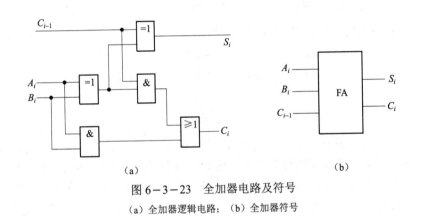

（a）　　　　　　　　　　　　　　　　　（b）

图 6-3-23　全加器电路及符号

（a）全加器逻辑电路；　（b）全加器符号

3. 多位加法器

实际生活中，我们经常要进行的是多位数的加法，利用全加器可以构成多位二进制加法器。按照进位方式的不同，多位加法器可分为串行进位加法器和并行进位加法器。

1）串行进位加法器

图 6-3-24 为四个全加器按串行进位组成的四位串行进位加法器逻辑电路。两个四位二进制数 $A = A_3 A_2 A_1 A_0$，$B = B_3 B_2 B_1 B_0$，加数和被加数的各位按顺序同时加到四个全加器的输入端，各位的进位信号由低位开始逐级向高位传送，最低位的进位输入信号接地。由此可知，每一位的相加结果都必须等到低一位的进位输出产生后才能进行运算，最高位的全加器必须等到所有低位完成加法运算后，才能得到运算结果。因此，串行进位加法器的运算速度较低，随着位数的增加，其速度会越来越低。但由于实现电路简单，在一些中低速数字设备中被广泛应用。

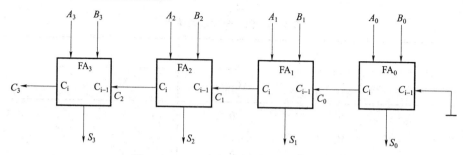

图 6-3-24　串行进位加法器逻辑电路

2）并行进位加法器

为了提高运算速度，必须设法减少进位信号逐级传输导致的时间延迟，故采用超前进位的方法来实现多位数的相加，这样的加法器称为并行进位加法器。

从一位全加器可知：

$$C_i = (A_i \oplus B_i)C_{i-1} + A_iB_i$$

设　　　　　　　　　$$P_i = A_i \oplus B_i，\quad G_i = A_iB_i$$

则　　　　　　　　　$$C_0 = G_0 + P_0C_{-1}$$

$$C_1 = G_1 + P_1C_0 = G_1 + P_1(G_0 + P_0C_{-1}) = G_1 + P_1G_0 + P_1P_0C_{-1}$$

$$C_2 = G_2 + P_2C_1 = G_2 + P_2(G_1 + P_1G_0 + P_1P_0C_{-1}) = G_2 + P_2G_1 + P_2P_1G_0 + P_2P_1P_0C_{-1}$$

$$C_3 = G_3 + P_3C_2 = G_3 + P_3(G_2 + P_2G_1 + P_2P_1G_0 + P_2P_1P_0C_{-1})$$
$$= G_3 + P_3G_2 + P_3P_2G_1 + P_3P_2P_1G_0 + P_3P_2P_1P_0C_{-1}$$

$$S_i = P_i \oplus C_{i-1}$$

从上面的式子可以看到，S_i、C_3、C_2、C_1、C_0 函数的表达式中的变量 P_i、G_i 在加数和被加数输入的情况下，可以立即计算出来，而 C_{-1} 一般情况下接 0。因此，四个进位信号可以被同时获得，而无须像串行进位加法器一样，高一位的相加结果必须等到低一位的进位输出产生后才能进行运算，大大提高了运算速度。我们常称这种进位方法为"快速进位"或"超前进位"，这种方法构成的加法器为超前进位加法器或并行进位加法器。

并行进位加法器中常见的产品是 74283，其逻辑符号如图 6-3-25 所示。

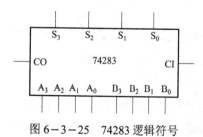

图 6-3-25　74283 逻辑符号

其中：$A_3A_2A_1A_0$、$B_3B_2B_1B_0$ 为两个 4 位二进制的加数和被加数；

CI 为进位输入，CO 为进位输出；

$S_3S_2S_1S_0$ 为 4 位和的输出；

$A_3A_2A_1A_0 + B_3B_2B_1B_0 + CI$ 相加的结果为 $COS_3S_2S_1S_0$。

【例 6-3-5】用两片 74283 实现 8 位二进制数的相加运算。

解：八位二进制数相加的逻辑电路如图 6-3-26 所示。

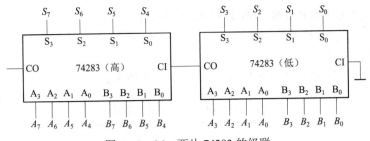

图 6-3-26　两片 74283 的级联

6.3.5　数值比较器

能对两个二进制数进行比较，判断其大小关系的数字逻辑电路称为数值比较器。

1. 一位数值比较器

设 A 和 B 为两个一位二进制数，比较其大小，则有三种输出结果：$A>B$ 时，输出 $F_{A>B}$ 为 1，其余输出为 0；$A=B$ 时，输出 $F_{A=B}$ 为 1，其余输出为 0；$A<B$ 时，输出 $F_{A<B}$ 为 1，其余输出为 0。其真值表如表 6-3-13 所示。

表 6-3-13　一位数值比较器真值表

输　　　入		输　　　　　　出		
A	B	$F_{A>B}$	$F_{A=B}$	$F_{A<B}$
0	0	0	1	0
0	1	0	0	1
1	0	1	0	0
1	1	0	1	0

由真值表可得到输出函数的逻辑表达式：

$$F_{A>B} = A\overline{B}$$

$$F_{A=B} = \overline{A}\,\overline{B} + AB$$

$$F_{A<B} = \overline{A}B$$

根据输出函数表达式，则得到一位数值比较器的逻辑电路如图 6-3-27 所示。

2. 集成数值比较器

常见的集成数值比较器为 4 位数值比较器。集成数值 4 位比较器 7485 的逻辑符号如图 6-3-28 所示。

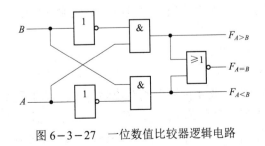

图 6-3-27　一位数值比较器逻辑电路

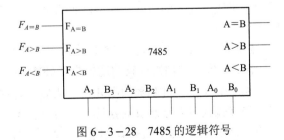

图 6-3-28　7485 的逻辑符号

其中：$A_3A_2A_1A_0$、$B_3B_2B_1B_0$ 为两个 4 位二进制数；

$A=B$、$A>B$、$A<B$ 为级联输入；

$F_{A>B}$、$F_{A=B}$、$F_{A<B}$ 为输出结果。

4 位数值比较器 7485 的逻辑功能表如表 6-3-14 所示。

表 6-3-14　7485 逻辑功能表

比　　较　　输　　入								级　联　输　入			输　　出		
A_3	B_3	A_2	B_2	A_1	B_1	A_0	B_0	$A>B$	$A=B$	$A<B$	$F_{A>B}$	$F_{A=B}$	$F_{A<B}$
1	0	×	×	×	×	×	×	×	×	×	1	0	0
0	1	×	×	×	×	×	×	×	×	×	0	0	1
$A_3=B_3$		1	0	×	×	×	×	×	×	×	1	0	0
$A_3=B_3$		0	1	×	×	×	×	×	×	×	0	0	1
$A_3=B_3$		$A_2=B_2$		1	0	×	×	×	×	×	1	0	0
$A_3=B_3$		$A_2=B_2$		0	1	×	×	×	×	×	0	0	1
$A_3=B_3$		$A_2=B_2$		$A_1=B_1$		1	0	×	×	×	1	0	0
$A_3=B_3$		$A_2=B_2$		$A_1=B_1$		0	1	×	×	×	0	0	1
$A_3=B_3$		$A_2=B_2$		$A_1=B_1$		$A_0=B_0$		1	0	0	1	0	0
$A_3=B_3$		$A_2=B_2$		$A_1=B_1$		$A_0=B_0$		0	1	0	0	1	0
$A_3=B_3$		$A_2=B_2$		$A_1=B_1$		$A_0=B_0$		0	0	1	0	0	1

从 7485 的功能表可以看出，两个 4 位二进制数 $A=A_3A_2A_1A_0$，$B=B_3B_2B_1B_0$，多位二进制数的比较实际上是从高位到低位逐一比较的。当最高位 A_3 为 1，B_3 为 0，即 $A_3>B_3$ 时，则 $F_{A>B}$ 为 1；当最高位 A_3 为 0，B_3 为 1，即 $A_3<B_3$ 时，$F_{A<B}$ 为 1；当最高位 A_3、B_3 同为 1 或 0，即 $A_3=B_3$ 时，则比较次高位 A_2、B_2 的大小，根据 A_2、B_2 的大小得到输出结果。若 $A_3=B_3$，$A_2=B_2$，则需比较 A_1、B_1 的大小，依此类推，直至比较 A_0、B_0 的大小，从而得到最后的大小结果。

值得注意的是，在表的最后三行，当 $A_3=B_3$、$A_2=B_2$、$A_1=B_1$、$A_0=B_0$ 时，输出并不一定是 $F_{A=B}$ 为 1，此时输出的结果取决于级联输入 $A>B$、$A=B$ 和 $A<B$。当级联输入 $A>B$ 时，$F_{A>B}$ 为 1；当级联输入 $A<B$ 时，$F_{A<B}$ 为 1；当级联输入 $A=B$ 时，$F_{A=B}$ 为 1。这主要是用于集成比较器的级联，即当我们要进行 4 位数以上的多位数的比较时，级联输入可以帮助我们实现。

【例 6-3-6】用两片 7485 构成 8 位二进制数比较器。

解：8 位二进制数比较的逻辑电路如图 6-3-29 所示。

将两个 8 位二进制数的高 4 位输入到左边芯片中，低 4 位输入到右边芯片中，同时将低位的级联输入 $A>B$ 和 $A<B$ 接地，$A=B$ 接高电平，低位的 $F_{A>B}$、$F_{A=B}$、$F_{A<B}$ 分别与高位的 $A>B$、$A=B$、$A<B$ 相连，则高位的输出 $F_{A>B}$、$F_{A=B}$、$F_{A<B}$ 为最后的比较结果。

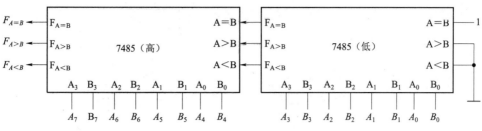

图 6-3-29 两片 7485 的级联

6.4 组合逻辑中的竞争冒险

在前面的章节中，组合逻辑电路的分析与设计都是基于理想条件下进行的，都没有考虑门电路的延迟对实际电路产生的影响。而实际上，任何的逻辑门都有一定的传输延迟时间，当输入信号发生变化时，输出须经 t_{pd} 时间后，才能发生变化。并且这种传输延迟还可能在输出端产生干扰脉冲，使电路的正常工作受到影响，这种现象称为组合电路的竞争与冒险现象。

6.4.1 竞争冒险的原因

在组合逻辑电路中，由于传输路径的不同，信号到达电路输入端的时间就会有先有后，这种时间之差称为竞争。由于竞争而导致门电路发生错误输出称为冒险。

如图 6-4-1（a）所示，$F_1 = A \cdot \overline{A}$，在不考虑传输延迟的情况下，$F_1 \equiv 0$；若考虑了传输延迟，情况就不一样了。设 A 的输入波形如图 6-4-1（b）所示，则 $\overline{A}$ 为 A 经非门反相后的输出，其波形为 A 取反并延迟了一个 t_{pd}，F_1 为 A 与 $\overline{A}$ 相与后经门延迟后的输出，波形如图所示。

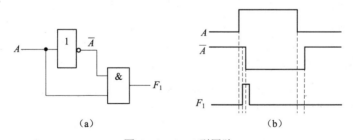

图 6-4-1 1 型冒险

（a）电路；（b）输入输出波形

从图 6-4-1（b）可以看出，当与门电路的输入信号出现了竞争后，在与门输出端出现了错误输出，这就是冒险。由于出现错误输出的时间往往只有一个 t_{pd} 的时间，非常短，因此实际上观察到的往往是一个尖峰脉冲，俗称毛刺。若输出毛刺为负向脉冲，则此冒险称为 0 型冒险；若输出毛刺为正向脉冲，则此冒险称为 1 型冒险。图 6-4-1 为 1 型冒险，图 6-4-2 则为 0 型冒险。

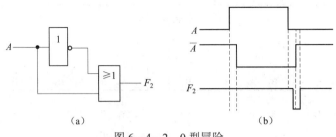

图 6-4-2 0 型冒险

(a)电路;(b)输入输出波形

如图 6-4-2(a)所示,$F_2 = A + \overline{A}$,在不考虑传输延迟的情况下,$F_2 \equiv 1$;若考虑了传输延迟,则波形如图 6-4-2(b)所示。

从上面两例可以看出,不同的传输路径会使门电路的输出端产生竞争,从而有可能发生冒险现象,但值得注意的是,并不是所有的竞争都会产生冒险,比如,从图 6-4-1(b)的波形中可以看出,前面信号变化产生的竞争导致了冒险的发生,而后面信号变化产生的竞争并没有导致冒险的发生;而图 6-4-2(b)中,前面信号变化产生的竞争没有导致冒险的发生,而后面信号变化产生的竞争导致了冒险的发生。因此,竞争是客观存在的,而竞争导致的冒险有可能发生,也有可能不发生,这就需要我们知道如何去判定冒险是否发生。

6.4.2 竞争冒险的判别

1. 代数法

如果逻辑函数中某些逻辑变量取特定的值时,逻辑函数出现 $F = A \cdot \overline{A}$ 或 $F = A + \overline{A}$ 两种形式时,则电路存在逻辑冒险。

【例 6-4-1】判断 $F = AC + \overline{A}B$ 是否存在冒险。

解:当 BC 取 00 时,$F = 0$;

当 BC 取 01 时,$F = A$;

当 BC 取 10 时,$F = \overline{A}$;

当 BC 取 11 时,$F = A + \overline{A}$;

因此可能产生冒险。

【例 6-4-2】判断 $F = AC + \overline{A}B + BC$ 是否存在冒险。

解:当 BC 取 00 时,$F = 0$;

当 BC 取 01 时,$F = A$;

当 BC 取 10 时,$F = \overline{A}$;

当 BC 取 11 时,$F = 1$;

因此不可能产生冒险。

2. 卡诺图法

一个逻辑函数,对应于一个乘积项,在卡诺图中就对应于一个卡诺圈,如果某逻辑函数的卡诺圈中两两卡诺圈之间是相切而不是相交,则存在竞争冒险;如果某逻辑函数的卡诺圈中两两卡诺圈之间是相交而不是相切,则不存在竞争冒险。

【例 6-4-3】判断逻辑函数 $F = AC + \overline{A}B$ 是否存在冒险。

解:从图 6-4-3 可以看出,逻辑函数 $F = AC + \overline{A}B$ 的两个乘积项就对应着图中的两个卡诺圈，而这两个卡诺圈是相切的，故逻辑函数存在竞争冒险。

【例 6 - 4 - 4】 判断逻辑函数 $F = AC + \overline{A}B + BC$ 是否存在冒险。

解： 从图 6 - 4 - 4 可以看出，逻辑函数 $F = AC + \overline{A}B + BC$ 的三个乘积项就对应着图中的三个卡诺圈，而这三个卡诺圈彼此之间是相交而不是相切的，故逻辑函数不存在竞争冒险。

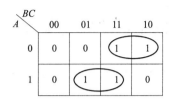 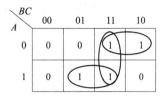

图 6 - 4 - 3　例 6 - 4 - 3 的卡诺图　　　　　图 6 - 4 - 4　例 6 - 4 - 4 的卡诺图

6.4.3　竞争冒险的消除

竞争冒险的消除方法根据实际情况通常有两种：修改逻辑设计，增加乘积项；输出端接入滤波电容。

1. 修改逻辑设计，增加乘积项

从前面的例子可以看出，函数 $F = AC + \overline{A}B + BC$ 与 $F = AC + \overline{A}B$ 实现的逻辑功能相同，但函数 $F = AC + \overline{A}B$ 存在竞争冒险，而函数 $F = AC + \overline{A}B + BC$ 不存在竞争冒险。这就是我们常用的消除冒险的方法：若卡诺图中存在相切的卡诺圈，可以通过增加卡诺圈，即增加乘积项的办法使得卡诺图中所有的卡诺圈都不相切。这样就达到了消除竞争冒险的目的。

修改逻辑设计，增加乘积项能消除竞争冒险，但增加乘积项会使逻辑函数表达式变得复杂，也意味着增加了门电路，它会使电路变得复杂，增加成本，这是该方法的缺点。

2. 输出端接入滤波电容

竞争冒险的消除较为简便的一种方法是直接在电路的输出端接一个容量很小的滤波电容，如图 6 - 4 - 5 所示。

由于冒险现象产生的毛刺中所包含的主要是高频成分，当输出端接了滤波电容后，可以将大部分高频成分滤掉，从而消除毛刺或者使毛刺不影响正常的电路功能。

输出端接滤波电容消除冒险的方法简单实用，特别适用于一些速度要求不是很高的电路。它的缺点是容易使电路的输出波形边沿变坏。

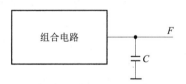

图 6 - 4 - 5　接滤波电容消除冒险

6.5　可编程逻辑器件

可编程逻辑器件（Programmable Logic Device，PLD）起源于 20 世纪 70 年代，是在专用集成电路（ASIC）的基础上发展起来的一种新型集成器件，是当今数字系统设计的主要硬件平台，其特点是可以由用户通过软件进行配置和编程，从而完成某种特定的功能，且可以反复擦写修改。在修改电路功能时，不需改变 PCB 电路板，只是在计算机上修改和更新程序，使硬件设计工作成为软件开发工作，缩短了系统设计的周期，提高了实现的灵活性并降低了成本，因此获得了广大硬件工程师的青睐，也获得了广泛的应用。

6.5.1 可编程逻辑器件的发展历程

同其他技术一样，可编程逻辑器件的发展也经历了由简单到复杂，由功能单一到功能多样化的发展历程。具体发展历程简介如下：

20 世纪 70 年代：只读存储器 PROM（Programmable Read Only Memory）、可编程逻辑阵列 PLA（Programmable Logic Array）面世。

20 世纪 70 年代末：AMD 公司推出了可编程阵列逻辑 PAL（Programmable Array Logic）器件。

20 世纪 80 年代初：Lattice 公司推出了通用阵列逻辑 GAL（General Array Logic）器件。

20 世纪 80 年代中期：Xilinx 公司推出了现场可编程门阵列 FPGA（Field Programmable Gate Array）。同期 AMD 公司推出了可擦除的可编程逻辑器件 EPLD（Erase Programmable Logic Device），集成度更高，设计灵活，可反复多次编程。

20 世纪 80 年代末：Lattice 公司提出在系统可编程技术，推出了一系列具备在系统可编程技术的 CPLD 器件。

20 世纪 90 年代：可编程逻辑集成电路进入飞速发展阶段，器件的可用逻辑门数超过百万门，并出现了内嵌复杂功能模块的 SOPC。

6.5.2 可编程逻辑器件的分类

可编程逻辑器件的种类很多，目前常用的主要有复杂可编程逻辑器件 CPLD（Complex Programmable Logic Device）和现场可编程门阵列 FPGA。实际工作中，根据不同的应用场景可以将可编程逻辑器件进行具体分类。

1. 按集成度分类

（1）集成度较低芯片，早期出现的 PROM、PLA、PAL、GAL 都属于这一大类。可用的逻辑门数大约在 500 门以下，称为简单 PLD。

（2）集成度较高芯片，如目前大量使用的 CPLD、FPGA 器件，也称为复杂 PLD。

2. 按结构分类

（1）乘积项结构器件，基本结构为"与–或"阵列，简单 PLD 和 CPLD 属于该范畴。

（2）基于查找表结构器件，由简单的查找表组成可编程门，再构成阵列形式，大部分 FPGA 属于此类器件。

3. 按编程工艺分类

（1）熔丝型（Fuse）器件。早期的 PROM 器件就是采用熔丝结构的，根据设计的熔丝图文件来烧断对应的熔丝，达到编程的目的。

（2）反熔丝型（Antifuse）器件。它是对熔丝型器件的改进，在编程处通过击穿漏层使得两点之间获得导通，与熔丝烧断获得开路刚好相反。

（3）EPROM 型。紫外线可擦除电可编程逻辑器件，是用较高编程电压进行编程，当需要再次编程时，用紫外线进行擦除，可多次编程。

（4）E^2PROM 型。电可擦除编程器件，是对 EPROM 的工艺改进，不需要紫外线擦除，而是直接用电擦除。

（5）SRAM 型。SRAM 查找表结构的器件，速度等性能上优越，不过断电后就会丢失，再次上电需再次编写。

（6）Flash 型。采用此工艺的器件编程次数可达万次以上且掉电后不需重新配置。

6.5.3 简单 PLD 结构原理

PLD 的基本组成包含一个"与"阵列和一个"或"阵列，每个输出都是输入的"与或函数"。阵列中的输入与输出交点通过逻辑元件相连接，这些元件是接通还是断开，可以根据器件的结构特征或要求编程。PLD 的基本结构图如图 6-5-1 所示。

目前流行的 EDA（Electronic Design Automation，电子设计自动化）软件中，原理图符号也都是 ANSI/IEEE—1991 标准的逻辑符号。由于 PLD 的特殊结构，通过标准衍生出一套通用的简化符号，下面分别做以介绍。

互补缓冲器，如图 6-5-2 所示，其中输出端可以得到输入的原态和非态两种状态。

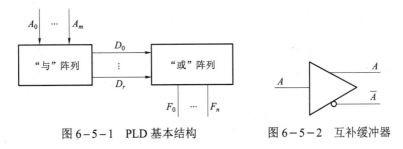

图 6-5-1 PLD 基本结构   图 6-5-2 互补缓冲器

阵列连接方式，如图 6-5-3 所示。这里两条线连接处是十字交叉则表示没有连接上，两条线连接处为黑点则表示固定连接，两条线连接处打叉则表示可编程（可改变）。

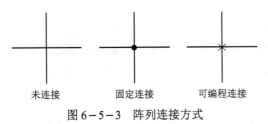

图 6-5-3 阵列连接方式

与、或阵列表示，如图 6-5-4 所示。

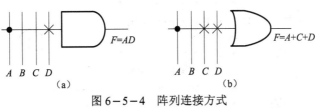

图 6-5-4 阵列连接方式
(a) 与阵列；(b) 或阵列

常见的简单 PLD 包括 PROM、PLA、PAL、GAL 等，它们的构成都是基于与或阵列的，主要用于实现各种组合逻辑函数，以下分别介绍一些简单 PLD 器件。

1. PLA

同 PROM 相同，可编程逻辑阵列 PLA 也是由一个与阵列和一个或阵列构成，不同于 PROM 与阵列固定，或阵列可编程，PLA 的与或阵列均可参与编程，如图 6-5-5 所示。

2. PAL

可编程阵列逻辑 PAL 结构与 PLA 相似，只是它的或阵列是固定不变的，即 PAL 由可编程与阵列和不可编程或阵列构成，如图 6-5-6 所示。

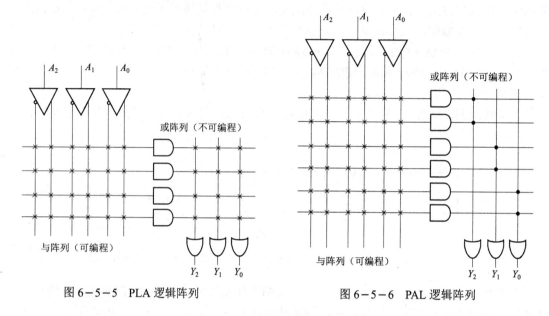

图 6-5-5　PLA 逻辑阵列　　　　　　图 6-5-6　PAL 逻辑阵列

3. GAL

1985 年 Lattice 公司在 PAL 的基础上推出了通用阵列逻辑器件 GAL，该器件在工艺上采用了 E^2PROM 技术，因此 GAL 具有电可擦除重复编程的特点，也彻底地解决了熔丝型可编程器件一次编程问题，如图 6-5-7 所示。GAL 的输出电路结构虽然也是与 PAL 相同的与阵

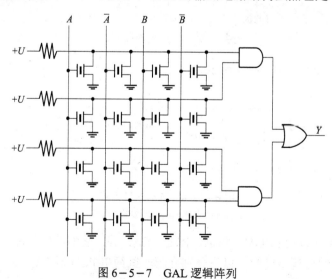

图 6-5-7　GAL 逻辑阵列

列可编程、或阵列固定的模式,但是对 PAL 结构作了较大改进,增加了输出逻辑宏单元 OLMC(Output Logic Macro Cell),既可组合输出,又可寄存器输出,应用比 PAL 灵活得多。

6.5.4 复杂 PLD 结构原理

目前主要应用的复杂 PLD 器件有 CPLD、FPGA,之前提到的简单 PLD 器件除了少部分应用于特定的设计中,大部分逐渐被淘汰不用,主要是因为简单 PLD 器件阵列规模小,资源不足,编程不方便等缺点。早期的复杂可编程逻辑器件 CPLD就是从 PAL 和 GAL 结构上扩展而来的,它的集成度更高,规模更大,有更多的输入端、乘积项及宏单元,图 6-5-8 为一般 CPLD 的结构框图。从图中可以看出 CPLD 一般由三部分组成,分别是逻辑阵列块 LAB(Logic Array Block)、可编程连线阵列 PIA(Programmable Interconnect Array)和 I/O单元。其中逻辑阵列块 LAB 主要由可编程乘积项阵列、乘积项分配和宏单元组成;可编程连线阵列

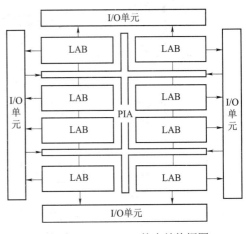

图 6-5-8 CPLD 基本结构框图

PIA 的作用是实现逻辑块与逻辑块之间、逻辑块与 I/O 单元之间以及全局信号到逻辑块和 I/O单元之间的连接;I/O 单元是 CPLD 外部封装引脚和内部逻辑间的接口,每个 I/O 单元对应一个封装引脚,对 I/O 编程时,可将引脚定义为输入、输出和双向功能。

除了复杂可编程逻辑器件 CPLD 外,另外一种常用的复杂 PLD 为现场可编程门阵列FPGA,与 CPLD 通过 PLA、PAL、GAL 类型的逻辑块由可编程连线结构组成不同,不再使用 PAL、PLA 类型的与或阵列结构,而是另一类可编程逻辑的形成,主要由许多规模小的可配置逻辑块 CLB(Configurable Logic Block)排成的阵列、互连资源(Interconnections)和可编程输入/输出(I/O)模块组成,图 6-5-9 为一般 FPGA 的基本结构框图。结构外围的 I/O模块可以对外界提供单独可选的输入、输出和双向访问控制。与 CPLD 相比,FPGA 的集成度更高,使用更加方便,芯片内资源利用率高。

最后简单介绍一下如何通过硬件描述语言进行设计,一般的 EDA 软件都是基于自顶向下的设计流程,该方法与传统的自底向上电子设计技术不同,可以避免传统设计过程中因为底层目标器件更换、技术参数不满足要求、供货不足甚至是因为成本上的要求而更改设计方案的可能性,通用的设计流程如图 6-5-10 所示。

(1)需求分析,根据客户需求进行论证分析和系统设计,相对完善功能齐全的电路都需要一个完美的设计,通过实际应用的需求分析才能设计出满足客户或实际应用要求的电路。

(2)设计输入,有了明确的需求分析,就可以对电路进行具体的设计了,设计输入有多种方式,主要包括文本输入、图形输入和波形输入三大类,此外也支持混合输入模式。

(3)功能仿真,又称为前仿真,该仿真步骤主要集中于设计电路功能是否满足原设计需求,仿真过程并不涉及具体的硬件特性及时序特性,但是同样可以产生报告文件和波形文件,可以根据生成文件观察各节点变化,发现错误及时修改设计。

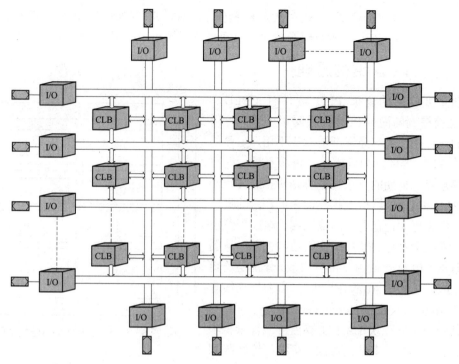

图 6-5-9 FPGA 基本结构框图

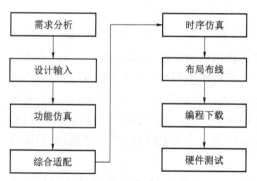

图 6-5-10 EDA 设计流程

（4）综合适配，指的是将 RTL 级层次描述转化为较低层次（门级或更底层）电路描述的网表文件，是将软件设计转化为硬件电路的关键步骤。

（5）时序仿真，又称为后仿真，该仿真是最接近真实器件运行特性的仿真，该仿真包含了硬件特性参数，仿真精度较高，可以估计门电路带来的延时影响，但是不能估计布线延时，因此和实际情况还是不完全符合，一般来说，虽然该仿真都可以操作进行，但是可以省略。

（6）布局布线，使用工具将综合后的逻辑连接关系映射到目标器件资源中，决定逻辑最优布局，产生相应的电路制造所需版图信息。

（7）编程下载，将适配生成的下载或配置文件直接向 FPGA 或 CPLD 下载，以便进行硬件调试和验证。

（8）硬件测试，将包含了设计文件的 FPGA 或 CPLD 进行统一系统测试，测试是否能够满足设计要求，然后根据测试随时排错和改进设计。

6.6 用 Multisim 分析组合逻辑电路

前面曾提及 Multisim 强大的表示及化简逻辑函数的功能，其实在实际应用中我们通过该软件同样可以对组合逻辑电路进行适当的分析，通过进行逻辑电路图的绘制，可以轻松地获得逻辑真值表以及逻辑表达式，为分析逻辑电路提供强大的辅助功能，下面通过一个简单的例子进行说明。

【例 6-6-1】 通过 Multisim 对图 6-6-1 所示的电路图进行分析，通过分析获得电路的真值表以及逻辑函数表达式。

解： 整个过程分为三步，第一步启动 Multisim，在电路图上绘制出如图 6-6-1 所示的电路图；第二步从工具栏中取出逻辑转换器，通过连接获得如图 6-6-2 所示的电路图。

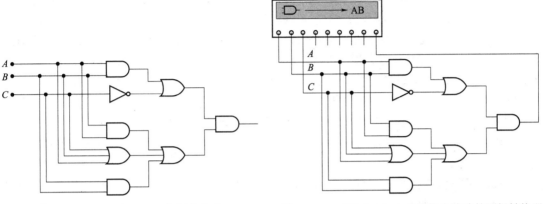

图 6-6-1　例 6-6-1 的逻辑电路　　　　图 6-6-2　例 6-6-1 的逻辑电路连接逻辑转换器

第三步通过双击逻辑转换器，打开操作窗口，并单击右侧第一个按钮得到该逻辑电路的真值表，再单击右侧第三个按钮，得到该逻辑电路的最简表达式，具体见图 6-6-3。从图中可以得到该电路的真值表，以及化简后的逻辑函数：

$$Y = AC' + BC' + AB$$

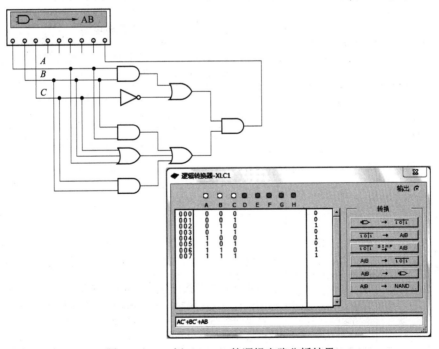

图 6-6-3　例 6-6-1 的逻辑电路分析结果

6.7　本　章　小　结

本章介绍了组合逻辑电路的概念、分析与设计，常见的集成组合逻辑器件，组合逻辑电路中的竞争冒险现象，可编程逻辑器件及采用工具分析组合逻辑电路等知识。

组合逻辑电路中任何时刻的输出信号只取决于该时刻电路的输入信号，而与电路以前的状态无关，简称组合电路。

组合电路的分析与设计都有其一般固定的步骤，分析过程为通过给定的逻辑电路图得到其电路逻辑函数表达式，接下来对表达式进行化简，化简后列出其真值表，最后根据真值表分析确定该电路的实际功能。设计过程为根据具体要求列写电路的真值表，由真值表可以写出逻辑函数表达式，对逻辑函数表达式进行化简，根据化简结果选取相应门电路，画出逻辑电路图即可。

本章介绍了几种常用的中规模集成组合逻辑电路，包括：编码器、译码器、数据选择器、加法器和数值比较器，重点介绍了各器件的原理、功能及应用。

对组合逻辑电路中经常出现的竞争冒险现象做了分析，介绍了竞争冒险出现的原因、判别及消除的方法。

可编程逻辑器件的产生与发展历程，分类，简单及复杂 PLD 的原理、构造等，对电子设计自动化的设计流程也做了简单介绍。

最后介绍了使用工具 Multisim 对组合逻辑电路进行分析的方法。

本章主要知识点

本章主要知识点见表 6-7-1。

表 6-7-1　本章主要知识点

逻辑电路概述	分类	组合逻辑电路 数字逻辑电路
	概念	任何时刻的输出信号只决定于该时刻电路的输入，而与电路以前的状态无关的电路叫作组合逻辑电路
组合逻辑电路的分析与设计	分析	步骤：根据电路图→得到逻辑函数表达式→化简→列真值表→从真值表确定电路功能
	设计	步骤：根据问题列真值表→得到逻辑函数表达式并化简→画逻辑电路图
常用的中规模集成器件	编码器	编码是指将特定含义的输入信号转换为编码输出的过程。 常见的有二进制编码器、二－十进制编码器、优先编码器等
	译码器	译码是编码的逆过程，译码是将特定含义的二进制代码转换为对应的输出信号或另一种形式的代码。 译码器通常有地址译码器、二－十进制译码器和显示译码器等
	数据选择器	数据选择器是指能够从多个通道的输入数据中选择一路作为输出信号的逻辑电路，又称多路选择器或多路开关，简称 MUX。 常见的有四选一（74153）、八选一（74151）、十六选一（74150）数据选择器，熟悉其应用方法

续表

常用的中规模 集成器件	加法器	半加器	只对两个一位二进制数进行加法，不考虑来自低位进位的加法
		全加器	不仅考虑加数和被加数，还考虑低位进位的一种运算
	多位加法器	串行进位加法器	
		并行进位加法器	
	数值比较器	一位数值比较器、集成数值比较器	
竞争冒险	产生原因	由于传输路径的不同，信号到达门电路输入端的时间就会有先有后，这种时间之差称为竞争。由于竞争而导致门电路发生错误输出称为冒险	
	判别方法	代数法、卡诺图法	
	消除方法	修改逻辑设计，增加乘积项； 输出端接入滤波电容	
可编程逻辑器件	概述	可编程逻辑器件是在 ASIC 的基础上发展起来的一种新型集成器件，其特点是可以通过软件进行配置和编程，从而完成某种特定的功能，且可以反复擦写修改	
	分类	按集成度分类、按结构分类、按编程工艺分类	
	原理	简单 PLD：PLA、PAL、GAL； 复杂 PLD：CPLD、FPGA； EDA 设计流程	

本章重点

组合逻辑电路的分析和设计；常用中规模集成组合电路的使用。

本章难点

中规模集成组合电路的使用。

思考与练习

6-1　TTL 门电路常见参数有哪些？

6-2　组合电路有何特点？

6-3　简述组合电路的分析步骤。

6-4　简述组合电路的设计步骤。

6-5　常见中规模通用集成电路有哪几种？有何功能？

6-6　常见实现任意逻辑函数的中规模集成器件有几种？如何实现？

6-7　多进制数加法的进位方法有几种？各有何优缺点？

6-8　用 74283 和门电路构成二进制补码加法运算器，如何实现？

6-9　什么是竞争？什么是冒险？

6-10　克服竞争、冒险的方法有哪些？

6-11　列出图题 6-11 所示电路的真值表。

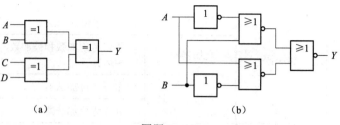

（a）　　　　　　　　　　（b）

图题 6-11

6-12　分析图题 6-12 所示电路的逻辑功能。

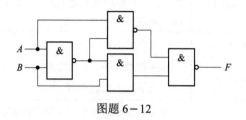

图题 6-12

6-13　分析图题 6-13 所示电路的逻辑功能。

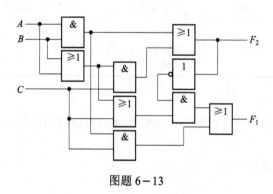

图题 6-13

6-14　有三个班学生需要自习教室，现在有两个教室：一个大教室，该教室能容纳两个班的学生；一个小教室，该教室能容纳一个班的学生。现在设计两个教室是否开灯的逻辑控制电路，要求如下：

（1）当仅有一个班学生需要自习，只需开一个小教室的灯。

（2）当只有两个班学生需要自习，只需要开一个大教室的灯。

（3）当三个班学生都需要自习，那么两个教室均打开灯。

试设计该灯控逻辑电路，列出真值表，写出输出函数表达式，并画出最简逻辑电路图。

6-15　设计一个组合逻辑电路，其输入 $DCBA$ 为 8421BCD 码。当输入 BCD 数能被 4 或 5 整除时，电路输出 $F=1$，否则 $F=0$。试分别用或非门和与或非门实现。

6-16　有一个车间，有红、黄两个故障指示灯，用来表示三台设备的工作情况。当有一台设备出现故障时，黄灯亮；若有两台设备出现故障时，红灯亮；若三台设备都出现故障时，红灯、黄灯都亮。试用与非门设计一个控制指示灯工作的逻辑电路。

6-17　试用 74138 设计一个 1 位二进制数全减器。

6-18　用译码器实现下列逻辑函数，画出逻辑图。

（1）$F = \sum m(3,4,5,6)$ ；

（2）$F = A + \overline{C}$ ；

（3）$F = AB + A\overline{C}$ 。

6-19　试用 3-8 线译码器和与非门实现下列多输出函数：

$F_1 = AB + \overline{A}\,\overline{B}\,\overline{C}$

$F_2 = AB + \overline{AB}$

$F_3 = A + \overline{B} + C$

6-20　试用八选一数据选择器 74151 产生逻辑函数：

（1）$F = AB\overline{C} + \overline{A}BC + \overline{AB}$ ；

（2）$F = \sum m(3,4,5,6)$ 。

6-21　试用四选一数据选择器实现逻辑函数：

（1）$F(A,B,C) = \sum m(1,3,5,7)$ ；

（2）$F(A,B,C,D) = \sum m(1,2,3,12,15)$ ；

（3）$F(A,B,C,D) = \sum m(0,3,7,8,12,13,14)$ ；

（4）$F(A,B,C,D) = A\overline{B}C + \overline{A}C + A\overline{C}D$ 。

第 7 章

时序逻辑电路

本章主要介绍 RS 锁存器电路的组成及工作原理；介绍 RS 触发器、D 触发器、JK 触发器、T 触发器的功能及使用；

介绍时序逻辑电路的分析与设计；

介绍通用时序集成器件：计数器和寄存器的功能及使用。

7.1　概　　述

在数字电路中，除了对数字信号进行算术运算和逻辑运算外，还需要将这些二进制数据保存起来，这就需要具有记忆功能的逻辑单元。

数字电路分为组合逻辑电路和时序逻辑电路两大类。第 6 章讨论的组合逻辑电路的特点是任一时刻，电路的输出仅仅取决于当时的输入信号。而时序逻辑电路中，任一时刻的输出信号不仅取决于当时的输入，还取决于电路原来的状态（电路原来的状态则受以前输入的影响），所以时序逻辑电路必须包含存储元件来保存原来的状态变量，并且通过状态变量向电路引入一个时间参数。时序逻辑电路由两部分组成，即组合逻辑电路和存储元件，如图 7-1-1 所示。

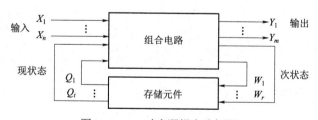

图 7-1-1　时序逻辑电路框图

其中，X 为输入信号；Q^n 为存储元件现态；Q^{n+1} 为存储元件次态；Y 为输出信号；W 为存储元件的输入，常称为激励函数。若要全面描述时序逻辑电路的输入与输出关系，则可以用三组逻辑函数来表示：

$$Y = f_1 \left[X, Q^n \right] \tag{7-1-1}$$

$$W = f_2 \left[X, Q^n \right] \tag{7-1-2}$$

$$Q^{n+1} = f_3 \left[W, Q^n \right] \tag{7-1-3}$$

能够存储一位二进制信号的基本单元统称为触发器。

时序逻辑电路分为同步时序逻辑电路和异步时序逻辑电路。如果时序逻辑电路中所有的触发器由统一时钟脉冲控制，即所有触发器的动作都与时钟脉冲信号同步，则为同步时序逻辑电路；如果时序电路中的触发器由不同的时钟脉冲控制，则为异步时序逻辑电路。

7.2 触 发 器

存储一位二进制信号的基本逻辑单元就是触发器（Flip-Flop，简称 FF）。

作为记忆元件，触发器必须具备以下功能：

具有两个稳定的状态——0 状态和 1 状态；

在输入信号的作用下，能够接收信号，改变状态；

当输入信号撤销以后，能够保持状态并实现输出。

目前为止，已经有各种各样的触发器产品。按照触发器的逻辑功能，可分为 RS 触发器、D 触发器、JK 触发器和 T 触发器等。由于电路的结构不同，触发器的触发方式也不一样。按触发方式又分为电平触发、脉冲触发、边沿触发三种。

7.2.1 RS 锁存器

RS 锁存器是触发器的基本构成单元，具有置 0、置 1 和保持功能，但其置 0 和置 1 的功能是由输入信号直接实现，不需要时钟信号触发。由两个与非门交叉耦合构成的锁存器电路及逻辑符号如图 7-2-1 所示。

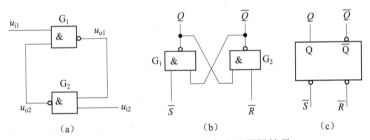

图 7-2-1 RS 锁存器的电路及逻辑符号
（a）原始电路；（b）常用电路；（c）逻辑符号

由锁存器电路可知，它有两个输入端 $\bar{S}$ 和 $\bar{R}$ 及两个输出端 Q 和 $\bar{Q}$。输入端 $\bar{S}$ 通常称为置位端，$\bar{R}$ 通常称为复位端，均为低电平有效。输出端 Q 和 $\bar{Q}$ 为两个互补输出端，当 $Q=0$、$\bar{Q}=1$ 时，称锁存器为 0 状态；当 $Q=1$、$\bar{Q}=0$ 时，称锁存器为 1 状态。

（1）$\bar{S}=0$，$\bar{R}=1$。

当置位端 $\bar{S}$ 有效，复位端 $\bar{R}$ 无效，即 $\bar{S}=0$，$\bar{R}=1$ 时，G_1 有一个输入端为 0，故 G_1 输出端 $Q=1$，输出 Q 反馈至 G_2 输入端，与 $\bar{R}$ 共同作用，使 G_2 输入全为 1，故 G_2 输出端 $\bar{Q}=0$，由于 $Q=1$、$\bar{Q}=0$，锁存器被置位成 1 状态。即使此时将 $\bar{S}$ 信号撤销，即 $\bar{S}$ 由 0 变成 1，由于 $\bar{Q}=0$，仍然能够使 $Q=1$，锁存器维持 1 状态，实现记忆功能。如图 7-2-2（a）所示。

（2）$\bar{S}=1$，$\bar{R}=0$。

当置位端 $\bar{S}$ 无效，复位端 $\bar{R}$ 有效，即 $\bar{S}=1$，$\bar{R}=0$ 时，G_2 有一个输入端为 0，故 G_2 输出端 $\bar{Q}=1$，输出 $\bar{Q}$ 反馈至 G_1 输入端，与 $\bar{S}$ 共同作用，使 G_1 输入全为 1，故 G_1 输出端 $Q=0$，由于 $Q=0$、$\bar{Q}=1$，锁存器被复位成 0 状态。即使此时将 $\bar{R}$ 信号撤销，即 $\bar{R}$ 由 0 变成 1，由

于 $Q=0$，仍然能够使 $\overline{Q}=1$，锁存器维持 0 状态。如图 7-2-2（b）所示。

（3）$\overline{S}=1$，$\overline{R}=1$。

当置位端 $\overline{S}$ 无效，复位端 $\overline{R}$ 无效，即 $\overline{S}=1$，$\overline{R}=1$ 时，从前面两种情况已知，输入信号在被撤销的情况下，锁存器维持自己原来的状态。如图 7-2-2（c）、7-2-2（d）所示。

（4）$\overline{S}=0$，$\overline{R}=0$。

当置位端 $\overline{S}$ 和复位端 $\overline{R}$ 同时有效，即 $\overline{S}=0$，$\overline{R}=0$ 时，G_1、G_2 都有一个输入端为 0，故其输出端 Q 和 $\overline{Q}$ 全为 1，即 $Q=1$，$\overline{Q}=1$，违背了 Q 和 $\overline{Q}$ 互补输出的条件，这种状态既不是 0 状态，也不是 1 状态，是一种非 0 非 1 状态，是一种正常工作时不允许出现的状态。并且当两个输入信号同时撤销时，锁存器的状态将无法确定，处于不定状态。

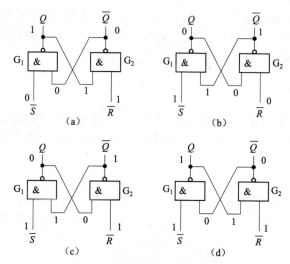

图 7-2-2　RS 锁存器的状态转换分析

综上所述，锁存器在输入信号置位端和复位端的控制下，可以实现置 0、置 1 功能，当输入信号撤销后，能够维持原来的状态，实现记忆功能。在锁存器的功能描述中，我们通常用 Q^n 和 Q^{n+1} 表示锁存器的状态。Q^n 表示锁存器接收信号之前的状态，称为现态；Q^{n+1} 表示锁存器接收信号之后的状态，称为次态。表示输入信号、现态和次态之间关系的表格称为特性表。RS 锁存器的特性表如表 7-2-1 所示。

表 7-2-1　RS 锁存器特性表

$\overline{R}$	$\overline{S}$	Q^n	Q^{n+1}	$\overline{R}$	$\overline{S}$	Q^n	Q^{n+1}
1	1	0	0	1	0	0	1
1	1	1	1	1	0	1	1
0	1	0	0	0	0	0	未定义
0	1	1	0	0	0	1	未定义

RS 锁存器的逻辑功能描述可以用表 7-2-2 表示。表中不允许出现的状态用×表示，维

持原来的状态用 Q^n 表示。

表 7-2-2　RS 锁存器功能表

$\bar{R}$	$\bar{S}$	Q^{n+1}	功能
0	0	×	禁止出现
0	1	0	置 0
1	0	1	置 1
1	1	Q^n	保持

【例 7-2-1】图 7-2-3（a）的锁存器电路图中，已知 $\bar{S}$、$\bar{R}$ 的电压波形如图 7-2-3（b）所示，试画出对应 Q 和 $\bar{Q}$ 的波形图。

解： Q 和 $\bar{Q}$ 的波形图如图 7-2-3（b）所示。

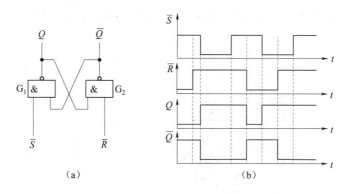

图 7-2-3　例 7-2-1 的电路和电压波形图

（a）电路；（b）电压波形

【例 7-2-2】图 7-2-4（a）的锁存器电路图中，已知 $\bar{S}$、$\bar{R}$ 的电压波形如图 7-2-4（b）所示，试画出对应 Q 和 $\bar{Q}$ 的波形图。

解： Q 和 $\bar{Q}$ 的波形图如图 7-2-4（b）所示。

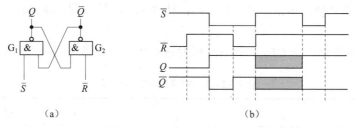

图 7-2-4　例 7-2-2 的电路和电压波形图

（a）电路；（b）电压波形

图中阴影前面部分表示，当 $\bar{S}=0$，$\bar{R}=0$ 时，Q 和 $\bar{Q}$ 全为 1，但当 $\bar{S}$、$\bar{R}$ 同时撤消，即 $\bar{S}$、$\bar{R}$ 同时由低电平跳变为高电平时，Q 和 $\bar{Q}$ 的状态是无法确定的，即处于不定状态。此时波形就是图中阴影部分。

在工程实际中，常常要求触发器在规定的时刻同时触发翻转，这就需要有时钟信号来加以控制。增加了控制时钟的锁存器就变成了一个钟控触发器。

7.2.2 RS 触发器

1. 电路组成及工作原理

在 RS 锁存器的输入端加上两个受时钟控制的门电路，就构成了钟控 RS 触发器，也称同步 RS 触发器。

RS 触发器的电路结构如图 7-2-5(a)所示。图 7-2-5(b)为 RS 触发器的逻辑符号。电路由 4 个与非门组成，G_1 和 G_2 构成一个 RS 锁存器，G_3 和 G_4 组成输入控制电路，CP 为时钟控制输入，通常称为时钟脉冲。

当 $CP=0$ 时，G_3 和 G_4 被封锁，G_3 和 G_4 的输出为 1，相当于 RS 锁存器的输入均为 1，触发器状态维持不变。

当 $CP=1$ 时，G_3 和 G_4 打开，输入端 S、R 反相后变成 $\bar{S}$、$\bar{R}$，作为 RS 锁存器的输入，实现各种锁存器功能。

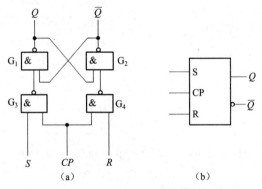

图 7-2-5 RS 触发器电路及其逻辑符号

（a）电路结构；（b）逻辑符号

2. 逻辑功能描述

触发器的逻辑功能描述常用方法有四种：特性表、特性方程、状态转换图、时序图。

1）特性表

与 RS 锁存器类似，当 $CP=1$ 时，RS 触发器的特性表如表 7-2-3 所示。

表 7-2-3 RS 触发器的特性表

S	R	Q^n	Q^{n+1}	S	R	Q^n	Q^{n+1}
0	0	0	0	1	0	0	1
0	0	1	1	1	0	1	1
0	1	0	0	1	1	0	×
0	1	1	0	1	1	1	×

2）特性方程

表示输入信号、现态和次态之间关系的逻辑表达式称为触发器的特性方程。将表 7-2-3

画成卡诺图形式,化简后就可以得到 RS 触发器的特性方程,RS 触发器的卡诺图如图 7−2−6 所示。则 RS 触发器的特性方程为:

$$Q^{n+1} = S + \overline{R}Q^n \qquad (CP\text{=}1 \text{ 时有效})$$

$$RS = 0 \text{(约束条件)} \tag{7−2−1}$$

3）激励表和状态转换图

激励表又称驱动表,它表示的是触发器状态发生变化时所对应的输入信号的变化关系表格,它是触发器逻辑关系的另一种描述方式。RS 触发器的激励表如表 7−2−4 所示。将激励表转换成图形的形式则可以得到触发器的状态转换图,如图 7−2−7 所示。其中,圆圈中的 0 和 1 表示触发器的两种状态,箭头表示转换方向,箭头上面的文字表示转换条件。

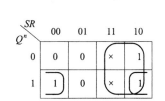

图 7−2−6　RS 触发器的卡诺图

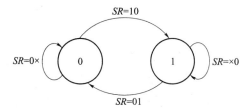

图 7−2−7　RS 触发器的状态转换图

表 7−2−4　RS 触发器的激励表

Q^n	→	Q^{n+1}	S	R
0		0	0	×
0		1	1	0
1		0	0	1
1		1	×	0

4）时序图

时序图又称波形图,是反映输入信号与触发器状态之间对应关系的工作波形图。如图 7−2−8 所示为 RS 触发器的时序图。S、R 为输入信号波形,Q 和 $\overline{Q}$ 为输出信号波形。需要注意的是,在 CP=1,且 S、R 都为高电平时,Q 和 $\overline{Q}$ 都为高电平,但当 S、R 同时撤销,即 S、R 同时由高电平跳变为低电平时,Q 和 $\overline{Q}$ 的状态是无法确定的,在时序图中用阴影表示。

3. RS 触发器的异步置位端与异步复位端

从上面的分析可以看出,RS 触发器必须在 CP 的控制下才能改变触发器的状态。为了便于给触发器设定初态,实际的触发器产品还设计有优先级更高的异步置位端 $\overline{S_D}$ 和异步复位端 $\overline{R_D}$。带有异步置位端和异步复位端的 RS 触发器电路及其逻辑符号如图 7−2−9 所示。

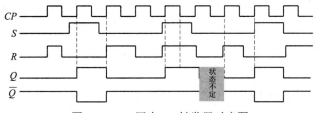

图 7−2−8　同步 RS 触发器时序图

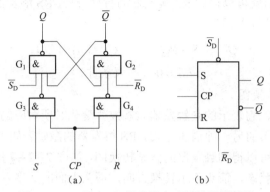

图7-2-9　同步 SR 触发器电路及其逻辑符号

（a）电路结构；（b）逻辑符号

对于带有 $\overline{S_D}$ 和 $\overline{R_D}$ 的触发器，与 RS 锁存器类似，在 $\overline{S_D}$ 有效，$\overline{R_D}$ 无效时，即 $\overline{S_D}=0$，$\overline{R_D}=1$ 时，触发器被无条件地置成 1；在 $\overline{S_D}$ 无效，$\overline{R_D}$ 有效时，即 $\overline{S_D}=1$，$\overline{R_D}=0$ 时，触发器被无条件地复位成 0；当然，$\overline{S_D}$ 和 $\overline{R_D}$ 不能同时有效。当且仅当 $\overline{S_D}$ 和 $\overline{R_D}$ 都无效时，触发器的状态才在 CP 的控制下，随着 S、R 的变化而变化。只要 $\overline{S_D}$ 和 $\overline{R_D}$ 有一个有效，触发器的输出状态就与 CP、S、R 等皆无关。所以叫异步置位、复位端。

7.2.3　D 触发器

1. 电路及工作原理

由于 RS 触发器的激励信号不允许同时为 1，如果使 R 和 S 输入端成为互补状态，就构成了单端输入的 D 触发器。D 触发器是 RS 触发器的一个特例。D 触发器的电路如图 7-2-10 所示。

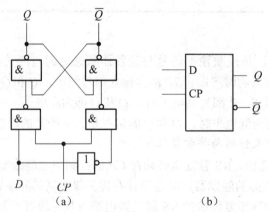

图7-2-10　D 触发器电路及其逻辑符号

（a）电路结构；（b）逻辑符号

2. 逻辑功能描述

1）特性表

与 RS 触发器类似，当 CP=1 时，D 触发器的特性表如表 7-2-5 所示。功能表如表 7-2-6 所示。

表7-2-5　D 触发器的特性表

D	Q^n	Q^{n+1}
0	0	0
0	1	0
1	0	1
1	1	1

表7-2-6　D 触发器的功能表

D	Q^{n+1}	功能
0	0	置0
1	1	置1

2）特性方程

由 D 触发器的特性表可得到 D 触发器的特性方程：

$$Q^{n+1} = D \quad CP=1 \tag{7-2-2}$$

3）状态转换图

D 触发器的状态转换图，如图7-2-11所示。

7.2.4　JK 触发器

1. 电路组成及工作原理

JK 触发器是 RS 触发器的一种扩展，它允许激励信号同时为 1，不仅克服了 RS 触发器 $SR=0$ 的约束条件，而且在 $JK=11$ 时，对应的触发器状态还可以进行翻转，增加了触发器的功能。JK 触发器的电路如图7-2-12(a)所示。可以看出，只要在原有的 RS 触发器上增加两条反馈线，并将输入端 S 更名为 J，R 更名为 K，就构成了 JK 触发器。

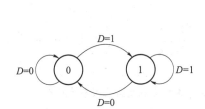

图7-2-11　D 触发器的状态转换图

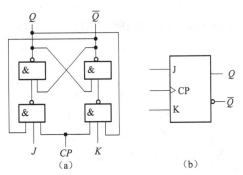

图7-2-12　JK 触发器电路及其逻辑符号

（a）电路结构；（b）逻辑符号

2. 逻辑功能描述

1）特性表

与 RS 触发器类似，当 $CP=1$ 时，JK 触发器的特性表如表7-2-7所示。功能表如表7-2-8

所示。

表 7-2-7　JK 触发器的特性表

J	K	Q^n	Q^{n+1}
0	0	0	0
0	0	1	1
0	1	0	0
0	1	1	0
1	0	0	1
1	0	1	1
1	1	0	1
1	1	1	0

表 7-2-8　JK 触发器的功能表

J	K	Q^{n+1}	功能
0	0	Q^n	保持
0	1	0	置0
1	0	1	置1
1	1	$\overline{Q^n}$	翻转

2）特性方程

由 JK 触发器的特性表可得到 JK 触发器的卡诺图，如图 7-2-13 所示。根据卡诺图得到 JK 触发器的特性方程：

$$Q^{n+1} = J\overline{Q^n} + \overline{K}Q^n \quad CP=1 \qquad (7-2-3)$$

3）状态转换图

JK 触发器的状态转换图，如图 7-2-14 所示。

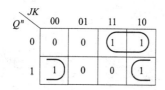

图 7-2-13　JK 触发器的卡诺图

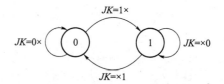

图 7-2-14　JK 触发器的状态转换图

7.2.5　T 触发器

1. 电路及工作原理

T 触发器是 JK 触发器的一个特例，将 JK 触发器的输入端 J 和 K 连接在一起，并定义为 T，就构成了单端输入的 T 触发器。T 触发器的电路如图 7-2-15 所示。

2. 逻辑功能描述

1）特性表

与 JK 触发器类似，当 $CP=1$ 时，T 触发器的特性表如表 7-2-9 所示。功能表如表 7-2-10 所示。

表 7-2-9　T 触发器的特性表

T	Q^n	Q^{n+1}
0	0	0
0	1	1
1	0	1
1	1	0

表 7-2-10　T 触发器的功能表

T	Q^{n+1}	功能
0	Q^n	保持
1	$\overline{Q^n}$	翻转

2）特性方程

由 T 触发器的特性表可得到 T 触发器的特性方程：

$$Q^{n+1} = T \oplus Q^n \quad CP=1 \tag{7-2-4}$$

3）状态转换图

JK 触发器的状态转换图，如图 7-2-16 所示。

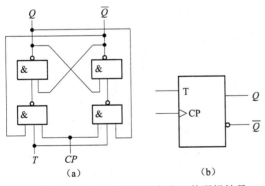

图 7-2-15　T 触发器电路及其逻辑符号

(a) 电路结构；(b) 逻辑符号

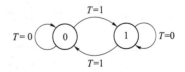

图 7-2-16　T 触发器的状态转换图

7.2.6　实际使用的触发器

前面讲到的 RS、D、JK、T 触发器等都是电平触发的触发器，即在 CP 高电平时，输入信号直接控制着触发器输出端的状态。只要 CP 为高电平，就允许触发器翻转，两个输入端如果不断地改变条件，使得触发器的翻转动作继续下去，这就造成了触发器的多次翻转现象，如例 7-2-3 所示。为了避免这种错误，实际使用的触发器是一种边沿触发的触发器，它的触发仅发生在相应时钟变换的边沿，而不是它的整个电平。这样的一个电路就称为边沿触发的触发器。如果它响应时钟的上升沿，则触发器称为正边沿触发，反之为负边沿触发。对于一个电平触发的触发器，输出的变化可能发生在整个时钟的高电平期间，而边沿触发器，输出的变化仅仅发生在时钟的上升沿或下降沿，而且一个时钟周期，触发器状态仅可能发生一次变化，称为一次翻转现象，这也大大提高了触发器的可靠性，如例 7-2-4 所示。几种常用的边沿触发器的逻辑符号如图 7-2-17 所示。

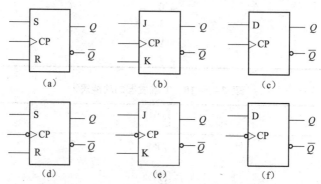

图 7-2-17　几种常见的边沿触发器的逻辑符号

(a) 上升沿触发的 RS 触发器；　(b) 上升沿触发的 JK 触发器；　(c) 上升沿触发的 D 触发器；
(d) 下降沿触发的 RS 触发器；　(e) 下降沿触发的 JK 触发器；　(f) 下降沿触发的 D 触发器

【例 7-2-3】图 7-2-12（a）所示的电平触发的 JK 触发器电路图，已知 J、K 的波形如图 7-2-18 所示，试画出对应 Q 和 $\overline{Q}$ 的波形图。设 Q 的初始状态为 0。

解：Q 和 $\overline{Q}$ 的波形图如图 7-2-18 所示。

【例 7-2-4】图 7-2-17(b)所示的上升沿触发的 JK 触发器，已知 J、K 的波形与例 7-2-3 相同，试画出对应 Q 和 $\overline{Q}$ 的波形图。设 Q 的初始状态为 0。

解：JK 触发器的时序图如图 7-2-19 所示。

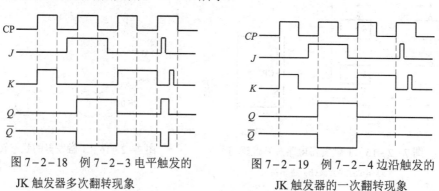

图 7-2-18　例 7-2-3 电平触发的　　　　图 7-2-19　例 7-2-4 边沿触发的
　　　JK 触发器多次翻转现象　　　　　　　　JK 触发器的一次翻转现象

在有些时序电路中，触发器的同一个输入端有不止一个输入，如图 7-2-20 所示的触发器中，J 输入端有 2 个输入，这种接到同一个输入端的两个输入是与运算关系。而如果 K 输入端悬空，这种触发器输入端悬空表明 $K=1$。以后章节中遇到同样的情况不再赘述。

触发器是构成时序电路的最基本逻辑单元，主要应用于以下五个方面：

（1）寄存器；

（2）计数器；

（3）分频器；

（4）时序脉冲发生器；

（5）控制器。

具体应用将在后续章节详细介绍。

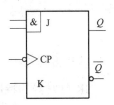

图 7-2-20 JK 触发器

7.3 时序逻辑电路的分析

像分析组合逻辑电路一样，分析时序逻辑电路的目的就是获得它的状态转换表和状态转换图，进而知道这个电路具有什么样的逻辑功能。分析过程包含下列几个步骤：

（1）写方程式。根据给定的时序电路写出其时钟方程、驱动方程、输出方程以及所用触发器的特性方程。

（2）求状态方程。将驱动方程代入相应的触发器的特性方程，得到触发器的状态方程。

（3）列出状态转换表。根据时钟方程、状态方程和输出方程，通过计算，列出状态转换真值表。

（4）画出状态转换图和时序图。

（5）确定电路的逻辑功能。

7.3.1 同步时序逻辑电路的分析

1. 同步时序逻辑电路的分析

时序逻辑电路中所有的触发器都是由一个时钟控制，这样的时序逻辑电路就称为同步时序逻辑电路。

【例 7-3-1】分析如图 7-3-1 所示时序逻辑电路的逻辑功能。

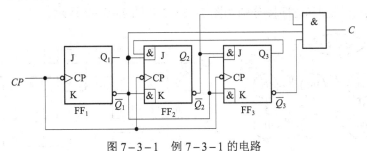

图 7-3-1 例 7-3-1 的电路

解：（1）写方程式。

时钟方程：
$$CP_0 = CP_1 = CP_2 = CP \downarrow \tag{7-3-1}$$

同步时序逻辑电路所有触发器时钟方程均相同，时钟方程可以省略不写。

驱动方程：$J_1 = K_1 = 1$

$$J_2 = \overline{Q_1^n}\,\overline{Q_3^n} \qquad K_2 = \overline{Q_1^n}$$

$$J_3 = \overline{Q_1^n}\,\overline{Q_2^n} \qquad K_3 = \overline{Q_1^n} \qquad\qquad (7-3-2)$$

输出方程: $$C = \overline{Q_3^n}\,\overline{Q_2^n}\,\overline{Q_1^n} \qquad\qquad (7-3-3)$$

JK 触发器的特性方程: $Q^{n+1} = J\overline{Q^n} + \overline{K}Q^n$

（2）求状态方程。

$$Q_1^{n+1} = J_1\overline{Q_1^n} + \overline{K_1}Q_1^n = \overline{Q_1^n}$$

$$Q_2^{n+1} = J_2\overline{Q_2^n} + \overline{K_2}Q_2^n = \overline{Q_1^n}\,\overline{Q_3^n}\,\overline{Q_2^n} + Q_1^n Q_2^n$$

$$Q_3^{n+1} = J_3\overline{Q_3^n} + \overline{K_3}Q_3^n = \overline{Q_1^n}\,\overline{Q_2^n}\,\overline{Q_3^n} + Q_1^n Q_3^n \qquad (7-3-4)$$

（3）列出状态转换表。

状态转换表如表 7-3-1 所示。

表 7-3-1　状态转换表

Q_3^n	Q_2^n	Q_1^n	Q_3^{n+1}	Q_2^{n+1}	Q_1^{n+1}	C
0	0	0	1	0	1	1
0	0	1	0	0	0	0
0	1	0	0	0	1	0
0	1	1	0	1	0	0
1	0	0	0	1	1	0
1	0	1	1	0	0	0
1	1	0	0	0	1	0
1	1	1	1	1	0	0

（4）画出状态图和时序图。

电路的状态转换图和时序图分别如图 7-3-2 和图 7-3-3 所示。

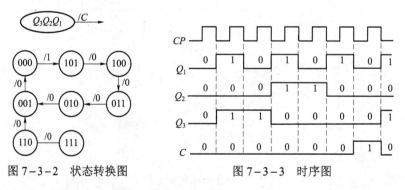

图 7-3-2　状态转换图　　　　图 7-3-3　时序图

从状态转换图可以看到，000、001、010、011、100、101 六个状态为有效的计数状态，称为有效状态；110、111 不在有效的计数循环中，称为无效状态。有效状态构成的计数循环称为有效循环；若无效状态也自身构成循环则称为无效循环。如果电路中有无效循环存在，则为不能自启动的计数器。

（5）逻辑功能。

从状态转换图和时序图可以看出，此电路为带借位的同步六进制减法计数器。

【例 7-3-2】 分析如图 7-3-4 所示时序电路的逻辑功能。

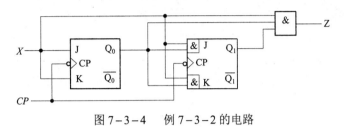

图 7-3-4　例 7-3-2 的电路

解： （1）写方程式。

驱动方程：
$$J_0 = K_0 = X$$
$$J_1 = K_1 = XQ_0{}^n$$

输出方程：
$$Z = XQ_0{}^n Q_1{}^n \tag{7-3-5}$$

JK 触发器的特性方程：
$$Q^{n+1} = J\overline{Q^n} + \overline{K}Q^n$$

（2）求状态方程。

将驱动方程代入特性方程，求出每个触发器的状态方程。

$$Q_0{}^{n+1} = J_0\overline{Q_0{}^n} + \overline{K_0}Q_0{}^n = X\overline{Q_0{}^n} + \overline{X}Q_0{}^n = X \oplus Q_0{}^n$$
$$Q_1{}^{n+1} = J_1\overline{Q_1{}^n} + \overline{K_1}Q_1{}^n = XQ_0{}^n\overline{Q_1{}^n} + \overline{XQ_0{}^n}Q_1{}^n = (XQ_0{}^n) \oplus Q_1{}^n \tag{7-3-6}$$

实际上从本题 JK 触发器的驱动方程就可以看出，每个触发器的 J、K 输入相同，相当于 T 触发器，从而可以直接写出状态方程。

（3）列出状态转换表。

状态转换表如表 7-3-2 所示。

表 7-3-2　状态转换表

X	$Q_1{}^n$	$Q_0{}^n$	$Q_1{}^{n+1}$	$Q_0{}^{n+1}$	Z
0	0	0	0	0	0
0	0	1	0	1	0
0	1	0	1	0	0
0	1	1	1	1	0
1	0	0	0	1	0
1	0	1	1	0	0
1	1	0	1	1	0
1	1	1	0	0	1

（4）画出状态转换图和时序图。

转换状态图和时序图分别如图 7－3－5 和图 7－3－6 所示。

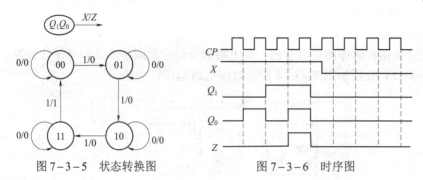

图 7－3－5 状态转换图   图 7－3－6 时序图

（5）逻辑功能。

从状态转换图和时序图可以看出，当 $X = 0$ 时，电路维持原状态；当 $X = 1$ 时，电路为带进位的 2 位二进制加法计数器。

2. 从状态转换图到算法状态机

从上面的分析可知，时序逻辑电路在工作时是在电路的有限个状态之间按照一定的规律转换的，因此可将时序逻辑电路称为有限状态机。所以时序逻辑电路的另外一种描述形式称为状态机流程图，或称 ASM 图。

数字系统中的二进制信息可分为两类，一类是数据信息，另一类是控制信息。加工和处理信息的电路有加法器、译码器、数据选择器、计数器和寄存器等。控制信息是命令信号，它控制着处理数据信息的硬件，完成各种数据处理的操作任务。所以数字系统的逻辑设计可分成性质不同的两个部分：数据处理器和控制器。

ASM 图采用类似于编写计算机程序时使用的程序流程图的形式，表示在一系列时钟脉冲作用下时序逻辑电路状态转换的流程以及每个状态下的输入和输出，更直观地表示出时序逻辑电路的运行过程。

ASM 图使用的图形符号有三种：状态框、判断框和条件输出框，如图 7－3－7 所示。

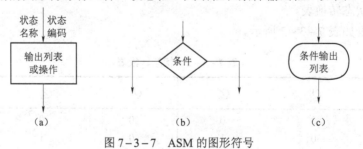

图 7－3－7 ASM 的图形符号

（a）状态框；（b）判断框；（c）条件输出框

状态框：每个状态框表示电路的一个状态，左上角注明状态名称，右上角注明状态编码。框内给出输出列表或操作。

判断框：又称条件分支框，连接在状态框的出口，决定着状态转换的去向。

条件输出框：连接在判断框出口，框内标注输出变量的名称。当所连判断框出口的条件满足时，框内输出变量等于 1，否则等于 0。即框内输出变量等于 0 时，输出框将不画出。

【例 7-3-3】 画出例 7-3-2 的电路的 ASM 图。

解： 将例 7-3-2 的状态转换表 7-3-2 重新画出，如表 7-3-3 所示。

表 7-3-3　例 7-3-2 的状态转换表

现态		$Q_1^{n+1} Q_0^{n+1}/Z$	
Q_1^n	Q_0^n	$X=0$	$X=1$
0	0	00/0	01/0
0	1	00/0	10/0
1	0	00/0	11/0
1	1	00/0	00/1

根据 ASM 框的规则，根据状态转换表或转换图画出算法状态机如图 7-3-8 所示。

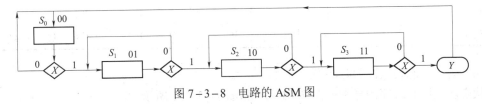

图 7-3-8　电路的 ASM 图

7.3.2　异步时序逻辑电路的分析

异步时序逻辑电路的分析步骤与同步时序电路一样，所不同的是异步时序电路特别需要注意它的时钟方程，同样的状态方程在不同的时钟方程控制下会有不同的结果。

【例 7-3-4】 分析如图 7-3-9 所示时序逻辑电路的逻辑功能。

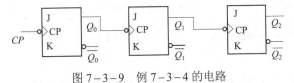

图 7-3-9　例 7-3-4 的电路

解：（1）写方程式。

时钟方程：
$$CP_0 = CP\downarrow, \quad CP_1 = Q_0\downarrow, \quad CP_2 = Q_1\downarrow, \tag{7-3-7}$$

驱动方程：
$$J_0 = K_0 = 1$$
$$J_1 = K_1 = 1 \text{（空脚即为高电平）}$$
$$J_2 = K_2 = 1 \tag{7-3-8}$$

JK 触发器特性方程：
$$Q^{n+1} = J\overline{Q^n} + \overline{K}Q^n \tag{7-3-9}$$

（2）求状态方程。

$$Q_0^{n+1} = \overline{Q_0^n} \qquad CP\downarrow$$
$$Q_1^{n+1} = \overline{Q_1^n} \qquad Q_0\downarrow$$
$$Q_2^{n+1} = \overline{Q_2^n} \qquad Q_1\downarrow \tag{7-3-10}$$

（3）列出状态转换表。

状态转换表如表7-3-4所示。

表7-3-4　状态转换表

Q_2^n	Q_1^n	Q_0^n	Q_2^{n+1}	Q_1^{n+1}	Q_0^{n+1}	CP
0	0	0	0	0	1	$CP\downarrow$
0	0	1	0	1	0	$CP\downarrow$, $Q_0\downarrow$
0	1	0	0	1	1	$CP\downarrow$
0	1	1	1	0	0	$CP\downarrow$, $Q_0\downarrow$, $Q_1\downarrow$
1	0	0	1	0	1	$CP\downarrow$
1	0	1	1	1	0	$CP\downarrow$, $Q_0\downarrow$
1	1	0	1	1	1	$CP\downarrow$
1	1	1	0	0	0	$CP\downarrow$, $Q_0\downarrow$, $Q_1\downarrow$

（4）画出状态转换图和时序图。

状态转换图和时序图分别如图7-3-10和图7-3-11所示。

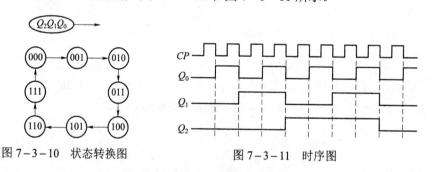

图7-3-10　状态转换图　　　　图7-3-11　时序图

（5）逻辑功能

从状态转换图和时序图可以看出，此电路为异步三位二进制加法计数器。

【例7-3-5】若将上例的触发器全部改成上升沿触发的触发器，所有触发器仍均为悬空，即均为翻转触发器。

解：时钟方程为$CP_0=CP\uparrow$，$CP_1=Q_0\uparrow$，$CP_2=Q_1\uparrow$，每个触发器自己的时钟上升沿到来时，触发器就翻转，直接画时序图分析电路会更加简便。电路的时序图如图7-3-12所示。

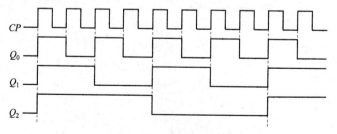

图7-3-12　上升沿触发异步计数器时序图

可以看出，此电路为异步三位二进制减法计数器。

7.4　常用中规模时序逻辑器件

前面我们已经介绍了由触发器可以构成各种各样的时序电路，目前工程实际中最常见的是通用中规模时序逻辑电路，如集成计数器、寄存器等。中规模时序逻辑电路具有功能较完善、通用性强、功耗低、工作速率高且可以自扩展等许多优点，因而得到广泛应用。

7.4.1　计数器

计数器的基本功能是统计时钟脉冲的个数，在数字系统中应用十分广泛。它不仅能实现计数功能，还经常被用来定时、分频、产生顺序脉冲和节拍脉冲等。

计数器种类很多，如果按照 CP 脉冲的工作方式分，可分为同步计数器和异步计数器，同步计数器中各触发器同时触发；异步计数器中各触发器有自己的时钟脉冲，触发器翻转有先有后。

计数器按照计数规律分，可分为加法计数器、减法计数器和可逆计数器。

计数器按照计数的进位制分，可分为二进制计数器、十进制计数器和任意进制计数器。

1. 同步计数器

集成同步计数器中最常见的有 74160、74161、74162、74163、74192 等。其中 74160、74162 是同步十进制加法计数器，74161、74163 是同步四位二进制加法计数器，74192 是同步十进制可逆计数器。

1）二进制计数器 74161、74163

74161 是可预置初值的同步四位二进制计数器，也就是十六进制计数器。其电路图如图 7-4-1 所示，逻辑符号如图 7-4-2 所示。其状态转换图和时序图如图 7-4-3、图 7-4-4 所示。

其中：CP 为计数脉冲输入端；$\overline{R_D}$ 为异步复位端；$\overline{LD}$ 为同步置位端；P、T 为计数使能端；D、C、B、A 为数据输入端；Q_D、Q_C、Q_B、Q_A 为数据输出端；CO 为进位输出端。

表 7-4-1　74161 逻辑功能表

时钟	清零	置数	使能		并行输入				输出
CP	$\overline{R_D}$	$\overline{LD}$	P	T	D	C	B	A	工作状态
$\times$	0	$\times$	$\times$	$\times$	$\times$	$\times$	$\times$	$\times$	置零
$\uparrow$	1	0	$\times$	$\times$	D	C	B	A	预置数
$\times$	1	1	0	$\times$	$\times$	$\times$	$\times$	$\times$	保持（包括 CO）
$\times$	1	1	$\times$	0	$\times$	$\times$	$\times$	$\times$	保持且 $CO=0$
$\uparrow$	1	1	1	1	$\times$	$\times$	$\times$	$\times$	正常计数

从逻辑功能表 7-4-1 可以看出，当复位端 $\overline{R_D}$ 为 0 有效时，其他输入任意，计数器实现清零功能，计数器输出为 0000，这说明 $\overline{R_D}$ 为异步清零，优先级最高，且跟 CP 无关。当 $\overline{R_D}$ 为 1 无效，预置数端 $\overline{LD}$ 为 0 有效，且 CP 上升沿到来时，计数器实现预置数功能，计数器输出

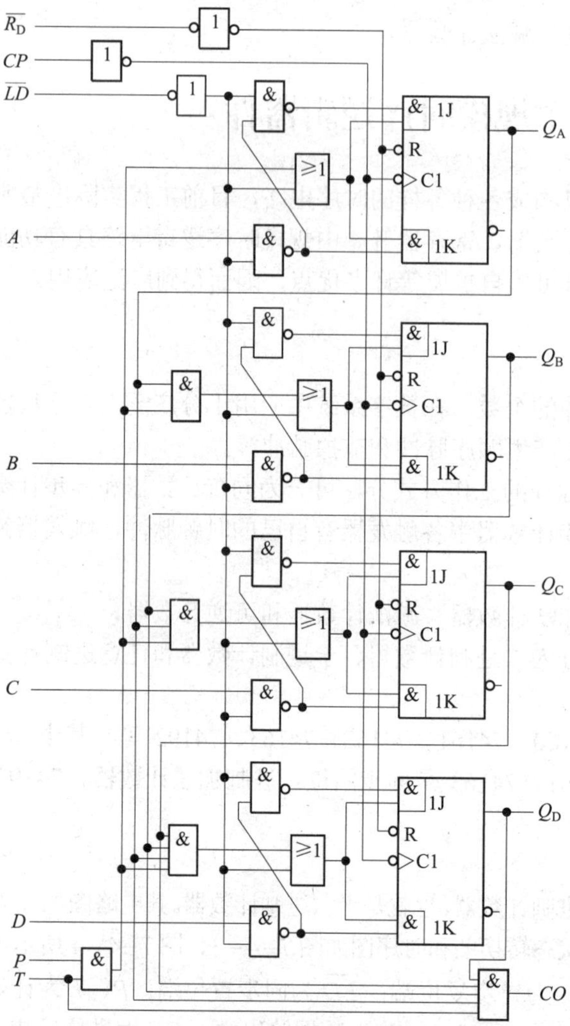

图 7-4-1 74161 电路图

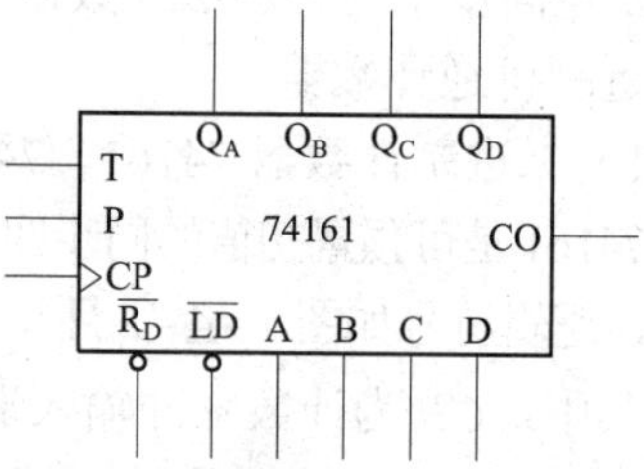

图 7-4-2 74161 逻辑符号

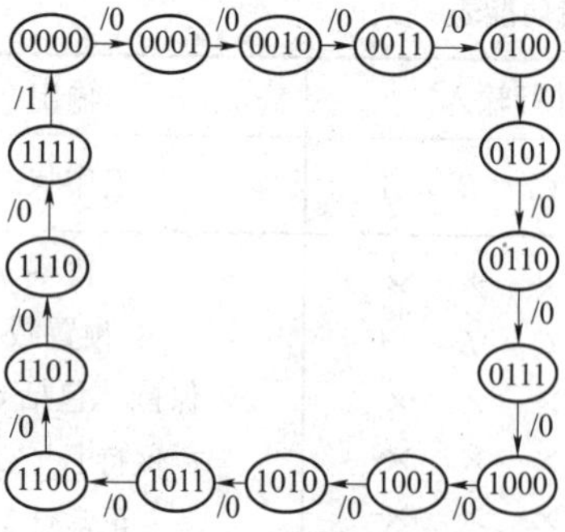

图 7-4-3 状态转换图

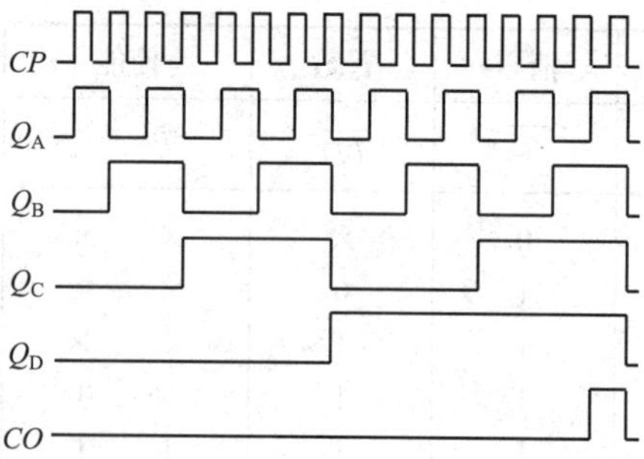

图 7-4-4 时序图

为并行输入 $DCBA$ 的值，用户可根据需要自行设置。预置数功能的实现需有 CP 上升沿到来，故为同步预置数。当复位端 $\overline{R_D}$、预置数端 $\overline{LD}$ 均无效，即取值为 1 时，若使能端 P、T 为 1 有效，CP 计数脉冲输入，则计数器实现正常加法计数，且当计数器输出为 1111 时，进位输出输出一个脉冲宽度的高电平进位信号；若使能端 P、T 中有一个输入为 0，则计数器处于保持状态，计数停止，所不同的是，若 $P=0$，则计数器输出保持且 CO 值也保持原状态；若 $T=0$，则计数器输出保持但 CO 值被清成 0。

74161 的基本功能是实现四位二进制加法计数，如果将两个 74161 级联起来，就可以实现八位二进制计数，只要低位的进位输出端接到高位的计数使能端 P、T 即可，其级联电路如图 7-4-5 所示。

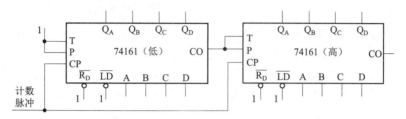

图 7-4-5　2 片 74161 的级联

在 74 系列计数器中，74163 与 74161 最为接近。其区别是 74161 是异步复位而 74163 为同步复位，即清零功能必须在 CP 上升沿到来时实现，其他与 74161 完全相同。

2）十进制计数器 74160、74162

74160 与 74161 的功能表完全相同，区别仅在于 74160 是十进制计数器，74161 是四位二进制计数器。同样，74162 与 74163 的区别也仅在于 74162 是十进制计数器，而 74163 是四位二进制计数器。因此 74160、74161、74162、74163 的使用方法几乎相同。例如，用 2 片74160 构成 100 进制计数器，图 7-4-5 的电路中，仅需要把芯片符号换成 74160 即可构成100 进制计数器。

3）十进制可逆计数器 74192

74192 是可预置初值的双时钟同步十进制可逆计数器。其逻辑符号如图 7-4-6 所示，逻辑功能表如表 7-4-2 所示。

其中：CP_U 为加计数脉冲输入端；

CP_D 为减计数脉冲输入端；

CLR 为异步复位端；

$\overline{LD}$ 为异步预置数端；

D、C、B、A 为数据输入端；

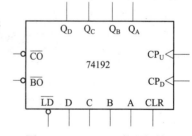

图 7-4-6　74192 的逻辑符号

表 7-4-2　74192 逻辑功能表

清零	置数	时钟		并行输入				输出
CLR	$\overline{LD}$	CP_U	CP_D	D	C	B	A	工作状态
1	×	×	×	×	×	×	×	置零
0	0	×	×	D	C	B	A	预置数
0	1	↑	1	×	×	×	×	加法计数
0	1	1	↑	×	×	×	×	减法计数

Q_D、 Q_C、 Q_B、 Q_A 为数据输出端；

$\overline{CO}$ 为进位输出端，有进位时输出低电平；

$\overline{BO}$ 为借位输出端，有借位时输出低电平。

从逻辑功能表可以看出，74192 是一个双时钟十进制可逆计数器，其复位和预置数均为异步，即清零和预置数均与 CP 无关，且清零为高电平有效。复位端 CLR=1，其他任意时，输出端清零；复位端 CLR=0 无效时，$\overline{LD}$=0 有效，输出异步预置数；当复位端和预置数端都无效时，如 CP_U 输入计数脉冲而 CP_D=1 时，实现加法计数，如 CP_D 输入计数脉冲而 CP_U=1 时，实现减法计数。$\overline{CO}$ 为加法计数的进位输出端，$\overline{BO}$ 为减法计数的借位输出端。

74192 的级联也非常简单，若为减法计数，则将低位 $\overline{BO}$ 接到高位的 CP_D；若为加法计数，则将低位 $\overline{CO}$ 接到高位的 CP_U，两片 74192 可以实现 100 进制的加法计数或减法计数，其级联电路如图 7-4-7 所示。

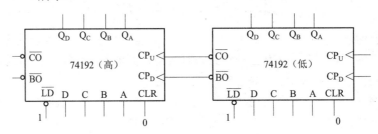

图 7-4-7　74192 级联电路

*2. 异步计数器

集成异步计数器中最常见的是 7490，它为二-五-十进制异步加法计数器。其逻辑符号如图 7-4-8 所示，逻辑功能表如表 7-4-3 所示。

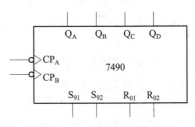

其中：CP_A、CP_B 为计数脉冲输入，下降沿触发；

S_{91}、S_{92} 为异步置 9 端；

R_{01}、R_{02} 为异步置 0 端；

图 7-4-8　7490 的逻辑符号

Q_D、 Q_C、 Q_B、 Q_A 为数据输出端。

表 7-4-3　7490 逻辑功能表

时钟		清零输入		置 9 输入		输　出			
CP_A	CP_B	R_{01}	R_{02}	S_{91}	S_{92}	Q_D^{n+1}	Q_C^{n+1}	Q_B^{n+1}	Q_A^{n+1}
$\times$	$\times$	1	1	0	$\times$	0	0	0	0
$\times$	$\times$	1	1	$\times$	0	0	0	0	0
$\times$	$\times$	0	$\times$	1	1	1	0	0	1
$\times$	$\times$	$\times$	0	1	1	1	0	0	1
$CP\downarrow$	0	$\times$		$\times$		二进制计数器，Q_A 输出			
0	$CP\downarrow$	有 0		有 0		五进制计数器，$Q_D Q_C Q_B$ 输出			
$CP\downarrow$	$Q_A\downarrow$	有 0		有 0		十进制计数器，$Q_D Q_C Q_B Q_A$ 输出			

从 7490 的逻辑功能表可以看出，它实际上由一个二进制计数器和一个五进制计数器组成，CP_A 与 Q_A 构成二进制计数器，CP_B 与 $Q_D Q_C Q_B$ 构成五进制计数器，若要实现十进制计数器，则要外接一根连线，将 CP_B 与 Q_A 连接起来，实现电路如图 7-4-9 所示。7490 的清零和置 9 均为异步清零与异步置 9，清零端为 R_{01}、R_{02}，置 9 端为 S_{91}、S_{92}，实现清零功能时，R_{01} 与 R_{02} 必须全为 1，S_{91} 与 S_{92} 必须有一个为 0；实现置 9 功能时，S_{91} 与 S_{92} 必须全为 1，R_{01} 与 R_{02} 必须有一个为 0；实现正常计数时，R_{01} 与 R_{02}，S_{91} 与 S_{92} 必须各有一个为 0。

7490 没有专门的进位输出端，一般在进行级联时，将低位的 Q_D 接到高位的 CP_A 即可，实现电路如图 7-4-10 所示。7490 的进位输出按要求应该是当输出为 1001 时产生如图 7-4-11 中的 CO 波形，经观察发现，由于此计数器为下降沿触发的计数器，Q_D 的波形虽然跳变为上升沿的时间早于 CO 波形，但跳变为下降沿时却与 CO 波形完全一致，由于 7490 为下降沿触发的计数器，故直接用 Q_D 作为进位输出即可，简化了实际电路。

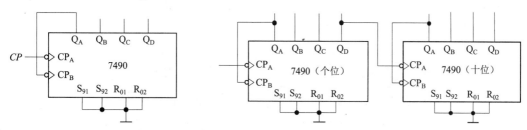

图 7-4-9　7490 构成十进制计数器逻辑符号　　　　图 7-4-10　7490 级联电路

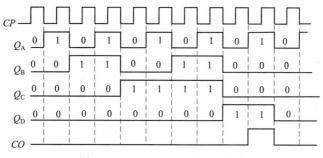

图 7-4-11　7490 进位输出波形

3. 任意进制计数器

单个 74161 除了能实现十六进制计数外，还可以实现十六以下的任意进制计数。两个 74161 级联能实现 256 以下的任意进制计数，以此类推。计数器实现任意进制计数通常有两种办法：反馈归零法和置数法。

反馈归零法是从所有计数状态中选取前 N 种状态（N 为所需实现的进制数），当计数到第 N 状态时，利用清零端强制清零，从而实现 N 进制计数的方法。

置数法是从所有计数状态中选取相连的 N 种计数状态，利用置数端实现 N 进制计数的方法。

【例 7-4-1】 试用 74161 实现九进制计数器。

解：（1）反馈归零法。

74161 实现九进制计数，计数器从 0000 开始计数，当计数到 1000 后，共出现了 9 个状态，下一个状态我们通过清零端 $\overline{R_D}$ 将计数器强制清零，使之返回 0000，从而实现模 9 计数。由于 74161 是异步清零，只要 $\overline{R_D}$=0，如果一旦出现 1000 就置 $\overline{R_D}$=0，则 1000 就只出现很短暂的状态，不能维持一个正常的计数周期，因此，通常对于 N 进制计数，有效状态为 0 到 $N-1$，如果用异步清零计数器实现，则需将状态 N 作为过渡状态，实现归零。实现归零的方法是将状态 N 所对应的二进制代码中为 1 的触发器输出相与非后，与非输出接到清零端 $\overline{R_D}$ 即可。

九进制计数器的实现电路如图 7-4-12 所示，状态图如图 7-4-13 所示，其时序图如图 7-4-14 所示。

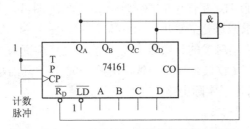

图 7-4-12 （归零法）九进制计数器电路图

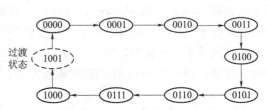

图 7-4-13 （归零法）九进制计数器状态图

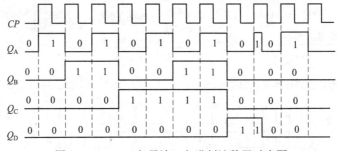

图 7-4-14 （归零法）九进制计数器时序图

（2）置数法。

置数法实现九进制计数，只要取连续的 9 个状态，第一个状态作为 D、C、B、A 的输入，最后一个状态所对应的二进制代码中为 1 的触发器输出相与非后接到预置数端 $\overline{LD}$ 即可。由于 74161 为同步置数，不存在过渡状态，故最后一个状态直接作为反馈置数的输入。也就是说，对于 N 进制计数，如果用置数法实现，有效状态为 0 到 $N-1$，则将状态 $N-1$ 所对应的二进制代码中为 1 的触发器输出相与非后接到置数端 $\overline{LD}$。其中一种实现电路如图 7-4-15 所示，状态图如图 7-4-16 所示，时序图如图 7-4-17 所示。

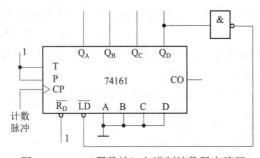

图 7-4-15 （置数法）九进制计数器电路图

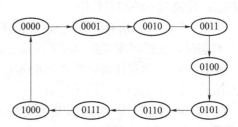

图 7-4-16 （置数法）九进制计数器状态图

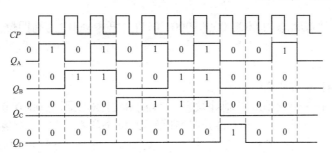

图 7-4-17　（置数法）九进制计数器状态图

如果置数法实现九进制采用另外九种状态，则也可以实现。例如，若取状态 0010 到 1010，则实现电路如图 7-4-18 所示。

10 以内进制的计数器用 74160 实现与 74161 电路完全相同。一片 74160 也只能实现 10 以内进制的计数器。这里就不专门举例说明。

【例 7-4-2】分别用两片 74161 和 74160 实现 24 进制计数器。

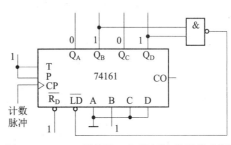

图 7-4-18　（置数法）九进制计数器状态图

解：（1）用两片 74161 实现 24 进制计数器。

首先将两片 74161 构成 8 位二进制计数器。24 的二进制是 0001 1000，实现 24 进制计数，要求计数器从初始状态 0000 0000 开始计数，共 24 个状态，最后的有效状态为 0001 0111。

采用反馈归零法，需要通过清零端 $\overline{R_D}$ 将计数器强制清零，使之返回 0000 0000，从而实现模 24 计数。由于 74161 是异步清零，需要有一个过渡状态 0001 1000，就满足 $\overline{R_D}$=0，此时两个 74161 同时清零，计数器的状态回归 0000 0000。实现如图 7-4-19（a）所示。

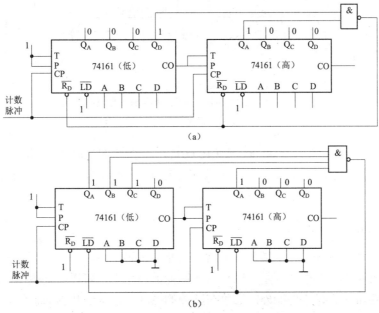

图 7-4-19　2 片 74161 实现 24 进制计数器电路

（a）采用反馈归零法；（b）采用置数法

采用置数法，计数状态为 0000 0000~0001 0111。其中 0001 为高四位，0111 为低四位，74161 为同步置数，不存在过渡状态，故最后一个状态直接作为反馈置数的输入。实现电路如图 7-4-19（b）所示。

（2）用两片 74160 实现 24 进制计数器。

首先将两片 74160 构成 100 进制计数器。24 的 8421BCD 码是 0010 0100，实现 24 进制计数，要求计数器从初始状态 0000 0000 开始计数，共 24 个状态，最后的有效状态为 0010 0011。

采用反馈归零法，需要通过清零端 $\overline{R_D}$ 将计数器强制清零，使之返回 0000 0000，从而实现模 24 计数。由于 74160 是异步清零，需要有一个过渡状态 0010 0100，其中十位是 0010（2），个位是 0100（4），就满足 $\overline{R_D}$ =0，此时两个 74160 同时清零，计数器的状态回归 0000 0000。实现电路如图 7-4-20（a）所示。

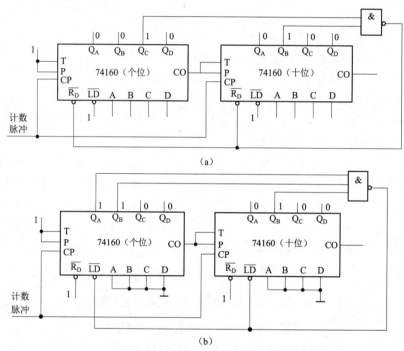

图 7-4-20　2 片 74161 实现 24 进制计数器电路图
（a）采用反馈归零法；（b）采用置数法

采用置数法，计数状态为 0000 0000~0010 0011。其中十位是 0010，个位是 0011，74160 为同步置数，不存在过渡状态，故最后一个状态直接作为反馈置数的输入。实现电路如图 7-4-20（b）所示。

7.4.2　寄存器

寄存器是一种能够暂存和传递数据的常用的时序逻辑电路。一般主要由触发器构成，可分为基本寄存器和移位寄存器。基本寄存器在脉冲的作用下，可以实现数据的接收、存储和传送。移位寄存器除了存储功能外，还可在脉冲的控制下，实现数据的移位。

1. 基本寄存器

基本寄存器的种类很多，不同的寄存器存储的数据的位数不同，图 7-4-21 为集成寄存器 74175 的电路结构图，它由四个触发器组成，D_4、D_3、D_2、D_1 为四路输入信号，当 CP 脉冲上升沿到来时，触发器的输出端 Q_4、Q_3、Q_2、Q_1 接收输入信号 D_4、D_3、D_2、D_1 并保存在触发器中。74175 的功能表如表 7-4-4 所示，其逻辑符号如图 7-4-22 所示。

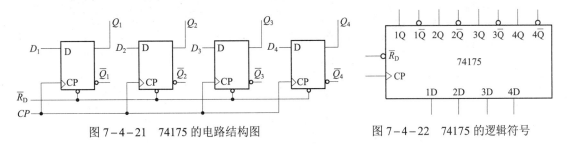

图 7-4-21 74175 的电路结构图 　　　　　图 7-4-22 74175 的逻辑符号

表 7-4-4 74175 的功能表

清零	时钟	输入				输出
$\overline{R_D}$	CP	D_4	D_3	D_2	D_1	工作状态
0	×	×	×	×	×	置零
1	↑	D	C	B	A	预置数
1	1	×	×	×	×	保持
1	0	×	×	×	×	保持

基本寄存器除了 4 位寄存器 74175 外，还有 8 位寄存器 74373 等。

2. 移位寄存器

移位寄存器不仅具有基本寄存器的数据存储功能，而且还可以在移位脉冲的作用下，实现数据的左移或是右移。移位寄存器中功能比较齐全的是 74194，它是一种双向移位寄存器，其逻辑符号如图 7-4-23 所示，其电路图如图 7-4-24 所示，逻辑功能表如表 7-4-5 所示。

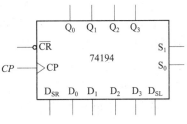

图 7-4-23 74194 的逻辑符号

表 7-4-5 74194 逻辑功能表

清零	时钟	使能		串行输入		并行输入				输　出			
$\overline{CR}$	CP	S_1	S_0	D_{SL}	D_{SR}	D_0	D_1	D_2	D_3	Q_0^{n+1}	Q_1^{n+1}	Q_2^{n+1}	Q_3^{n+1}
0	×	×	×	×	×	×	×	×	×	0	0	0	0
1	0	×	×	×	×	×	×	×	×	Q_0^n	Q_1^n	Q_2^n	Q_3^n
1	↑	1	1	×	×	D_0	D_1	D_2	D_3	D_0	D_1	D_2	D_3
1	↑	0	1	×	0	×	×	×	×	0	Q_0^n	Q_1^n	Q_2^n
1	↑	0	1	×	1	×	×	×	×	1	Q_0^n	Q_1^n	Q_2^n
1	↑	1	0	0	×	×	×	×	×	Q_1^n	Q_2^n	Q_3^n	0
1	↑	1	0	1	×	×	×	×	×	Q_1^n	Q_2^n	Q_3^n	1
1	↑	0	0	×	×	×	×	×	×	Q_0^n	Q_1^n	Q_2^n	Q_3^n

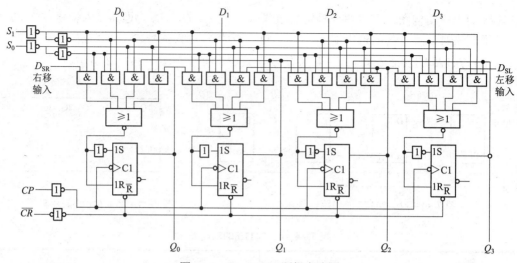

图 7-4-24　74194 逻辑电路图

从 74194 的功能表可以看出，清零端为异步清零，$\overline{CR}$ 有效时，输出无条件清零。使能端 $S_1 S_0$ 为 11 时，在 CP 作用下，移位寄存器实现送数功能，接收并行输入信号；$S_1 S_0$ 为 01 时，在 CP 作用下，移位寄存器实现右移功能，数据依次右移，Q_0 接收 D_{SR} 串行输入信号；$S_1 S_0$ 为 10 时，在 CP 作用下，移位寄存器实现左移功能，数据依次左移，Q_3 接收 D_{SL} 串行输入信号；$S_1 S_0$ 为 00 时，移位寄存器保持不变，输出为 $Q_0^n Q_1^n Q_2^n Q_3^n$。

3. 移位寄存器的应用分析

移位寄存器除了可以实现数据的移位外，还可以构成移位型的计数器。所谓移位型的计数器就是将移位寄存器的输出以一定的方式反馈到串行输入端构成的计数器。移位计数器最常见的有两种：环形计数器和扭环形计数器。

1）环形计数器

将输出端 Q_3 接到串行输入端 D_{SR}，CP 接入移位脉冲，使能端 $S_1 S_0$ 设置为 01 右移状态，就构成了一种环形计数器。图 7-4-25 为 74194 构成的环形计数器。

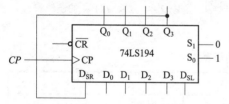

图 7-4-25　74194 构成环形计数器

通过电路分析可知，其十六种状态构成的状态图如图 7-4-26 所示。其中，0001、1000、0100、0010 四种状态构成了四进制计数器，为有效循环；其余十二种状态分别构成了五种无效循环。当然，有效循环和无效循环是一种人为的规定，由于无效循环的存在，此电路为不能自启动的计数器。若要实现自启动，则要修改反馈逻辑。

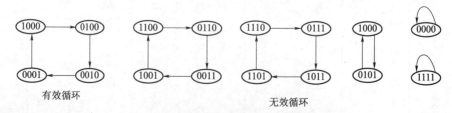

图 7-4-26　74194 构成环形计数器状态图

2）扭环形计数器

如果将输出端 Q_3 取非后接到串行输入端 D_{SR}，则构成了扭环形计数器。电路如图 7-4-27 所示。

经电路分析可知，其十六种状态构成的状态图如图 7-4-28 所示，其中左边的循环为有效循环，右边的为无效循环。此电路为八进制计数器。当然，也可以认为右边的为有效循环，左边的为无效循环。此电路仍为不能自启动的计数器。

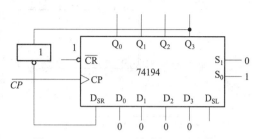

图 7-4-27　74194 构成扭环形计数器

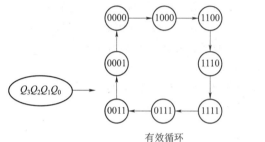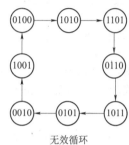

图 7-4-28　74194 构成扭环形计数器状态图

用 Multisim 仿真可以得到扭环形计数器的时序图。将图 7-4-27 进行 Multisim 仿真，接入时序信号和逻辑分析仪后仿真结果如图 7-4-29。

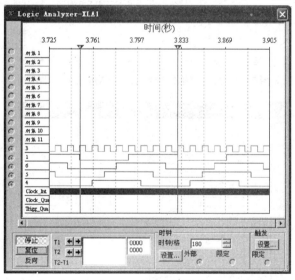

图 7-4-29　扭环形计数器的 Multisim 时序图

7.4.3　计数器的应用

1. 节拍信号发生器

在数字系统和计算机中，往往需要系统按照人们事先规定的顺序进行操作，因此系统的

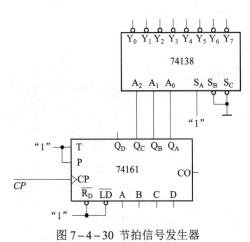

图 7-4-30 节拍信号发生器

控制部分常常有一个节拍信号发生器，也就是顺序脉冲发生器，产生时间上有先后顺序的脉冲，来实现整个系统的协调运作。

节拍信号发生器可以由计数器和译码器两部分组成，如图 7-4-30 为 74161 和 74138 组成的节拍信号发生器。

计数器 74161 组成正常计数方式，输出 $Q_C Q_B Q_A$ 接到译码器 74138 的地址端 $A_2 A_1 A_0$，译码器的使能端有效，接成 100。当节拍信号发生器工作时，在 CP 脉冲控制下，计数器实现计数，$Q_C Q_B Q_A$ 依次输出 000、001、…、111，再返回到 000，周而复始，那么在译码器的地址端也依次变换着地址码，从而在译码器的八个输出端输出节拍脉冲波形。

节拍信号发生器的 Multisim 仿真如图 7-4-31、图 7-4-32 所示。

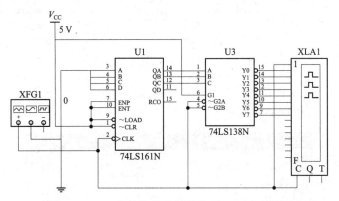

图 7-4-31 节拍信号发生器的 Multisim 电路图

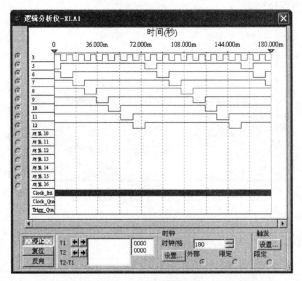

图 7-4-32 节拍信号发生器的 Multisim 时序图

2. 序列信号发生器

序列信号是指在时钟 CP 作用下产生的周期性二进制信号串，例如 01101 01101 01101……，就是以 01101 为基数进行循环。在数字系统的传输和数字系统的测试中，常常要用到一组特定的序列信号作为控制信号，控制数字设备周期性地工作。能够产生序列信号的逻辑电路就是序列信号发生器。

序列信号发生器可以由计数器和数据选择器两部分组成，如图 7-4-33 所示为 74161 和 74151 组成的 8 位二进制序列 11011000 的序列信号发生器。

计数器 74161 组成正常的计数方式，输出 $Q_C Q_B Q_A$ 接到译码器 74151 的地址端 $A_2 A_1 A_0$，数据选择器的使能端有效，并且 8 个输入端从 D_7 到 D_0 接成 11011000。当序列信号发生器工作时，在 CP 脉冲控制下，计数器实现计数，$Q_C Q_B Q_A$ 依次输出 000、001、…、111，再返回到 000，周而复始，那么在数据选择器的地址端也依次变换着地址码，从而在数据选择器的输出端 F 上就顺序得到 11011000 输出波形。

如果想要得到长度为任意的序列信号，如 5 位二进制信号 11101，则需要把计数器 74161 连接成五进制计数器，然后采用同样的方法实现。实现电路如图 7-4-34 所示。

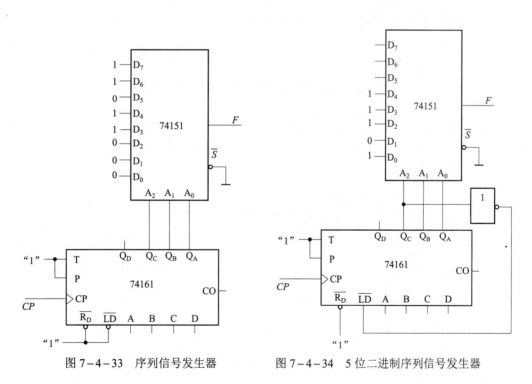

图 7-4-33 序列信号发生器   图 7-4-34 5 位二进制序列信号发生器

11101 序列信号发生器的 Multisim 仿真时序波形如图 7-4-35 所示。

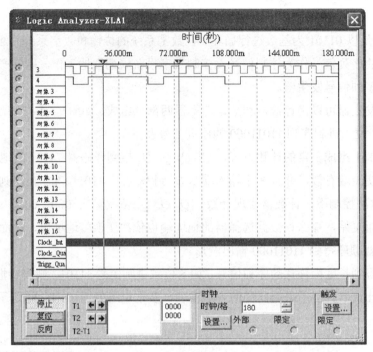

图 7-4-35 序列信号发生器的 Multisim 时序图

7.5 典型同步时序逻辑电路的设计

同步时序逻辑电路的设计是根据给定的逻辑功能要求设计出相应的时序逻辑电路。其设计步骤一般如下：

（1）根据功能要求列出原始状态图；

（2）进行状态化简，去除多余状态；

（3）对状态进行编码，并列出状态图和状态转换表；

（4）选定触发器类型和数目，求驱动方程；

（5）画出逻辑电路图；

（6）检查能否自启动。

时序逻辑电路设计流程如图 7-5-1 所示。

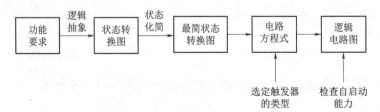

图 7-5-1 时序逻辑电路设计流程图

【例 7-5-1】 设计一个六进制计数器。

解：（1）根据功能要求列出原始状态表。

题中要求设计六进制计数器，这就需要六种状态来表示，每种状态之间的关系如图 7-5-2 所示。

（2）进行状态化简，去除多余状态。

由于此计数器状态关系简单，也无多余状态，故无须化简。

（3）对状态进行编码，通常按照自然二进制编码并列出状态图和状态转换表。

按照自然二进制编码方式进行编码，状态图如图 7-5-3 所示，状态转换表如表 7-5-1 所示。

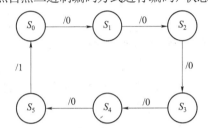

图 7-5-2　六进制计数器原始状态图

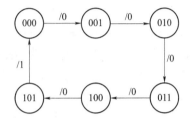

图 7-5-3　六进制计数器状态图

表 7-5-1　状态转换表

Q_2^n	Q_1^n	Q_0^n	Q_2^{n+1}	Q_1^{n+1}	Q_0^{n+1}	输出 C
0	0	0	0	0	1	0
0	0	1	0	1	0	0
0	1	0	0	1	1	0
0	1	1	1	0	0	0
1	0	0	1	0	1	0
1	0	1	0	0	0	1
1	1	0	×	×	×	×
1	1	1	×	×	×	×

（4）选定触发器类型和数目，求驱动方程。

触发器数目一般由状态数决定，假设状态数为 M，触发器数为 n，则一般需满足 $2^{n-1} < M \leqslant 2^n$。本题一共有 6 种状态，故选三个触发器。

根据状态转换表画出三个触发器次态和输出的卡诺图，如图 7-5-4 所示。

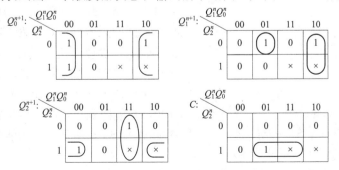

图 7-5-4　触发器次态和输出的卡诺图

由卡诺图可得到三个触发器的状态方程：

$$Q_0^{n+1} = \overline{Q_0^n} = 1 \cdot \overline{Q_0^n} + 0 \cdot \overline{Q_0^n}$$

$$Q_1^{n+1} = \overline{Q_2^n}\,\overline{Q_1^n}Q_0^n + Q_1^n\overline{Q_0^n} = \left(\overline{Q_2^n}Q_0^n\right)\overline{Q_1^n} + \overline{Q_0^n}Q_1^n$$

$$Q_2^{n+1} = Q_2^n\overline{Q_0^n} + Q_1^nQ_0^n = Q_2^n\overline{Q_0^n} + Q_1^nQ_0^n\left(Q_2^n + \overline{Q_2^n}\right)$$

$$= (Q_1^nQ_0^n)\overline{Q_2^n} + \left(\overline{Q_0^n} + Q_1^n\right)Q_2^n \qquad (7-5-1)$$

输出方程：

$$C = Q_2^n Q_0^n \qquad (7-5-2)$$

触发器类型的选择一般根据状态方程的复杂程度，如状态方程简单，可直接选用 D 触发器，如状态方程较为复杂，则可选用 JK 触发器，本题选用 JK 触发器。

有了三个触发器的状态方程后，将其与 JK 触发器的特性方程 $Q^{n+1} = J\overline{Q^n} + \overline{K}Q^n$ 进行比较，就可以得到驱动方程，如下：

$$J_0 = 1 \qquad K_0 = 1$$

$$J_1 = \overline{Q_2^n}Q_0^n \qquad K_1 = Q_0^n$$

$$J_2 = Q_0^n Q_1^n \qquad K_2 = \overline{Q_1^n}Q_0^n \qquad (7-5-3)$$

（5）画出逻辑电路图。

根据驱动方程和输出方程，画出电路，如图 7-5-5 所示。

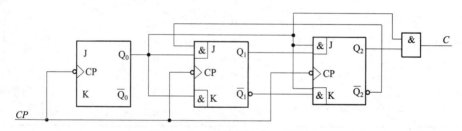

图 7-5-5　六进制计数器电路图

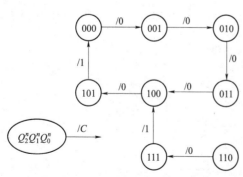

图 7-5-6　实际电路状态转换图

（6）检查能否自启动。

设计出电路后，要检查没有用到的无效状态在 CP 脉冲作用下的状态转换情况，若能回到正常的计数有效状态，则为能够自启动电路，若发生了无效状态之间的无效循环，则为不能自启动电路，一般要修改逻辑设计，使之变为能够自启动电路。

根据电路图和触发器状态方程，无效状态 110 的下一个状态为 111，无效状态 111 的下一个状态为 100，均能回到正常的有效状态，其实际状态转换图如图 7-5-6 所示，故为能够自启动电路，无须对电路进行修改。

【例 7-5-2】设计一个串行数据检测器，要求在连续输入三个或三个以上"1"时输出为

1，其余情况下输出为 0。

解：（1）逻辑抽象，画出原始状态转换图。

用 X（1 位）表示输入数据，用 Y（1 位）表示输出（检测结果），根据题意，如：

当 X 输入　　　10110111001011110……

则输出 Y 的值　00000001000000110……

设当电路在没有输入 1 时状态为 S_0，在输入一个 1 时状态为 S_1，在连续输入两个 1 时状态为 S_2，在连续输入三个 1 时状态为 S_3。在 S_0 状态下，如果输入一个 0，则次态仍为 S_0，输出为 0；当输入一个 1，则次态为 S_1，输出为 0；在 S_1 状态下，如果输入一个 0，则次态为 S_0，输出为 0；当输入一个 1，则次态为 S_2，输出为 0；在 S_2 状态下，如果输入一个 0，则次态为 S_0，输出为 0；当输入一个 1，则次态为 S_3，输出为 1；……

根据上述分析，我们可以画出电路的原始状态图，如图 7-5-7 所示。

（2）状态化简。

若两个状态在相同的输入下有相同的输出，并转换到同一个次态，则称为等价状态；等价状态可以合并。

比较一下图 7-5-7 的状态 S_2 和状态 S_3，可以看出，当输入 0 时输出均为 0，次态为 S_0，当输入 1 时，输出都是 1，次态均为 S_2。所以状态 S_2 和状态 S_3 为等价状态，可以合并成一个状态。化简后的状态转换图如图 7-5-8 所示。

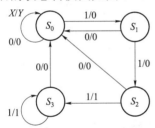

图 7-5-7　原始状态图

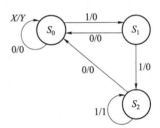

图 7-5-8　简化后的状态图

（3）状态分配。

电路有 3 个状态，选用 2 个触发器，即可满足要求。取 $n=2$，2 位二进制的组合 00、01、11 为状态赋值，则状态转换图如图 7-5-9 所示。

根据电路的状态转换图，可以画出触发器的现态、次态、输入和输出的卡诺图如图 7-5-10 所示，化简后，触发器的状态方程如式（7-5-4），输出方程如式（7-5-5）：

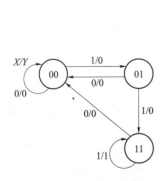

图 7-5-9　电路状态转换图

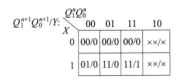
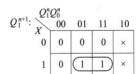
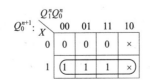
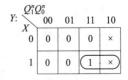

图 7-5-10　触发器次态和输出卡诺图

$$Q_1^{n+1} = XQ_0^n \left.\begin{array}{r}\\\\\end{array}\right\}$$
$$Q_0^{n+1} = X$$
$$\hfill (7-5-4)$$

$$Y = XQ_1^n \hfill (7-5-5)$$

（4）选用 JK 触发器，变换状态方程。

$$Q_1^{n+1} = XQ_0^n(Q_1^n + \overline{Q_1^n}) = XQ_0^n\overline{Q_1^n} + XQ_0^nQ_1^n$$
$$Q_0^{n+1} = X(Q_0^n + \overline{Q_0^n}) = X\overline{Q_0^n} + XQ_0^n \hfill (7-5-6)$$

对照 JK 触发器的特性方程 $Q^{n+1} = J\overline{Q^n} + \overline{K}Q^n$ 可以得到触发器的驱动方程：

$$\begin{cases} J_1 = XQ_0^n \\\\ K_1 = \overline{XQ_0^n} \end{cases} \qquad \begin{cases} J_0 = X \\\\ K_0 = \overline{X} \end{cases} \hfill (7-5-7)$$

（5）画逻辑电路图。

其逻辑电路图如图 7 – 5 – 11 所示。

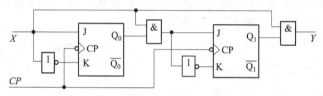

图 7 – 5 – 11　逻辑电路图

（6）检查能否自启动。

为了验证电路是否能够自启动，要检查没有用到的无效状态在 CP 脉冲作用下的状态转换情况。根据电路图和触发器状态方程、输出方程，无效状态 10 在 X=0 时的次态为 00，输出为 0，X=1 时的次态为 01，输出为 1，可以看出，能回到正常的有效状态，故能够自启动，其实际状态转换图如图 7 – 5 – 12 所示。

图 7 – 5 – 12　状态转换图

异步时序逻辑电路的设计与同步时序逻辑电路稍有不同，其区别在于得到状态转换图后，需画出电路的时序图，根据时序图选择合适时钟脉冲，从而根据所选时钟脉冲和状态图得到其状态转换真值表，最后求驱动方程，画出电路图。这里不再详细叙述。

7.6　本　章　小　结

时序逻辑电路与组合逻辑电路在逻辑功能及其描述方法、电路构成、分析与设计方法这几方面都有明显的不同。

时序逻辑电路除门电路外，还有具有记忆功能的器件——触发器。触发器是能够保存"0"和"1"两种稳定状态的电路，而且触发器的状态随输入信号的变化能够保持或翻转为另一种状态。根据其实现的逻辑功能不同，又分为 RS 触发器、JK 触发器、D 触发器、T 触发器等。按照触发方式，又可分为电平触发、脉冲触发和边沿触发。触发器的描述方法有特性方程、特性表、状态转换图、时序图、状态机等。

时序逻辑电路按工作方式的不同，可分为同步时序逻辑电路和异步时序逻辑电路。同步时序逻辑电路中的所有触发器的状态变化都是由同一个时钟信号控制，而异步时序逻辑电路的状态变化则不是同时发生的。

具体时序逻辑电路种类繁多，不胜枚举。如本章介绍的有寄存器、计数器、节拍发生器、序列发生器等。

本章主要知识点

本章主要知识点见表 7-6-1。

表 7-6-1　本章主要知识点

触发器	RS 触发器	特性方程：$Q^{n+1} = S + \overline{R}Q^n$，$RS = 0$（约束条件）
	JK 触发器	特性方程：$Q^{n+1} = J\overline{Q^n} + \overline{K}Q^n$
	D 触发器	特性方程：$Q^{n+1} = D$
	T 触发器	特性方程：$Q^{n+1} = T \oplus Q^n$
时序逻辑电路的分析	方程式	根据给定的时序电路写出其时钟方程、驱动方程、输出方程以及所用触发器的特性方程
	状态方程	将驱动方程代入特性方程，得到触发器的状态方程
	状态转换表	根据时钟方程和状态方程，通过计算，得到状态转换表
	状态图和时序图	根据状态方程或状态转换表画出状态图和时序图
	逻辑功能	用文字描述电路的逻辑功能
常用中规模时序逻辑模块	计数器	二进制计数器； 十进制计数器； 任意进制计数器：反馈归零法和置数法
	寄存器	基本寄存器； 移位寄存器
	计数器的应用	节拍信号发生器； 序列信号发生器
同步时序逻辑电路的设计	典型同步时序逻辑电路的设计	根据功能要求列出原始状态表； 进行状态化简，去除多余状态； 对状态进行编码，并列出状态图和状态转换真值表； 选定触发器类型和数目，求驱动方程； 画出逻辑电路图； 检查能否自启动，若不能，则修改逻辑设计

本章重点

触发器功能描述；同步时序电路的分析；计时器及其应用；N 进制计时器的构成；寄存器。

本章难点

同步时序逻辑电路的分析与设计；N 进制计数器的构成。

思考与练习

7-1 触发器必须具备哪些基本功能？

7-2 简述 RS 锁存器的电路结构及工作原理。

7-3 常见的触发器有哪几种？各有何功能？

7-4 触发器的异步置位端和异步复位端有何作用？

7-5 用 JK 触发器构成 D 触发器、T 触发器。

7-6 时序逻辑电路常分为哪几种？简述时序逻辑电路的特点。

7-7 简述时序逻辑电路的分析步骤。

7-8 七进制计数器如何设计？

7-9 74161、74160、74192 分别是何功能计数器？

7-10 寄存器可分为哪几种？

7-11 顺序脉冲发生器通常由哪些器件组成？

7-12 如图题 7-12（a）所示 RS 锁存器，请画出对应于 $\overline{S}$、$\overline{R}$ 波形的 Q 与 $\overline{Q}$ 的波形（设初态为 0）。

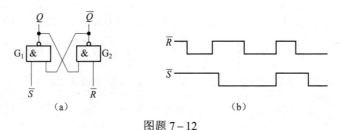

图题 7-12

7-13 如图题 7-13（a）所示同步 RS 触发器，请画出对应于 CP、S、R 波形的 Q 与 $\overline{Q}$ 的波形（设初态为 0）。

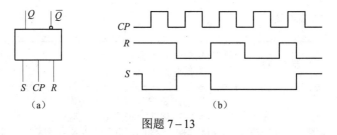

图题 7-13

7-14 如图题 7-14 所示为上升沿触发的 D 触发器的 CP、D 波形，请画出对应于 CP、D 波形的 Q 与 $\overline{Q}$ 的波形（设初态为 0）。

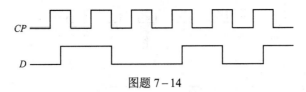

图题 7-14

7-15　如图题 7-15 所示为下降沿触发的 JK 触发器的 CP、J、K 波形，请画出对应于 CP、J、K 波形的 Q 与 $\overline{Q}$ 的波形（设初态为 0）。

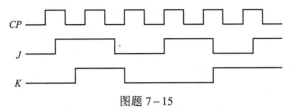

图题 7-15

7-16　如图题 7-16 所示为各种类型的 D 和 JK 触发器，请画出对应于 CP 波形的 Q 端的波形（设所有触发器初态为 0，输入端悬空为 "1"）。

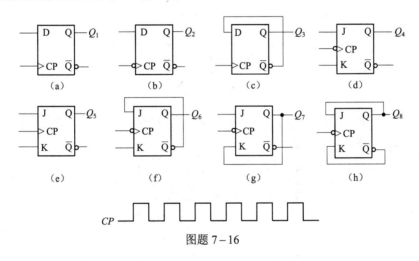

图题 7-16

7-17　如图题 7-17 所示为 D 触发器输入端波形，D 触发器带有异步复位端和异步置位端，上升沿触发。请画出对应于 CP、$\overline{R_D}$、$\overline{S_D}$、D 波形的 Q 端波形（设初态为 0）。

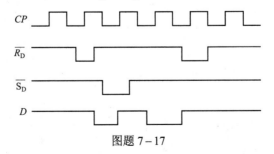

图题 7-17

7-18　如图题 7-18 所示为带有异步复位端和异步置位端下降沿触发的 JK 触发器输入端波形，请画出对应于 CP、$\overline{R_D}$、$\overline{S_D}$、J、K 波形的 Q 端波形（设初态为 0）。

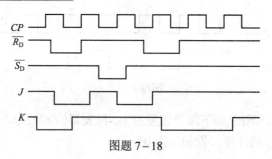

图题 7-18

7-19 如图题 7-19（a）、（b）所示触发器电路，根据 A、B 输入波形画出 Q 端波形（设初态为0）。

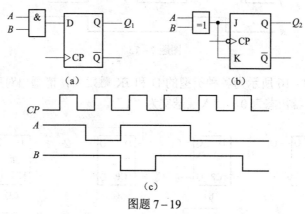

图题 7-19

7-20 逻辑电路如图题 7-20（a）所示，CP、A 的波形如图题 7-20（b）所示，试画出对应的 Q_1、Q_2 的波形（设初态为0）。

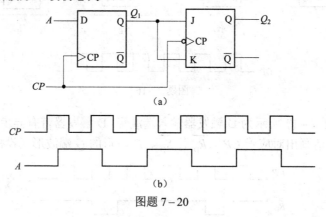

图题 7-20

7-21 如图题 7-21 所示同步时序逻辑电路，试分析其逻辑功能。

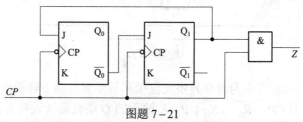

图题 7-21

7-22　如图题 7-22 所示同步时序逻辑电路，试分析其逻辑功能。

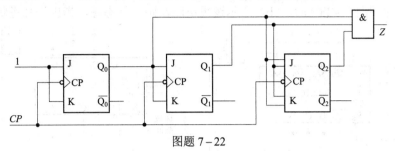

图题 7-22

7-23　试分析如图题 7-23 所示电路，写出其驱动方程、状态方程，画出状态表、状态图。并判断电路是否具有自启动功能。

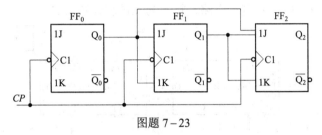

图题 7-23

7-24　试分析如图题 7-24 所示电路，写出其驱动方程、状态方程，画出状态表、状态图。

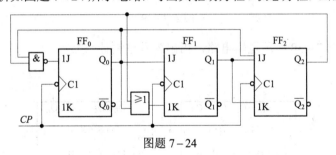

图题 7-24

7-25　如图题 7-25 所示异步时序逻辑电路，试分析其逻辑功能。

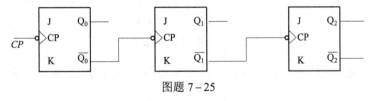

图题 7-25

7-26　如图题 7-26 所示异步时序逻辑电路，试分析其逻辑功能。

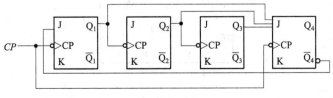

图题 7-26

7-27　试设计一个同步五进制减法计数器。

7-28　如图题7-28（a）、（b）所示逻辑电路，画出状态图，指出为几进制计数器。

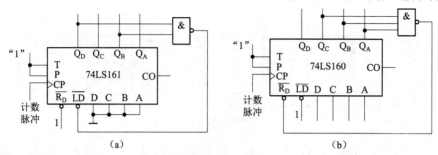

图题7-28

7-29　如图题7-29所示逻辑电路，指出为几进制计数器。

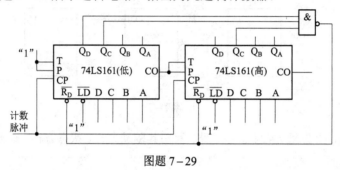

图题7-29

7-30　如图题7-30所示逻辑电路，指出为几进制计数器。

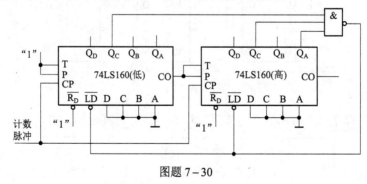

图题7-30

7-31　如图题7-31所示逻辑电路，画出状态图，指出为几进制计数器。

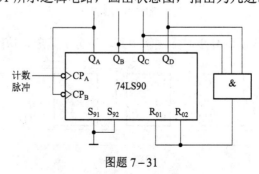

图题7-31

7-32　如图题 7-32 所示逻辑电路，画出状态图，指出为几进制计数器。

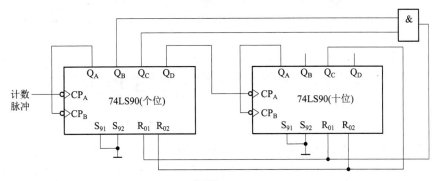

图题 7-32

7-33　试用 74192 实现六进制加法计数。

7-34　试用 74160 实现 56 进制计数。

7-35　试用 74161 实现 65 进制计数。

7-36　74194 电路如图题 7-36 所示，试分析其构成几进制计数器。

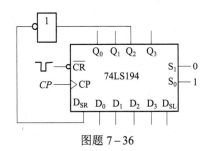

图题 7-36

7-37　74194 电路如图题 7-37 所示，试分析其构成几进制计数器。

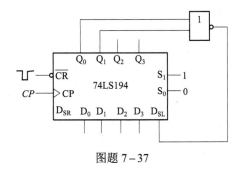

图题 7-37

第 8 章

脉冲波形的产生与变换

在数字系统或数字电路中，往往需要各种脉冲信号，如时钟脉冲、控制过程中的定时脉冲等，来对系统的各个部件进行控制，使系统能有条不紊地进行工作。这种脉冲信号可以通过两种途径获得，一种是通过多谐振荡器产生需要的矩形脉冲信号，另一种是利用各种整形器件将某些信号转换成所需要的脉冲信号。本章主要介绍最常用的脉冲产生和整形电路：555定时器、多谐振荡器、施密特触发器、单稳态触发器等。

8.1　555 集成定时器

555定时器又称时基电路，是目前应用十分广泛的器件。555定时器按照内部组成元件分为 TTL 型和 CMOS 型两种。TTL 型内部采用的是晶体管；CMOS 型内部采用的则是场效应管。这两种定时器功能完全一样，但 TTL 型的驱动能力要大于 CMOS 型的器件。

8.1.1　555 定时器的电路结构

555定时器的电路结构如图 8-1-1（a）所示。它由分压器、电压比较器、RS 锁存器、放电管和输出缓冲器组成。图 8-1-1（b）为 555 定时器的引脚图，其中 1 脚接地，2 脚为低触发端，3 脚为输出端，4 脚为复位端，5 脚为电压比较端，6 脚为高触发端，7 脚为放电端，8 脚为电源。

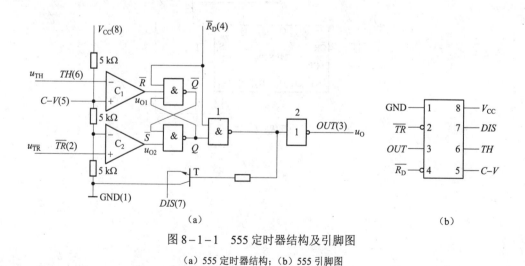

图 8-1-1　555 定时器结构及引脚图

（a）555 定时器结构；（b）555 引脚图

1. 分压器

分压器由三个相同阻值的电阻构成，为两个电压比较器 C_1 和 C_2 提供基准电平。如果 $C-V$（5 脚）端未加参考电压，则比较器 C_1 的基准电平为 $\frac{2}{3}V_{CC}$，比较器 C_2 的基准电平为 $\frac{1}{3}V_{CC}$，$C-V$ 端一般不悬空，而是与地之间接一 0.01 μF 的高频旁路电容；如果 $C-V$（5 脚）端加了控制电压，则比较器 C_1 的基准电平为所加控制电压值，比较器 C_2 的基准电平为所加控制电压值的一半，通过调节控制电压，可以改变比较器的基准电平。

2. 电压比较器 C_1 和 C_2

C_1 和 C_2 为两个结构完全相同的高精度电压比较器。当比较器的同相输入端 V_+ 的电压大于反相输入端 V_- 的电压时，其输出为高电平信号；当 V_+ 小于 V_- 时，其输出为低电平信号。

3. RS 锁存器

由两个与非门交叉耦合构成了 RS 锁存器。$\overline{R_D}$（4 脚）端为复位端，低电平有效。当 $\overline{R_D}=0$ 时，锁存器输出端 $Q=0$，当 $\overline{R_D}=1$ 无效时，锁存器输出端受其输入端 S、R 的控制。RS 锁存器输入端 R、S 与比较器的输出端相连。

4. 放电管和输出缓冲器

放电管 T 为一 NPN 型三极管，其基极受门 1 的输出控制，当基极为低电平时，三极管 T 截止；当基极为高电平时，T 管导通。

输出缓冲器由门 1 和门 2 两级门电路组成。其作用是提高带负载能力，同时隔离负载对定时器的影响。

8.1.2　555 定时器的逻辑功能

当 $C-V$ 不外接控制电压时，555 定时器的功能表如表 8−1−1 所示。

由电路图 8−1−1 可知，当 $\overline{R_D}=0$ 时，555 定时器复位，OUT 端输出低电平，T 导通。因此在正常工作时，应将 $\overline{R_D}$ 接高电平。比较器 C_1 的基准电平为 $\frac{2}{3}V_{CC}$，比较器 C_2 的基准电平为 $\frac{1}{3}V_{CC}$。

当 $u_{TH}>\frac{2}{3}V_{CC}$ 时，比较器 C_1 输出低电平，$u_{\overline{TR}}>\frac{1}{3}V_{CC}$，比较器 C_2 输出高电平，锁存器被置 0，输出 u_O 为低电平，T 导通。

当 $u_{TH}<\frac{2}{3}V_{CC}$ 时，比较器 C_1 输出高电平，$u_{\overline{TR}}>\frac{1}{3}V_{CC}$，比较器 C_2 输出高电平，锁存器保持，输出 u_O 保持，T 不变。

当 $u_{\overline{TR}}<\frac{1}{3}V_{CC}$，比较器 C_2 输出低电平，无论 u_{TH} 的值是多少，锁存器均置 1，输出 u_O 被置成 1，T 截止。

综合上述分析，可以得到 555 定时器的功能表如表 8−1−1 所示。

表 8-1-1　555 定时器的功能表

输　　入			输　　出	
$\overline{R_D}$	u_{TH}	$u_{\overline{TR}}$	u_O	T
0	$\times$	$\times$	0	导通
1	$>\frac{2}{3}V_{CC}$	$>\frac{1}{3}V_{CC}$	0	导通
1	$<\frac{2}{3}V_{CC}$	$>\frac{1}{3}V_{CC}$	不变	不变
1	$\times$	$<\frac{1}{3}V_{CC}$	1	截止

利用 555 定时器可以实现各种各样的脉冲产生和整形电路，下面将详细介绍。

8.2　多谐振荡器

多谐振荡器是直接产生矩形脉冲的自激振荡电路，无须外加任何输入信号，在电源接通的瞬间建立起自激振荡，并能够输出稳定的矩形波。它是一种只有两个暂稳态的电路，输出不停地在高电平和低电平两个暂稳态之间转换。从频谱角度分析，输出矩形脉冲中含有大量的谐波成分，故称为多谐振荡器。

8.2.1　由与非门构成的多谐振荡器

由门电路和 RC 延迟电路构成的多谐振荡器有多种电路形式。如图 8-2-1 所示为由非门和 RC 延迟电路构成的多谐振荡器。它由两个 CMOS 非门、一个电阻 R 和一个电容 C 组成。由非门构成多谐振荡，电阻和电容构成延迟电路，输出矩形脉冲的频率主要由 RC 常数决定。

为讨论方便，在电路分析中假设非门电路的电压传输特性曲线如图 8-2-2 所示，理想化的非门电路的阈值电压为 $U_T = \frac{1}{2}V_{DD}$。

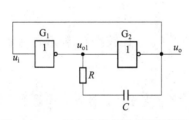

图 8-2-1　门电路构成的多谐振荡器

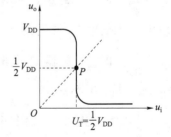

图 8-2-2　图 8-2-1 中门电路的传输特性

（1）第一暂稳态过程。

假设在 $t=0$ 时接通电源，电容上电压为 0，电路初始状态为 $u_{o1} = U_{OH}$，G_2 导通，G_1 截止，$u_i = u_o = U_{OL}$，输出端电压是低电平，电路处于第一暂稳态。此时 u_{o1} 通过电阻 R 向电容 C 充电，随着充电时间的增加，u_i 的值不断上升，当 u_i 达到 U_T 时，非门发生翻转，G_1 由截止变为导通，$u_{o1} = U_{OL}$，G_2 由导通变为截止，$u_o = U_T + V_{DD}$，电路进入第二暂稳态。

（2）第二暂稳态过程。

电路进入第二暂稳态时，u_o 由低电平跳转为高电平，由于电容 C 两端的电压不能突变，u_i 也瞬时跳变为高电平。此时 u_o 通过电阻 R 向电容 C 反向充电，随着充电时间的增加，u_i 的值不断降低，当 u_i 降到 U_T 时，非门又一次发生翻转，G_1 由截止变为导通，$u_{o1} = U_{OH}$，G_2 由截止变为导通，$u_i = u_o = U_{OL}$，电路重回第一暂稳态。此后电路不断重复以上过程。如此循环反复，形成了连续的矩形波的输出。电路的工作波形如图 8-2-3 所示。

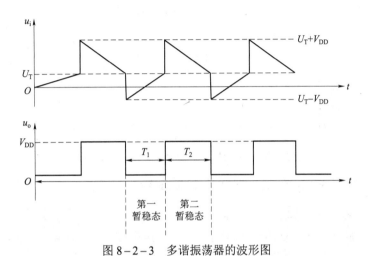

图 8-2-3 多谐振荡器的波形图

（3）多谐振荡器的脉冲周期的计算。

电容充电过程中，电容上的电压 u_C 从充电开始到变化至某一数值 U_t 所需时间可以用以下公式计算：

$$t = RC \ln \frac{u_C(\infty) - u_C(0)}{u_C(\infty) - u_C(t)} \qquad (8-2-1)$$

所以，图 8-2-3 中，T_1、T_2 的计算为：

$$T_1 \approx RC \ln \frac{V_{DD} - (U_T - V_{DD})}{V_{DD} - U_T} = RC \ln 3 \qquad (8-2-2)$$

$$T_2 \approx RC \ln \frac{0 - (U_T + V_{DD})}{0 - U_T} = RC \ln 3 \qquad (8-2-3)$$

脉冲信号的周期为：

$$T = T_1 + T_2 \approx 2RC \ln 3 = 2.2RC \qquad (8-2-4)$$

8.2.2 555 构成的多谐振荡器

555 定时器构成的多谐振荡器电路如图 8-2-4（a）所示。

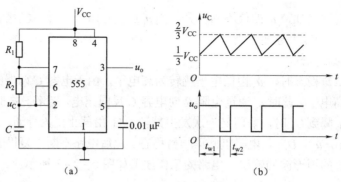

图 8-2-4 555 定时器构成的多谐振荡器

（a）电路；（b）工作波形

假设初始时刻定时器输出为高电平，电容两端的电压为 0，则 V_{CC}、R_1、R_2、C 到地构成一回路，V_{CC} 通过 R_1、R_2 对 C 充电，电容两端的电压 u_C 开始增加，当 u_C 增加到超过 $\frac{2}{3}V_{CC}$，即高触发端（6 脚）和低触发端（2 脚）均大于 $\frac{2}{3}V_{CC}$ 时，555 定时器中的锁存器发生跳转，定时器输出跳变为 0，T 导通；此时电容 C 通过 R_2，经放电管 T 放电，电容两端的电压 u_C 开始下降，当 u_C 下降到低于 $\frac{1}{3}V_{CC}$ 时，即高触发端（6 脚）和低触发端（2 脚）均小于 $\frac{1}{3}V_{CC}$ 时，555 定时器中的锁存器发生跳转，定时器输出跳变为 1，T 截止；V_{CC} 又通过对 C 充电，电容两端的电压 u_C 增加…，周而复始形成振荡。其工作波形如图 8-2-4（b）所示。

由 555 定时器构成的多谐振荡器的工作波形可知，其输出矩形脉冲的周期等于电容的充、放电时间之和。其中 t_{W1} 为充电时间，t_{W2} 为放电时间。根据 RC 充放电理论，可计算得到：

$$t_{W1} = (R_1 + R_2)C \ln \frac{V_{CC} - U_{T-}}{V_{CC} - U_{T+}} = (R_1 + R_2)C \ln 2 \qquad (8-2-5)$$

$$t_{W2} = R_2 C \ln \frac{0 - U_{T+}}{0 - U_{T-}} = R_2 C \ln 2 \qquad (8-2-6)$$

输出波形的周期为：

$$T = t_{W1} + t_{W2} = (R_1 + 2R_2)C \ln 2 \qquad (8-2-7)$$

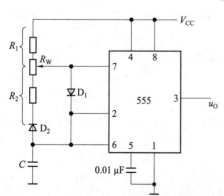

8-2-5 占空比可调多谐振荡器

输出波形的占空比为：

$$q = \frac{t_{W1}}{T} = \frac{R_1 + R_2}{R_1 + 2R_2} \qquad (8-2-8)$$

占空比是指一个脉冲周期中高电平持续时间占一个周期的百分比。另外，若希望占空比可调，可采用如图 8-2-5 所示的改进电路实现。在原来电路的基础上增加了一个可调电位器 R_W 和两个二极管，再利用两个二极管 D_1、D_2 的单向导电性，使电容的充放电回路分开。则充电回路为 V_{CC} 经 R_1、D_1 对电容 C 充电，放电回路为电容 C 经 R_2、D_2 和放电管 T 放电。

故充电时间　　　　　　　　　　$t_{W1} = R_1 C \ln 2$ 　　　　　　　　　　（8－2－9）

放电时间　　　　　　　　　　　$t_{W2} = R_2 C \ln 2$ 　　　　　　　　　　（8－2－10）

输出脉冲周期为：

$$T = t_{W1} + t_{W2} = (R_1 + R_2) C \ln 2$$ 　　　　　　　（8－2－11）

占空比为：

$$q = \frac{t_{W1}}{T} = \frac{R_1}{R_1 + R_2}$$ 　　　　　　　　　（8－2－12）

调节 R_W 的调整端则改变了 R_1、R_2 的阻值，从而达到调整占空比的目的。

用 Multisim 对多谐振荡器仿真的电路图如图 8－2－6 所示，波形图如图 8－2－7 所示。

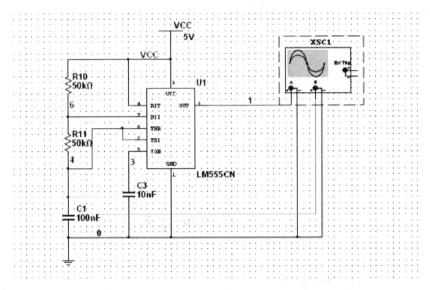

图 8－2－6　多谐振荡器 Multisim 仿真的电路图

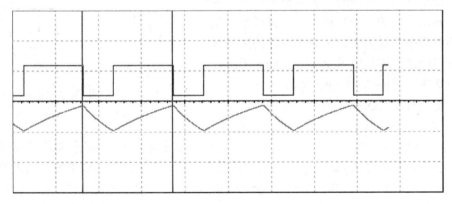

图 8－2－7　多谐振荡器 Multisim 仿真的波形图

8.2.3　石英晶体振荡器

前面介绍的多谐振荡器，振荡频率主要取决于时间常数 RC，但也与阈值电平、温度、电源电压等外界条件有关，因此一般来讲，其频率稳定性较差。在频率稳定性要求较高的情况下，往往采用的是石英晶体振荡器，简称晶振。例如计算机中的时钟脉冲则采用的是石英晶体振荡器。

目前普遍采用的是在多谐振荡器电路中接入石英晶体构成石英晶体振荡器。石英晶体的符号和阻抗频率特性如图 8-2-8（a）、（b）所示。石英晶体具有很好的选频特性，接入电路后，只有当信号频率与其谐振频率相同时，石英晶体的等效阻抗最小，此频率的信号最容易通过，其他频率的信号则被抑制。故石英晶体振荡器的振荡频率取决于石英晶体的谐振频率，而与电路中的 RC 常数无关，有着极高的频率稳定性。图 8-2-8（c）为一常见的石英晶体振荡电路。

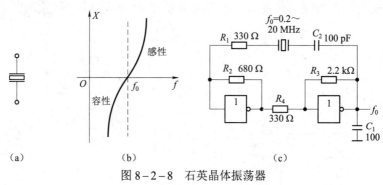

图 8-2-8　石英晶体振荡器
（a）晶振符号；（b）阻抗频率特性曲线；（c）常用石英晶体振荡电路

8.3　施密特触发器

8.3.1　施密特触发器的功能

施密特触发器在脉冲的产生和整形电路中应用很广，其最重要的一个特点是能够将缓慢变化的不规则波形整形成为适合于数字电路的矩形脉冲。其常用的逻辑符号如图 8-3-1（a）所示，电压传输特性如图 8-3-1（b）所示。

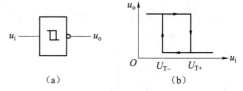

图 8-3-1　施密特触发器的符号和传输特性
（a）逻辑符号；（b）电压传输特性

从施密特触发器的电压传输特性曲线可知，其横轴为输入信号，纵轴为输出信号。当施密特触发器的输入信号很小时，输出为高电平，随着输入信号的增加，输出仍然维持高电平，但当输入由小变大增加到 U_{T+} 时，施密特触发器发生翻转，输出跳转为低电平，输入信号再增加，仍然维持低电平；当施密特触发器的输入信号很大时，输出为低电平，随着输入信号的减小，输出仍然维持低电平，但当输入由大变小减小到 U_{T-} 时，施密特触发器发生翻转，输出跳转为高电平，输入信号再减小，仍然维持高电平。这样的输入输出特性是施密特触发器所特有的，称为回差特性，其中：

U_{T+}——上限阈值电平；

U_{T-}——下限阈值电平。

回差电压：

$$\Delta U = U_{T+} - U_{T-} \qquad\qquad (8-3-1)$$

8.3.2 555 定时器构成施密特触发器

将 555 定时器的高触发端和低触发端相连作为信号输入端，定时器的输出端作为输出，则构成了施密特触发器，电路如图 8-3-2（a）所示。此电路的上限阈值电平为 $\frac{2}{3}V_{CC}$，下限阈值电平为 $\frac{1}{3}V_{CC}$。若在 $C-V$ 端输入控制电压，则可以改变上、下限阈值电平和回差电压值。

图 8-3-2（b）所示为施密特触发器输入正弦信号时的矩形脉冲输出波形。

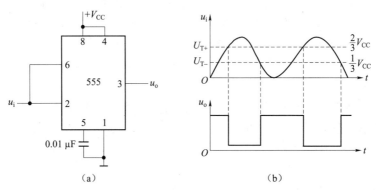

图 8-3-2 555 构成的施密特触发器及其输出波形

（a）电路；（b）工作波形

8.3.3 施密特触发器的应用

施密特触发器的用途很广，利用它可以将正弦波、三角波和一些不规则的波形变换成矩形脉冲。此外，还可以实现幅度的鉴别，外接简单的电阻和电容还可以构成多谐振荡器等。

当施密特触发器输入如图 8-3-3（a）所示的不规则波形时，则当输入由小缓慢上升至 U_{T+} 时，输出一直维持高电平并在 U_{T-} 处发生翻转，变为低电平并保持；当输入由大缓慢下降至 U_{T-} 时，输出维持低电平并在 U_{T-} 发生翻转，从而达到整形的目的。

同样，若对某一输入信号实现幅度鉴别，只要将 U_{T+} 调整为所要实现鉴别的幅度，则只要有满足条件的幅度出现，输出就会出现一负向脉冲，电路如图 8-3-3（b）所示。

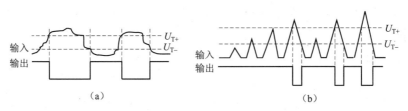

图 8-3-3 施密特触发器的应用

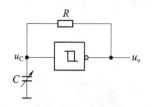

图 8-3-4 利用施密特触发器
实现多谐振荡的电路

利用施密特触发器实现多谐振荡的电路，如图 8-3-4 所示。设初始时刻电容两端无电压，则 u_C 为 0，u_o 为高电平时，施密特触发器输出端通过 R 对 C 充电，当 u_C 增至施密特触发器的 U_{T+} 时，触发器发生翻转，u_o 为低电平，电容 C 放电，当 u_C 下降至 U_{T-} 时，触发器再次翻转，周而复始，形成多谐振荡，在输出端产生矩形脉冲。

8.4　单稳态触发器

在数字系统中，除了施密特触发器和多谐振荡器外，还有一种常用的脉冲整形和变换电路，这就是单稳态触发器。单稳态触发器有两个状态：一个是稳定状态（稳态），另一个是暂时稳定状态（暂态）。在没有外加触发脉冲时，它的输出将保持在稳定状态；在外加触发脉冲作用下，输出端从稳定状态变为暂稳态，暂稳态在保持一定时间后，电路又能够自动返回到稳态。其中暂稳态的维持时间取决于电路本身的元器件参数。

目前市场上有专门的集成单稳态触发器产品，也可以通过 555 定时器构成单稳态触发器，555 定时器构成单稳态触发器电路如图 8-4-1（a）所示。

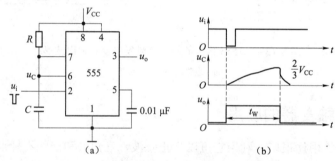

图 8-4-1　555 构成的单稳态触发器

（a）电路；（b）工作波形

555 定时器构成单稳态触发器，V_{CC} 经 R、C 串联到地，高触发端和放电端连接在一起接在 R 和 C 之间，定时器的低触发端接输入触发脉冲，触发脉冲低电平有效。

接通 V_{CC} 后瞬间，触发信号为高电平 $u_i = U_{OH}$，未触发。

假设此时 555 定时器内部锁存器 $Q=1$，则 $u_o = U_{OH}$，T 截止。V_{CC} 通过 R 对 C 充电，当 u_C 上升到 $\frac{2}{3}V_{CC}$ 时，由 555 定时器功能表可知，输出 $u_o = U_{OL}$，放电管 T 导通，C 通过 T 放电，电路进入稳态。

假设 V_{CC} 接通后，555 定时器内部锁存器 $Q=0$，则 $u_o = U_{OL}$，T 导通，C 通过 T 放电，电路进入稳态。

所以，电路输出端的稳态为 $u_o = U_{OL}$，且触发信号为高电平 $u_i = U_{OH}$。

当触发信号到来，即 u_i 跳变为低电平时，此时 $u_i < \frac{1}{3}V_{CC}$，输出 $u_o = U_{OH}$，放电管 T 截止，

电路进入暂稳态；此时 V_{CC} 经 R 对 C 充电。虽然此时触发脉冲可能已消失，但充电继续进行，直到 u_C 上升到 $\frac{2}{3}V_{CC}$ 时，将锁存器置 0，电路输出 $u_o = U_{OL}$，T 导通，C 放电，电路恢复到稳定状态。电路工作波形如图 8-4-1（b）所示。

因此，对于单稳态电路来讲，在没有触发信号时，输出维持着低电平的稳态，当触发脉冲到来时，输出跳变为暂稳态（高电平），此时虽然触发脉冲撤销，低触发端变为高电平，但定时器必须在电容充电电压达到 $\frac{2}{3}V_{CC}$ 时，才发生跳转，回到稳态。暂稳态维持的时间只与充电时间的长短有关，其脉冲宽度为：

$$t_w = RC \ln \frac{V_{CC}-0}{V_{CC}-\frac{2}{3}V_{CC}} = RC \ln 3 \qquad (8-4-1)$$

单稳态触发器的用途很多，它可以用于定时，产生所需宽度的脉冲信号；还可以用于整形，将不规则的波形转换为宽度、幅度为定值的脉冲；另外还可以用于延时等。

8.5 本章小结

555 定时器是一种用途广泛的集成电路，可以构成各种应用电路。本章主要介绍了 555 定时器的组成和工作原理，以及构成施密特触发器、单稳态触发器、多谐振荡器的基本电路。

产生矩形脉冲的电路有很多种。一种就是自激振荡电路，它本身不用加输入信号，只要接通电源，就可以自激振荡，产生矩形脉冲。它可以由门电路构成、555 定时器构成，或石英晶体构成，也可以用脉冲整形电路产生，即利用施密特触发器将周期信号转换成矩形脉冲。

施密特触发器是一种常见的波形整形电路，它可以由门电路或 555 定时器构成，也可以是专门的集成施密特触发器。它的主要特征就是它的电压传输特性具有回差特性。

单稳态触发器也可以由门电路或 555 定时器构成，它的输出状态一般情况下是稳定状态（稳态），在输入端有触发信号作用时，输出端的状态由稳态转换为另一种状态，这种状态是暂稳态，暂稳态稳定一段时间后自动返回到稳定状态。暂稳态稳定的时间是由构成电路的参数决定的，和输入信号无关。单稳态触发器可以用来产生固定宽度的脉冲信号。

本章主要知识点

本章主要知识点见表 8-5-1。

表 8-5-1 本章主要知识点

555 定时器	电路结构	分压器 电压比较器 RS 锁存器 放电管 输出缓冲器
	逻辑功能	

续表

多谐振荡器	门电路构成	脉冲周期：$T = T_1 + T_2 = 2RC\ln 3 \approx 2.2RC$
	555 构成	脉冲周期：$T = t_{w1} + t_{w2} \approx 0.7(R_1 + 2R_2)C$ 占空比：$q = \dfrac{t_{w1}}{T} = \dfrac{R_1 + R_2}{R_1 + 2R_2}$
	石英晶体振荡器	
施密特触发器	构成	555 构成，门电路构成
	应用	波形变换 幅度鉴别 构成多谐振荡器
单稳态触发器	555 构成	暂稳态宽度 $t_w = RC\ln 3$

本章重点

555 定时器构成及工作原理；多谐振荡器、单稳态触发器的构成及工作原理；施密特触发器的构成、工作原理及应用。

本章难点

555 定时器构成及工作原理；多谐振荡器、单稳态触发器、施密特触发器的构成与工作原理。

思考与练习

8-1 555 定时器主要由哪几部分组成？每部分各起什么作用？

8-2 简述 555 定时器构成的多谐振荡器的工作原理。

8-3 如何利用 555 定时器实现占空比可调的多谐振荡器电路？

8-4 施密特触发器的输入输出特性曲线如何？有什么特点？何为上限阈值电平？何为下限阈值电平？何为回差电压？

8-5 单稳态电路的特点是什么？

8-6 555 定时器构成的多谐振荡器如图题 8-6 所示，已知 $V_{CC} = 10\ V$，$R_1 = 20\ k\Omega$，$R_2 = 80\ k\Omega$，$C = 0.1\ \mu F$，试求该振荡器的振荡周期与振荡频率。

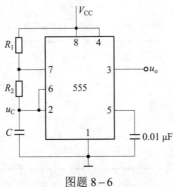

图题 8-6

8-7 某一施密特触发器如图题 8-7 (a) 所示，若输入如图题 8-7 (b) 所示的信号波形，试画出其对应的输出波形。

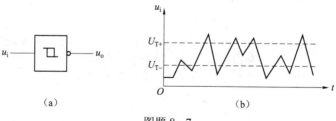

图题 8-7

8-8 555 定时器构成的电路如图题 8-8 (a) 所示，试判断构成电路为何种类型？若 $V_{CC}=10\text{ V}$，输入波形如图题 8-8 (b) 所示，画出对应的输出波形。

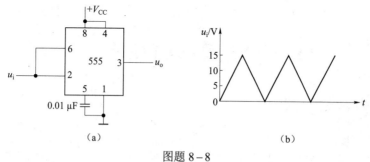

图题 8-8

8-9 555 定时器构成的单稳态电路如图题 8-9 所示，若 $V_{CC}=10\text{ V}$，$R=10\text{ k}\Omega$，若要求输出的脉冲宽度 t_w 为 1.1 ms，试问电容 C 应取何值？

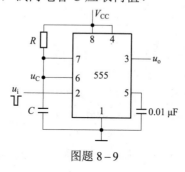

图题 8-9

第 9 章

综合应用实例

前面章节对电子电路的基本知识、基本理论、基本分析与设计方法进行了比较系统地介绍。本章精选了一些教学、工程和生活实际中的案例，从案例内容分解、各模块详细设计、技术难点攻克，到完成系统总体设计，详细介绍了数字系统的设计理念与方法，以加深对所学理论知识的理解与掌握，培养学生的工程意识，为后续课程的学习奠定基础。

9.1 简单运算单元电路的设计

9.1.1 设计内容与要求

基本功能：要求设计一个具有 4 位二进制加法和减法运算的电路。用一个控制端 M 来控制运算方式，$M=0$ 时，进行加法运算；$M=1$ 时，进行减法运算。运算结果的绝对值小于等于 15，运算结果的正负用一个符号输出标志位 S_F 来表示，$S_F=0$，表示运算结果为正，$S_F=1$，表示运算结果为负。

附加功能：要求运算的结果分别存放在 2 个寄存器 R_1、R_2 中。$S=A+B$，结果存放在 R_1 中；$S=A-B$，结果存放在 R_2 中。

9.1.2 基本功能设计

加减运算可以用 4 位二进制加法器 74283 来进行。

两个 4 位二进制数加法运算 $S_3S_2S_1S_0=a_3a_2a_1a_0+b_3b_2b_1b_0$，可以直接用 74283 来完成，和为正，所以符号 S_F 为 0。

减法运算可以看成是一个正数和一个负数相加。两个 4 位二进制减法运算 $S_3S_2S_1S_0=a_3a_2a_1a_0-b_3b_2b_1b_0=a_3a_2a_1a_0+(-b_3b_2b_1b_0)$。负数可以用补码形式表示，负数的补码可以用原码除符号位外求反加 1 来产生，加 1 可以用 74283 的低位进位为 1 来实现。结果为正时，符号 $S_F=0$；结果为负时，符号 $S_F=1$。

$M=0$ 时，$b_3b_2b_1b_0$ 不变；$M=1$ 时，$b_3b_2b_1b_0$ 需要求反加 1。满足这样的要求，可以用 M 和 $b_3b_2b_1b_0$ 进行异或运算、低位进位接 M 来实现。

$M=0$ 时，$S_F=0$。$M=1$ 时，进行补码加法运算，高位进位位 $CO=0$ 时，符号位没溢出，运算

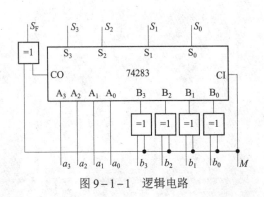

图 9-1-1 逻辑电路

结果为负数，$S_F=1$；$CO=1$ 时，符号位溢出，运算结果是正数，$S_F=0$。上面描述可以用 $S_F=M \oplus CO$ 表示，即 S_F 可以用 CO 和 M 的异或来实现。

实现基本功能的运算电路如图 9–1–1 所示。

9.1.3 附加功能设计

可以采用双向移位寄存器 74194 来存放数据，要求 74194 处于并行输入工作方式，即控制变量 $S_1S_0=11$ 且工作脉冲（CP）有效。

计算结果是送入 R_1 或者 R_2，则可以由 M 通过对两个寄存器的时钟控制来实现。$M=0$ 时，非门和与非门使 R_1 的时钟保存畅通；$M=1$ 时，与非门使 R_2 的时钟保存畅通，这样来保证 S 送入相应的寄存器。寄存器时钟控制电路如图 9–1–2 所示。

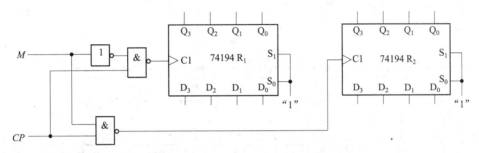

图 9–1–2 寄存器时钟控制电路

寄存器初始值输入的是 $a_3a_2a_1a_0$、$b_3b_2b_1b_0$ 的值，但当要求存放计算结果时，则寄存器输入端应该和 $S_3S_2S_1S_0$ 进行连接，而与原 $a_3a_2a_1a_0$、$b_3b_2b_1b_0$ 断开。这可以用传输门来实现，用 K 来控制相应的传输门。图 9–1–3 为 1 位数据的控制电路，$K=0$ 时，TG_1、TG_3 导通，a 送入寄存器 R_1，b 送入寄存器 R_2，即存放初值；$K=1$ 时，TG_2、TG_4 导通，S 送入寄存器 R_1 或者 R_2。

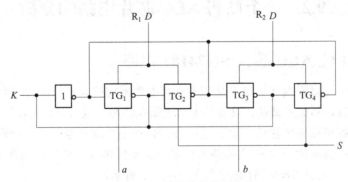

图 9–1–3 数据传送控制电路

简单运算电路如图 9–1–4 所示。电路中，K 是数据传送方式控制键，$K=0$ 时，电路把要运算数据分别送入寄存器，即存放初值；$K=1$ 时，将运算结果送入寄存器，即保存结果。

M 是运算方式控制键，$M=0$ 时，进行加法运算，并且把运算结果保存到 R_1 中；$M=1$ 时，进行减法运算，并且把运算结果保存到 R_2 中。

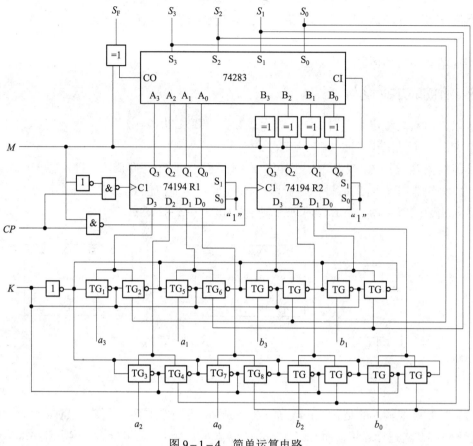

图 9-1-4 简单运算电路

9.2 一个商售 ALU 芯片电路的分析

9.2.1 一个 4 位 ALU 芯片 SN74181 电路

算术运算单元可以根据计算机的功能要求有多种不同的设计方案。最简单的 ALU 可以实现基本的算术运算，例如加减法，以及基本的逻辑操作与、或、非。比较复杂的操作如乘法、除法、浮点操作等可以采用软件（如汇编语言、微程序）或者专门的分处理机实现。高档的 ALU 可以将某些复杂操作包含在它的基本算术逻辑操作集内，直接用硬件来实现。

一个 4 位 ALU 芯片 SN74181 电路如图 9-2-1 所示。

9.2.2 4 位 ALU 芯片 SN74181 的运算分析

从图 9-2-1 所示电路左半部分可以看出，中间变量 $\overline{X_i}$、$\overline{Y_i}$ 是输入变量 $A_3A_2A_1A_0$、$B_3B_2B_1B_0$ 的函数，并且是由控制组合 $S_3S_2S_1S_0$ 进行控制的，其表达式见式（9-2-1）。

$$\left.\begin{array}{l} X_i = A_i + \overline{B_i}S_1 + B_iS_0 \\ Y_i = A_i(B_iS_3 + \overline{B_i}S_2) \end{array}\right\} \quad (9-2-1)$$

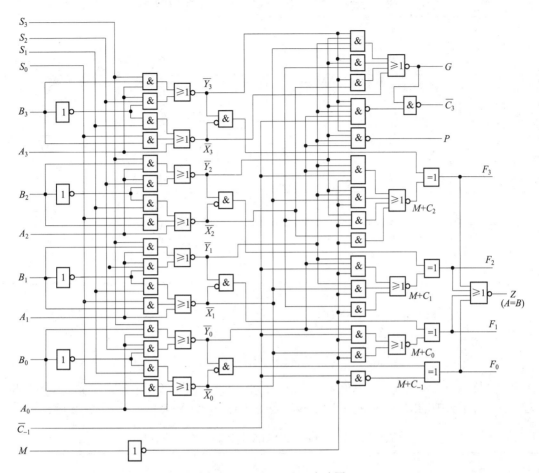

图 9-2-1　SN74181 电路图

$S_3 S_2 S_1 S_0$ 控制下的中间变量的运算关系见表 9-2-1。

表 9-2-1　$S_3 S_2 S_1 S_0$ 控制下的中间变量 X_i、Y_i 功能表

S_1	S_0	X_i	S_3	S_2	Y_i
0	0	A_i	0	0	0
0	1	$A_i + B_i$	0	1	$A_i \overline{B_i}$
1	0	$A_i + \overline{B_i}$	1	0	$A_i B_i$
1	1	1	1	1	A_i

而输出变量 F 等则是受 M 控制的。

当 $M=1$ 时，
$$F_i = \overline{X_i} + Y_i \qquad (9-2-2)$$

此时 SN74181 可以完成的运算如表 9-2-2 所示。

表 9－2－2　$M=1$ 时，$S_3S_2S_1S_0$ 控制下 F_i 的功能表

S_3	S_2	S_1	S_0	F_i	S_3	S_2	S_1	S_0	F_i
0	0	0	0	$\overline{A_i}$	1	0	0	0	$\overline{A_i}+B_i$
0	0	0	1	$\overline{A_i \cdot \overline{B_i}}$	1	0	0	1	$\overline{A_i \oplus B_i}$
0	0	1	0	$\overline{A_i} \cdot B_i$	1	0	1	0	B_i
0	0	1	1	0	1	0	1	1	A_iB_i
0	1	0	0	$\overline{A_i+B_i}$	1	1	0	0	1
0	1	0	1	$\overline{B_i}$	1	1	0	1	$A_i+\overline{B_i}$
0	1	1	0	$A_i \oplus B_i$	1	1	1	0	A_i+B_i
0	1	1	1	$A_i \cdot \overline{B_i}$	1	1	1	1	A_i

下面我们来分析 $M=0$ 时，SN74181 执行哪些算术运算。可以看出，ALU 执行的算术操作的普遍式是：

$$F_i=(X_i\overline{Y_i}) \oplus C_{i-1} \qquad （9-2-3）$$

作为特殊情形，当 $X_i=A_i+B_i$，$Y_i=A_i \cdot B_i$ 时，$F_i=X_i \oplus Y_i \oplus C_{i-1}$，相当于全加器中和的运算。而对于其他的式子，执行的算术操作是不相同的。运算关系如表 9－2－3 所示。

表 9－2－3　$M=0$ 时，$S_3S_2S_1S_0$ 控制下 F_i 的功能表

S_3	S_2	S_1	S_0	F_i	S_3	S_2	S_1	S_0	F_i
0	0	0	0	$A+C_{-1}$	1	0	0	0	$A+AB+C_{-1}$
0	0	0	1	$(A+B)+C_{-1}$	1	0	0	1	$A+B+C_{-1}$
0	0	1	0	$(A+\overline{B})+C_{-1}$	1	0	1	0	$(A+\overline{B})+AB+C_{-1}$
0	0	1	1	$1 \cdots 1+C_{-1}$	1	0	1	1	$AB+1\cdots1+C_{-1}$
0	1	0	0	$A+A\overline{B}+C_{-1}$	1	1	0	0	$A+A+C_{-1}$
0	1	0	1	$(A+B)+A\overline{B}+C_{-1}$	1	1	0	1	$(A+B)+A+C_{-1}$
0	1	1	0	$A+\overline{B}+C_{-1}$	1	1	1	0	$(A+\overline{B})+A+C_{-1}$
0	1	1	1	$A\overline{B}+1\cdots1+C_{-1}$	1	1	1	1	$A+1\cdots1+C_{-1}$

可以看出 $M=0$ 时的 16 个算术操作并不是都有意义的。只有一些操作是有用的。如：

$S_3S_2S_1S_0=0001$，$F=A+B+C_{-1}$，加法运算；

$S_3S_2S_1S_0=0010$，$F=A+\overline{B}+C_{-1}$，$\overline{B}+C_{-1}$ 相当于 $\overline{B}+1$，$F=A-B-\overline{C_{-1}}$，减法运算；

$S_3S_2S_1S_0 - 1111$，$F = A + 1 \cdots 1 + C_{-1}$，减值操作；

$S_3S_2S_1S_0 = 0011$，$F = 1 \cdots 1 + C_{-1}$，常数 0 或 -1；

$S_3S_2S_1S_0 = 1100$，$F = A + A + C_{-1}$，算术左移操作。

除 SN74181 外，还可以根据用户指定的函数表设计用户定制型 ALU。也可以利用加法器的加法和传输功能（一个加数为 0 时），使用外接门的方法设计不同的 ALU。本节不多做讨论。

9.3　简易自动售货机控制电路的设计

9.3.1　设计内容与要求

设计制作一个简易的可乐自动售货机，要求如下：

（1）每次投入一个 1、2、5、10 元四种货币之一，可以用 4 个按键代表不同面额的钞票；

（2）对投入钞票值进行累加运算；

（3）钞票总值达到或超过 8 元时可以输出一瓶可乐，同时找回多出的零钱。输出的可乐和找零可以用不同的 LED 灯表示；

（4）有复位功能。

扩展功能：

（1）显示累加金额；

（2）其他能想到的功能。

9.3.2　基本功能设计

基本功能模块划分如图 9-3-1 所示。

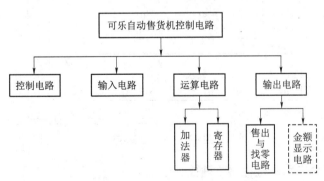

图 9-3-1　电路模块图

输入电路：将输入币值转换为相应的二进制编码形式，可以通过设计简单的编码电路来进行。投入 1、2、5、10 元的四种货币分别用 I_1、I_2、I_5、I_{10} 来表示，投币时，输入端有一个高电平脉冲产生。输出的二进制编码用 $B_3B_2B_1B_0$ 表示。输入编码电路如图 9-3-2 所示。

由表 9-3-1 可以得到简化表达式（9-3-1）：

表 9-3-1   输入控制编码简化真值表

输		入		输		出	
I_1	I_2	I_5	I_{10}	B_3	B_2	B_1	B_0
1	0	0	0	0	0	0	1
0	1	0	0	0	0	1	0
0	0	1	0	0	1	0	1
0	0	0	1	1	0	1	0

$$\left.\begin{array}{l} B_3 = I_{10} \\ B_2 = I_5 \\ B_1 = I_2 + I_{10} \\ B_0 = I_1 + I_5 \end{array}\right\} \qquad (9-3-1)$$

编码电路可以用门电路实现。实现电路如图 9-3-2 所示。

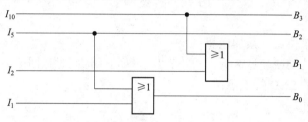

图 9-3-2   输入编码电路

运算电路：对每一次输入做累加运算，每当有投币信号到达时，将输入的钱数与寄存器中原有的钱数相加，并且将运算结果存入寄存器。可以采用 4 位超前进位加法器 74283 和 4 位寄存器 74175 组成运算电路。运算电路如图 9-3-3 所示。

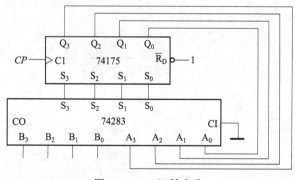

图 9-3-3   运算电路

控制电路：复位电路、寄存器时钟控制电路。

复位电路可以用按钮开关来实现。

在讨论触发器的特性时曾指出，为了保证触发器可靠地翻转，输入信号和时钟信号在时间上的配合应满足一定的要求。寄存器时钟控制电路可以采用反映有输入信号的或门及延时环节构成。实际电路还要考虑存储电路的竞争冒险问题，可以用电容来克服。时钟控制电路如图 9-3-4 所示。

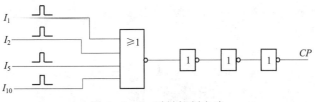

图 9-3-4　时钟控制电路

输出电路：当寄存器中的数值大于或等于 8 时，输出可乐和找零。输出可乐用 Y_L 表示，找 1 元时用 Y_1 表示，找 2 元时用 Y_2 表示。通过设计简单的译码电路完成此功能。显示模块电路显示投入货币总额，通过设计显示译码电路构成。提示声表示有可乐售出。译码电路可以用门电路实现。输出控制译码简化真值表如表 9-3-2 所示。

表 9-3-2　输出控制译码简化真值表

输　入				输　出		
Q_3	Q_2	Q_1	Q_0	Y_L	Y_2	Y_1
1	0	0	0	1	0	0
1	0	0	1	1	0	1
1	0	1	0	1	1	0

$$\left.\begin{aligned} Y_L &= Q_3 \\ Y_2 &= Q_3 Q_1 \\ Y_1 &= Q_3 Q_0 \end{aligned}\right\} \qquad （9-3-2）$$

实现电路如图 9-3-5 所示。

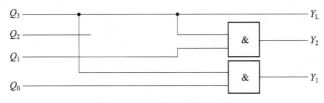

图 9-3-5　输出译码电路

9.3.3　附加功能设计

用寄存器的输出 $Q_3 Q_2 Q_1 Q_0$ 作为输入，编制一个简单的译码器，与显示译码器、数码管一起来显示输入钱币的总值。$Q_3 Q_2 Q_1 Q_0$ 的值从 0000～1001 时，数码管个位显示相应的数字。

当 $Q_3 Q_2 Q_1 Q_0 = 1010$ 时，数码管的十位显示 1，个位显示 0，可以用图 9-3-6 电路来表示。图 9-3-6 中 D_{20} 表示数码管十位的低位端，其他 3 个高位端接地，$D_{13} D_{12} D_{11} D_{10}$ 表示个位数码管的输入数据。

简单可乐售货机电路如图 9-3-7 所示。

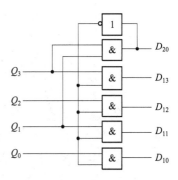

图 9-3-6　显示控制电路

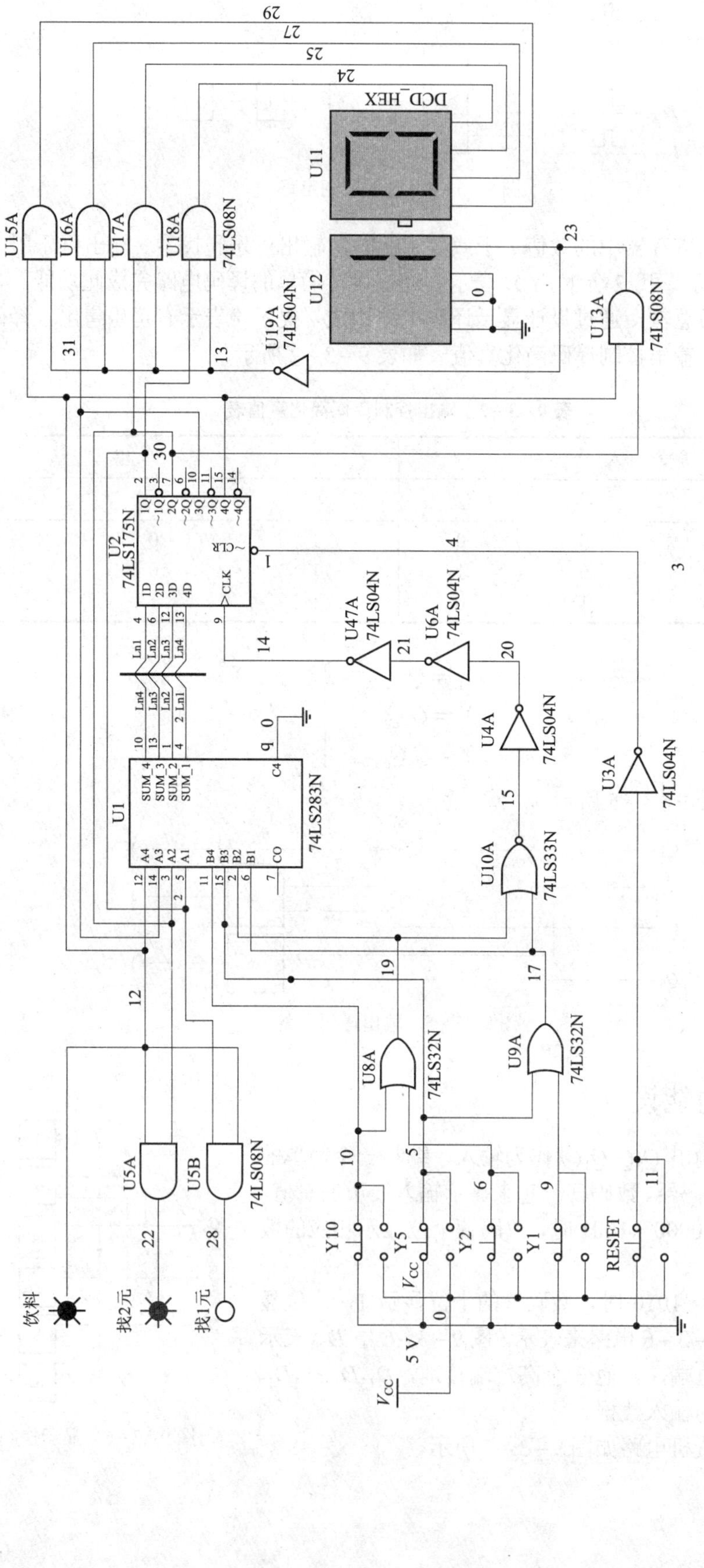

图 9-3-7　简单售货机控制电路

9.4 汽车尾部转向指示灯控制电路的设计

9.4.1 设计内容与要求

设计一个汽车尾部转向指示灯控制电路，对汽车运行时尾部转向指示灯状态进行控制。要求汽车尾部左右各有 4 个转向指示灯，根据汽车运行情况，显示如下 4 种模式：

(1) 正常行驶时，所有尾部转向指示灯全部熄灭；

(2) 需左转行驶时，左侧 4 个尾部转向指示灯按左循环形式依次点亮；

(3) 需右转行驶时，右侧 4 个尾部转向指示灯按右循环形式依次点亮；

(4) 需危险报警时，所有尾部转向指示灯同时处于闪烁状态。

9.4.2 功能电路设计

指示灯的 4 种显示模式，用控制开关 J_i（$i=1$，2，3，4）进行控制。这 4 个变量控制下的工作模式如表 9-4-1 所示。

表 9-4-1 开关控制下指示灯的工作模式

汽车运行状态	控制开关及赋值	指示灯工作模式
正常行驶	$J_1=1$	全部熄灭
左转	$J_2=0$（其他情况时 $J_2=1$）	左侧左循环依次点亮
右转	$J_3=0$（其他情况时 $J_3=1$）	右侧右循环依次点亮
危险报警	$J_4=0$（其他情况时 $J_4=1$）	全部闪烁

1. 转向控制

首先不论左转或右转，都要求 4 个转向指示灯依次点亮。这就需要一个四进制计数器的 4 个状态来控制 4 个转向指示灯的依次点亮。这可以选用一个十进制计数器 74160 和一个 3-8 线译码器 74138 来实现。实现电路如图 9-4-1 所示。

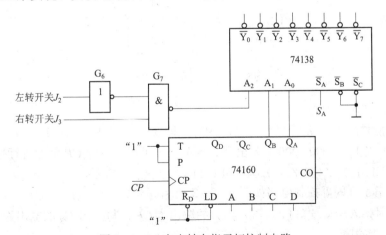

图 9-4-1 左右转向指示灯控制电路

假设 $S_A=1$，从图 9-4-1 可以看出，左转向时，$J_2=0$，$J_3=1$，$A_2=0$，74160 的低 2 位 $Q_B Q_A$ 来控制 74138 的低 2 位地址 $A_1 A_0$；右转向时，$J_2=1$，$J_3=0$，$A_2=1$，74160 的低 2 位 $Q_B Q_A$ 来控制 74138 的低 2 位地址 $A_1 A_0$。当 74160 在一定频率的时钟 CP 控制下，74138 的地址变换和输出的值见表 9-4-2。

表 9-4-2 转向时 74138 的真值表

左转时 $J_2=0$，$A_2=0$				右转时 $J_3=0$，$A_2=1$			
A_2	A_1	A_0	$\overline{Y_7}\ \overline{Y_6}\ \overline{Y_5}\ \overline{Y_4}\ \overline{Y_3}\ \overline{Y_2}\ \overline{Y_1}\ \overline{Y_0}$	A_2	A_1	A_0	$\overline{Y_7}\ \overline{Y_6}\ \overline{Y_5}\ \overline{Y_4}\ \overline{Y_3}\ \overline{Y_2}\ \overline{Y_1}\ \overline{Y_0}$
0	0	0	1 1 1 1 1 1 1 0	1	0	0	1 1 1 0 1 1 1 1
0	0	1	1 1 1 1 1 1 0 1	1	0	1	1 1 0 1 1 1 1 1
0	1	0	1 1 1 1 1 0 1 1	1	1	0	1 0 1 1 1 1 1 1
0	1	1	1 1 1 1 0 1 1 1	1	1	1	0 1 1 1 1 1 1 1

从表 9-4-2 可以看出，要求 $\overline{Y_i}=0$ 时，对应的灯点亮，$\overline{Y_i}=1$ 时，对应的灯熄灭。$\overline{Y_i}$ 通过非门与指示灯进行相应的连接即可完成左、右侧指示灯循环点亮。

按左转向时左侧指示灯左循环依次点亮的要求，可以用 $\overline{Y_0}$ 控制指示灯 X_1，$\overline{Y_1}$ 控制指示灯 X_2，$\overline{Y_2}$ 控制指示灯 X_3，$\overline{Y_3}$ 控制指示灯 X_4，这样就可以实现左侧指示灯左循环依次点亮。

右转向时右侧指示灯右循环依次点亮，可以用 $\overline{Y_4}$ 控制指示灯 X_5，$\overline{Y_5}$ 控制指示灯 X_6，$\overline{Y_6}$ 控制指示灯 X_7，$\overline{Y_7}$ 控制指示灯 X_8，这样就可以实现右侧指示灯右循环依次点亮。

2. 正常行驶控制

要求正常行驶时，所有的转向指示灯熄灭。按照上面描述，即要求所有的 $\overline{Y_i}=1$。而 74138 的所有输出为 1，可以通过控制 74138 的 S_A 来实现。

正常行驶时，当 $S_A=0$ 时，可以使得 74138 的 8 个输出 $\overline{Y_7}\ \overline{Y_6}\ \overline{Y_5}\ \overline{Y_4}\ \overline{Y_3}\ \overline{Y_2}\ \overline{Y_1}\ \overline{Y_0}=1111\,1111$，达到 8 个指示灯全部熄灭。

正常行驶时，开关 $J_1=J_2=J_3=1$，$S_A=0$；有左转向、右转向需求时，$S_A=1$。

所以，S_A 的控制电路如图 9-4-2 所示。

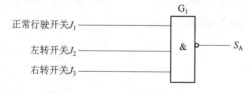

图 9-4-2 S_A 的控制电路

3. 危险报警控制

有危险报警时，要求 8 个指示灯同时闪烁。即要求 $\overline{Y_7}\ \overline{Y_6}\ \overline{Y_5}\ \overline{Y_4}\ \overline{Y_3}\ \overline{Y_2}\ \overline{Y_1}\ \overline{Y_0}=1111\,1111$ 与 $\overline{Y_7}\ \overline{Y_6}\ \overline{Y_5}\ \overline{Y_4}\ \overline{Y_3}\ \overline{Y_2}\ \overline{Y_1}\ \overline{Y_0}=0000\,0000$ 交替出现。这个闪烁可以由时钟 CP 脉冲进行控制。

$S_A=1$ 时，$\overline{Y_7}\ \overline{Y_6}\ \overline{Y_5}\ \overline{Y_4}\ \overline{Y_3}\ \overline{Y_2}\ \overline{Y_1}\ \overline{Y_0}=1111\,1111$。

危险报警指示灯闪烁控制电路如图 9-4-3 所示。

危险报警时，$J_4=0$，$\overline{Y_i}=1$，与非门 G_2 的输出为 $\overline{CP}$，与非门 G_3 的输出为 CP，指示灯按 CP 脉冲的频率闪烁。

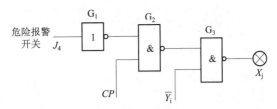

图 9-4-3　危险报警指示灯闪烁控制电路

无报警时，$J_4=1$，G_2 输出 $J_4+\overline{CP}=1$，对指示灯的亮灭没有影响。

所以，汽车尾部指示灯控制电路如图 9-4-4 所示。

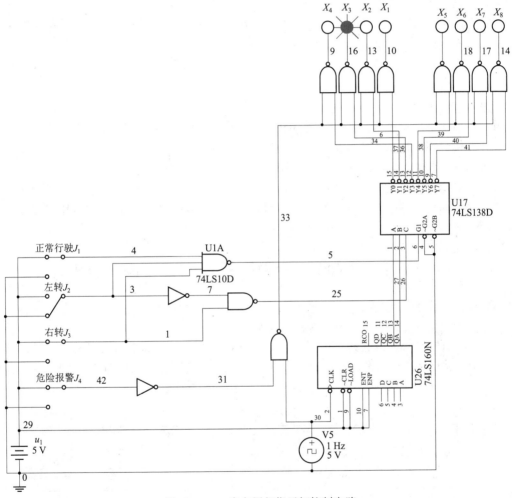

图 9-4-4　汽车尾部指示灯控制电路

9.5　本章小结

本章是对前面章节所学知识的一个比较全面、系统的总结与提高。

通过对这些实例的具体分析与设计，比较系统地介绍了设计数字系统的一般过程和方法。

本章重点

简单数字系统的分析与设计。

本章难点

简单数字系统的分析与设计。

思考与练习

9-1 设计一个八位二进制加法器。八位二进制加法器系统由二进制输入电路、二进制加法运算电路、二进制码到十进制8421BCD码的转换电路和三位数码管显示输出4个模块组成。

要求实现如下功能：

（1）八位二进制加数与被加数输入；

（2）三位数码管显示和的十进制结果。

9-2 三位十进制加法器系统由十进制的输入电路、三位十进制8421BCD码加法运算电路、四位数码管显示输出3个模块组成。

要求实现如下功能：

（1）实现两个三位十进制加数与被加数输入；

（2）三位数码管显示和的结果。

9-3 设计制作一个铁路道口信号灯控制电路，要求如下：

（1）道口两端轨道上安装有压感元件，火车通过时产生高电平脉冲。道口平时为绿灯。

（2）火车通过一端的压感元件时，道口绿灯灭、红灯亮，火车通过另一端压感元件时红灯灭、绿灯亮。

扩展功能：

（1）火车通过一端的压感元件时，道口绿灯闪烁5秒后熄灭，同时红灯亮；

（2）火车通过有声音提示；

（3）其他能想到的功能。

9-4 设计一个2位数字密码锁电路，具体要求为：

（1）预置密码：由一个4位逻辑开关分时输入2位十进制数的8421BCD码作为预置密码。

（2）密码验证：当输入密码正确时，输出1，开锁指示灯亮；否则，输出0，密码锁关闭。

9-5 设计一个4位ALU以实现表题9-5给出的函数表。

表题 9-5 的函数表

M	S_1	S_0	F	M	S_1	S_0	F_i
0	0	0	$A+B+C_{-1}$	0	0	1	$\overline{A \oplus B}$
0	0	1	$A+\overline{B}+C_{-1}$	0	1	1	$A \oplus B$
0	1	0	$(A+B)+C_{-1}$	1	0	1	$\overline{A \wedge \overline{B}}$
0	1	1	$A\overline{B}+1\cdots1+C_{-1}$	1	1	1	$A \wedge \overline{B}$

使用一个简单方法，从SN181 ALU芯片的函数表中选择同样的函数，可以为他们设计一个简化的输入线路，可以用ALU中的信号M区分逻辑操作和算术操作。

（1）写出真值表，并为输入线路推导最简逻辑表达式；

（2）完成ALU的整个线路。

部分习题参考答案

第1章

1-6 $U_A = 4$ V

1-7   0.01 V   能

1-8   （a）$I = 8$ A   （b）$U = 18$ V   （c）$U = 8$ V   （d）$U = 9$ V

1-9 $I_3 = -3.001$ A $U_3 = -40$ V $P_3 > 0$ 电源

1-10 $I_1 = -9/5$ A $I_2 = 53/15$ A $I_3 = -26/15$ A

1-11 $I = -0.5$ A

1-12 $I = -0.2$ A

1-13 $I_1 = -24/7$ A $I_2 = -23/7$ A $I_3 = -1/7$ A

1-14 $U_o = 20$ V

1-15 $I = 8/3$ A

1-16 $U = 2.5$ V

1-17 $I = -2$ A

1-18 $I = 2$ A

1-20 $R_i = 1.6$ kΩ

1-21 $T = 0.01$ s $f = 100$ Hz

1-22   14.14 V，10 V，60°，10 Hz，0.1 s

1-24   5 A，$5/\sqrt{2}$ A，157 rad/s 0.02 s，−60°，−2.5 A

1-25 $(3 + 4\sqrt{2}) + j(3\sqrt{3} - 4\sqrt{2})$，$(3 - 4\sqrt{2}) + j(4\sqrt{2} - 3\sqrt{3})$，

$(12\sqrt{2} + 12\sqrt{6}) + j(12\sqrt{6} - 12\sqrt{2})$，$\dfrac{(3\sqrt{2} - 3\sqrt{6}) + j(3\sqrt{2} + 3\sqrt{6})}{16}$

1-26 $u_1 = 50\cos(\omega t + 60°)$，$u_2 = 10\cos(\omega t - 30°)$

1-28 $X_L = 6.28$ Ω，$u = 62.8\sin\left(2\pi t + \dfrac{\pi}{4}\right)$ V

1-29 $X_C = 31.8$ Ω，$u = 15.9\sin\left(100\pi t + \dfrac{\pi}{4}\right)$ V

第2章

2-14   100，0.1 V

2-15   0.7 V

第 3 章

3-3　$I_{BQ}=56.5\ \mu A$，$I_{CQ}=2.26\ mA$，$U_{CEQ}=5.22\ V$

3-7　（1）$I_{BQ}=0.04\ \mu A$，$I_{CQ}=4\ mA$，$U_{CEQ}=6\ V$，

　　　（3）$A_u=-79$，$r_i=0.95\ k\Omega$，$r_o=1.5\ k\Omega$

3-8　（1）$I_{BQ}=20.4\ \mu A$，$I_{CQ}=1.02\ mA$，$U_{CEQ}=4.47\ V$；

　　　（3）$A_u=-48.4$，$r_i=1.55\ k\Omega$，$r_o=3\ k\Omega$

3-10　（1）$U_{om}=3.12\ V$；（2）$R_B=220\ k\Omega$。

3-11　$I_{BQ}=22.8\ \mu A$，$I_{CQ}=2.28\ mA$，$U_{CEQ}=2.88\ V$

　　　$A_u=-125$，$r_i=1.2\ k\Omega$，$r_o=3\ k\Omega$

3-12　$A_u=-1.5$，$r_i=13.8\ k\Omega$，$r_o=3\ k\Omega$

3-15　（1）$I_{BQ}=16.4\ \mu A$，$I_{CQ}=0.82\ mA$，$U_{CEQ}=5.7\ V$

　　　（2）$A_{uS}=0.97$，$r_i=122\ k\Omega$，$r_o=4\ k\Omega$

第 4 章

4-6　反相加法电路。$R_1=50\ k\Omega$，$R_2=20\ k\Omega$，$R_b=12.5\ k\Omega$

4-8　减法运算放大电路。$u_o=\left(1+\dfrac{R_f}{R_1}\right)u_{i2}-\dfrac{R_f}{R_1}u_{i1}$

4-9　$R_1=200\ k\Omega$，$R_2=50\ k\Omega$，$R_3=100\ k\Omega$

4-10　$R_1=20\ k\Omega$，$R_2=200\ k\Omega$，$R_3=25\ k\Omega$

4-11　（a）$u_o=\left(1+\dfrac{R_{f2}}{R_3}\right)u_{i2}-\left(1+\dfrac{R_{f1}}{R_1}\right)\dfrac{R_{f2}}{R_3}u_{i1}$

　　　（b）$u_o=\left(\dfrac{R_{f1}}{R_1}u_{i1}+\dfrac{R_{f1}}{R_2}u_{i2}\right)\dfrac{R_{f2}}{R_4}$

　　　（c）$u_o=\dfrac{R_4u_{i1}+R_3u_{i2}}{R_4+R_3}$

4-13　$U_{T+}=2\ V$，　$U_{T-}=-2\ V$，　$\Delta U_T=4\ V$

第 5 章

5-12　（1）$(100011)_2$；（2）$(0.011)_2$；（3）$(10000.1)_2$

5-13　（1）$(50)_{10}$；（2）$(0.625)_{10}$；（3）$(19.5)_{10}$

5-14　（1）$(121)_8$；$(51)_{16}$

　　　（2）$(0.32)_8$；$(0.68)_{16}$

　　　（3）$(63.5)_8$；$(33.A)_{16}$

5-15　（1）$(100111)_2$；　　　　　　　　　（2）$(100111000010)_2$

5-23 （1）

A	$0 \oplus A$
0	0
1	1

（2）

A	$\overline{A}$	$1 \oplus A$
0	1	1
1	0	0

5-24 （1）

A	B	C	$AB+BC+AC$	$(A+B)(B+C)(A+C)$
0	0	0	0	0
0	0	1	0	0
0	1	0	0	0
0	1	1	1	1
1	0	0	0	0
1	0	1	1	1
1	1	0	1	1
1	1	1	1	1

5-33 （1）$F(A,B,C,D)=\overline{B}\,\overline{C}+ABC+\overline{A}D+CD$

或 $F(A,B,C,D)=\overline{B}\,\overline{C}+ABC+\overline{A}D+\overline{B}D$

（2）$F(A,B,C,D)=\overline{A}+BD$

第 6 章

6-11 （a）$Y=A \oplus B \oplus C \oplus D$

（b）$Y=AB+\overline{A}\,\overline{B}$ 　　真值表略。

6-12 $Y=A\overline{B}+\overline{A}B$ 　　异或功能

6-13 加法器

$F_1=\overline{AB+(A+B)C}\,(A+B+C)+ABC$

$F_2=AB+(A+B)C$

6-14 设变量 A、B、C 表示三个班级，上自习为 1，否则为 0；F_1 表示大教室灯，F_2 表示小教室灯，灯亮为 1，灯灭为 0。

$F_1=AB+BC+CA$

$F_2=A \oplus B \oplus C$

A B C	F_1 F_2
0 0 0	0 0
0 0 1	0 1
0 1 0	0 1
0 1 1	1 0
1 0 0	0 1
1 0 1	1 0
1 1 0	1 0
1 1 1	1 1

电路图略。

6-15

A	B	C	D	F
0	0	0	0	1
0	0	0	1	0
0	0	1	0	0
0	0	1	1	0
0	1	0	0	1
0	1	0	1	1
0	1	1	0	0
0	1	1	1	0

A	B	C	D	F
1	0	0	0	1
1	0	0	1	0
1	0	1	0	×
1	0	1	1	×
1	1	0	0	×
1	1	0	1	×
1	1	1	0	×
1	1	1	1	×

$F = \overline{C}\,\overline{D} + B\overline{C}$ 　　　　　电路图略。

6-16 设变量 A、B、C 表示三台设备，正常工作为 1，出现故障为 0；G 表示绿灯，R 表示红灯，Y 表示黄灯，灯亮为 1，灯灭为 0。

A	B	C	G	R	Y
0	0	0	1	0	0
0	0	1	0	0	1
0	1	0	0	0	1
0	1	1	0	1	0
1	0	0	0	0	1
1	0	1	0	1	0
1	1	0	0	1	0
1	1	1	0	1	1

$G = \overline{A}\,\overline{B}\,\overline{C}$

$R = A \oplus B \oplus C$

$Y = AB + BC + CA$

电路图略。

6-17 A_i 为被减数，B_i 为减数，C_i 为低位来的借位，D_i 为差，C_{i+1} 为向高位的借位。

A_i	B_i	C_i	D_i	C_{i+1}
0	0	0	0	0
0	0	1	1	1
0	1	0	1	1
0	1	1	0	1
1	0	0	1	0
1	0	1	0	0
1	1	0	0	0
1	1	1	1	1

$C_{i+1} = \sum m(1, 2, 3, 7)$

$$D_i = \sum m(1, 2, 4, 7)$$

电路图略。

6−18

（2）

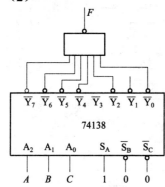

（3）

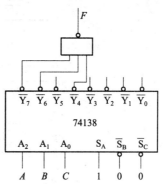

6−20

（1）

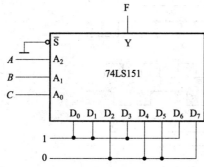

（2）

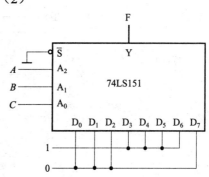

6−21

（1）

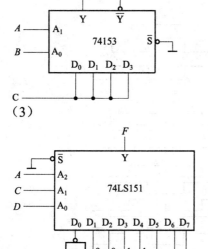

（2）

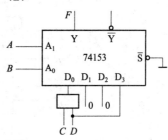

（3）

（4）

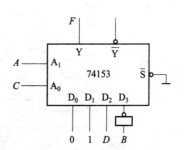

第 7 章

7-12

7-13

7-14

7-15

7-16

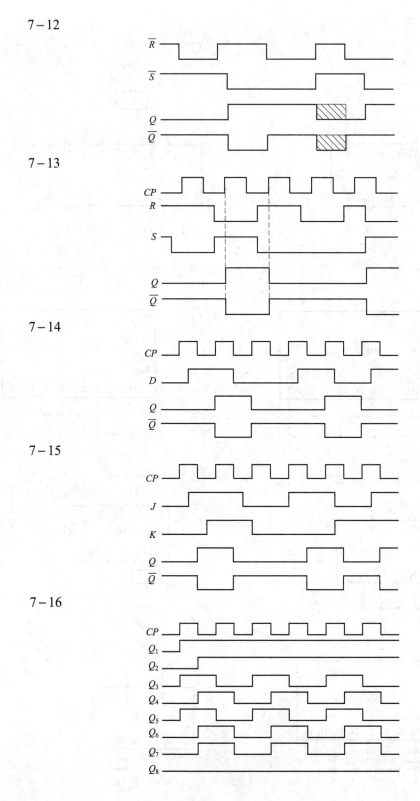

7 – 17

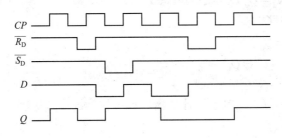

7 – 18

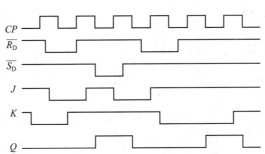

7 – 19

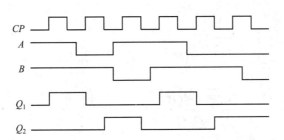

7 – 20

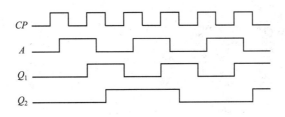

7 – 21

驱动方程： $J_0 = \overline{Q_1^n}$ $K_0 = 1$

            $J_1 = \overline{Q_0^n}$ $K_1 = 1$

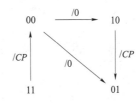

输出方程： $Z = CP \cdot Q_1^n$

状态方程： $Q_0^{n+1} = \overline{Q_1^n}\,\overline{Q_0^n}$

            $Q_1^{n+1} = \overline{Q_0^n} \cdot \overline{Q_1^n}$

逻辑功能：三进制计数器，具有自启动功能。

7 – 22

驱动方程： $J_0 = K_0 = 1$

            $J_1 = K_1 = Q_0^n$

$$J_2 = K_2 = Q_0^n Q_1^n$$

输出方程：$Z = Q_0^n \underline{Q_1^n} Q_2^n$

状态方程：$Q_0^{n+1} = \overline{Q_0^n}$

$$Q_1^{n+1} = Q_0^n \oplus Q_1^n$$

$$Q_2^{n+1} = (Q_1^n Q_0^n) \oplus Q_2^n$$

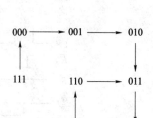

逻辑功能：同步 3 位二进制加法计数器，也可称为同步八进制计数器。

7-23

驱动方程：$J_0 = K_0 = 1$

$$J_1 = Q_0^n \qquad K_1 = Q_0^n$$

$$J_2 = Q_1^n Q_0^n \qquad K_2 = Q_1^n$$

状态方程：$Q_0^{n+1} = \overline{Q_0^n}$

$$Q_1^{n+1} = Q_1^n \oplus Q_0^n$$

$$Q_2^{n+1} = (Q_0^n Q_1^n) \overline{Q_2^n} + \overline{Q_1^n} Q_2^n$$

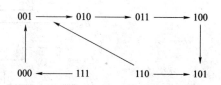

具有自启动功能的四进制计数器。

7-24

驱动方程：$J_0 = \overline{Q_0^n Q_2^n} \qquad K_0 = 1$

$$J_1 = Q_0^n \qquad K_1 = Q_0^n + Q_2^n$$

$$J_2 = Q_0^n Q_1^n \qquad K_2 = Q_1^n$$

状态方程：$Q_0^{n+1} = \overline{Q_0^n}$

$$Q_1^{n+1} = Q_0^n \overline{Q_1^n} + \overline{Q_0^n}\ \overline{Q_2^n} Q_1^n$$

$$Q_2^{n+1} = Q_0^n Q_1^n \overline{Q_2^n} + \overline{Q_1^n} Q_2^n$$

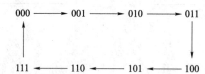

具有自启动功能的六进制计数器。

7-25

状态方程：$Q_0^{n+1} = \overline{Q_0^n} \qquad CP\downarrow$

$$Q_1^{n+1} = \overline{Q_1^n} \qquad Q_0\downarrow$$

$$Q_2^{n+1} = \overline{Q_2^n} \qquad Q_1\downarrow$$

状态图：

$$000 \rightarrow 001 \rightarrow 010 \rightarrow 011$$

$$111 \leftarrow 110 \leftarrow 101 \leftarrow 100$$

逻辑功能：异步三位二进制加法计数器。

7-26

状态方程：$Q_1^{n+1} = \overline{Q_4^n}\ \overline{Q_1^n} \qquad CP\downarrow$

$$Q_2^{n+1} = \overline{Q_2^n} \qquad Q_1\downarrow$$

$$Q_3^{n+1} = \overline{Q_3^n} \qquad Q_2\downarrow$$

$$Q_4^{n+1} = Q_1^n Q_2^n Q_3^n \overline{Q_4^n} \qquad CP\downarrow$$

状态图：

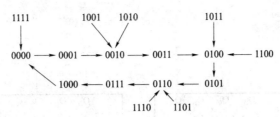

逻辑功能：异步九进制计数器。

7-27

驱动方程：
$$J_3 = \overline{Q_2^n Q_1^n} \qquad K_3 = 1$$
$$J_2 = \overline{Q_3^n} \qquad K_2 = \overline{Q_1^n}$$
$$J_1 = Q_3^n Q_2^n \qquad K_1 = 1$$

电路图略。

7-28　（a）：十一进制计数器；（b）：七进制计数器

7-29　76 进制计数器

7-30　55 进制计数器

7-31　七进制计数器

7-32　56 进制计数器

7-33

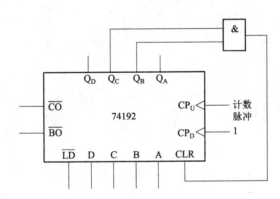

7-34

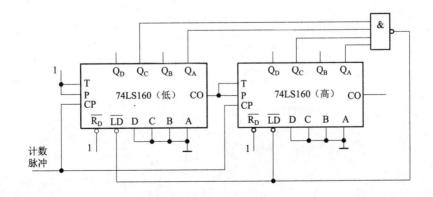

7−35

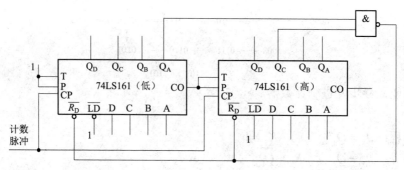

7−36　六进制计数器。

7−37　七进制计数器。

第8章

8−6　12.6 ms，79 Hz

8−9　0.1 μF

参 考 文 献

[1] 阎石. 数字电子技术基础 [M]. 第 5 版. 北京：高等教育出版社，2006.

[2] 康华光. 电子技术基础（模拟部分）[M]. 第 5 版. 北京：高等教育出版社，2009.

[3] 李晶皎，王文辉，等. 电路与电子学 [M]. 第 4 版. 北京：电子工业出版社，2012.

[4] 张虹，等. 电路与电子技术 [M]. 第 5 版. 北京：北京航空航天大学出版社，2015.

[5] 黄寒华，史金芬. 计算机电路基础 [M]. 北京：机械工业出版社，2006.

[6] 欧阳星明. 数字逻辑础 [M]. 第 4 版. 武汉：华中科技大学出版社，2009.

[7] 金兰（美）、金波（美）. 计算机组织：原理、分析与设计 [M]. 第 5 版. 北京：清华大学出版社，2006.

[8] 白中英，方维. 数字逻辑 [M]. 第 5 版. 北京：科学出版社，2011.

[9] 弗洛伊德（Floyd, Thomas L.）Digital fundamentals（英文影印版）[M]. 北京：科学出版社，2011.

[10] 刘江海. EDA 技术 [M]. 武汉：华中科技大学出版社，2013.

[11] 任文平，梁竹关，李鹏，申东娅. EDA 技术与 FPGA 工程实例开发 [M]. 北京：机械工业出版社，2013.

[12] 李燕民，等. 电路和电子技术（下）[M]. 第 2 版. 北京：北京理工出版社，2010.

[13] 查丽斌. 电路与模拟电子技术基础 [M]. 第 2 版. 北京：电子工业出版社. 2011.

[14] 麻寿光，等. 电路与电子学 [M]. 北京：高等教育出版社，2006.

[15] 单峡，邓全道. 电子技术基础实验教程 [M]. 南京：南京大学出版社，2012.

[16] 周德仿，胡家宝. 数字逻辑 [M]. 第 2 版. 北京：机械工业出版社，2012.

[17] 常丹华. 数字电子技术基础 [M]. 北京：电子工业出版社，2011.